高级办公应用项目教程

主　编　屈　晶　赵成丽

副主编　吴　姗　罗翠琼　李顺蓉　陈　香

　　　　彭　茜　范雪峰　张旭锦　赵牟兵

中国水利水电出版社
www.waterpub.com.cn

·北京·

内 容 提 要

本书以信息化时代高级办公操作为核心,以"项目+任务"的形式对办公软件实用技能、网络与常用办公设备使用、AI 辅助办公实践等办公实用知识进行了详细讲解。书中编写的实例任务紧密结合实际办公场景,具有很强的实用性与可操作性,可以满足校内学生或社会人士对办公常用软硬件知识学习与技能训练的需求。

本书将相关联的操作归纳为一个项目,再从中细分为多个任务,以问题为导向在每个任务中融汇多个知识点与操作技能,以实例的形式分步骤进行详细讲解,便于读者阅读与练习。读者在学习了每项任务后,均能自主完成相关的办公实例作品,有利于提高读者的学习兴趣。

本书资源丰富,配有教学 PPT、学习视频、素材文档等资源,可作为高职院校学生学习高级办公技能的教材,也可作为行政管理人员或专业技术人员自学或培训用书。

图书在版编目(CIP)数据

高级办公应用项目教程 / 屈晶,赵成丽主编.

北京 : 中国水利水电出版社,2024.12. — ISBN 978-7-5226-3006-9

Ⅰ. TP317.1

中国国家版本馆 CIP 数据核字第 2024QV8384 号

策划编辑:寇文杰　责任编辑:鞠向超　加工编辑:黄振泽　封面设计:苏　敏

书　名	高级办公应用项目教程 GAOJI BANGONG YINGYONG XIANGMU JIAOCHENG
作　者	主　编　屈　晶　赵成丽 副主编　吴　姗　罗翠琼　李顺蓉　陈　香 　　　　彭　茜　范雪峰　张旭锦　赵牟兵
出版发行	中国水利水电出版社 (北京市海淀区玉渊潭南路 1 号 D 座　100038) 网址:www.waterpub.com.cn E-mail: mchannel@263.net (答疑) 　　　　 sales@mwr.gov.cn 电话:(010) 68545888 (营销中心)、82562819 (组稿)
经　售	北京科水图书销售有限公司 电话:(010) 68545874、63202643 全国各地新华书店和相关出版物销售网点
排　版	北京万水电子信息有限公司
印　刷	三河市德贤弘印务有限公司
规　格	184mm×260mm　16 开本　19.25 印张　493 千字
版　次	2024 年 12 月第 1 版　2024 年 12 月第 1 次印刷
印　数	0001—2000 册
定　价	58.00 元

凡购买我社图书,如有缺页、倒页、脱页的,本社营销中心负责调换

版权所有·侵权必究

前　言

随着信息时代的快速发展，现代化办公与计算机应用技术的结合越来越紧密。熟练地操作各类常用办公软件，能够准确、高效、便捷地完成办公室业务工作。尽管高校学生在校基本都学习了计算机基础类课程内容，但仍有部分学生在进入工作岗位后，面对办公中遇到的各类实际问题依然无法顺利解决。通过部分实习与就业单位的反馈信息可以看出，企业等用人单位招聘的人才需要具备熟练使用办公软件并能高效处理各类实际办公业务的能力。党的二十大报告中明确指出："就业是最基本的民生"，要实施就业优先战略。要促进学生高质量充分就业，就必须提升实践动手能力，进一步增强就业竞争力。本书正是基于此前提下，分析总结了大量现代化办公业务中遇到的常见问题，紧密结合实际学习工作场景，精心设计出与之相对应的实景项目任务，并创新性地加入了 AI 辅助办公实践等内容，将枯燥的理论知识与有趣的实践训练有机结合，激发读者学习的兴趣，让读者在学习知识点后既能掌握理论知识，又能在随之配套的任务中将该知识落实到实践中，掌握实际操作技能，从而解决真实的办公业务中所遇到的多种问题，灵活利用各类办公软件高效地完成纷繁的办公业务工作。

本书分为 3 篇，第 1 篇重点介绍办公软件实用技能，包括 3 个单元 15 个项目，分别介绍 Word、Excel、PowerPoint 三个办公软件的使用技巧。第 2 篇重点介绍网络与常用办公设备使用，包括 3 个单元 7 个项目，分别介绍网络实用技能、打印机实用技能、视频图像拍摄与后期处理等方面的操作技能。第 3 篇重点介绍 AI 辅助办公实践，包括 1 个单元 3 个项目，分别介绍利用 AI 智能化工具辅助 Word、Excel 和 PowerPoint 办公软件的实践操作。

本书具有以下创新特色。

（1）本书注重课程思政建设，将知识讲解、技能训练与课程思政紧密结合，以润物细无声的方式，将社会主义核心价值观、爱国主义教育、社会责任、职业素养、遵规守纪、全民终身学习、树立环保意识等多项课程思政元素融入到教学当中。

（2）本书以"项目任务"的创新型结构方式对知识进行了梳理与讲解，体系结构采用了"单元"→"项目"→"任务"的组织架构形式，其中每一个任务依次包含了"任务导语""任务单""知识要点""实施方案""任务自评""总结与思考"等 6 个学习环节。

1)"任务导语"简明扼要地介绍了任务的背景与需要完成的工作内容。

2)"任务单"以表格形式显示了任务名称，对任务进行了进一步描述与分析，展示了任务完成的效果，让读者能快速理解任务的详细内容。

3)"知识要点"对任务中涉及的理论知识内容进行详细介绍。

4)"实施方案"是将任务完成的全过程分步骤进行详细讲解。

5)"任务自评"是让读者根据实施方案完成操作后对各步骤完成情况进行打分自评。

6)"总结与思考"是让读者通过完成该任务，对任务中所涉及的知识与技能进行归纳总结。

本书采用的结构既有利于学生学习、理解、掌握和运用知识，同时也适用于需要学习掌握现代办公技能的求职者或在职人员。

（3）本书在教学内容方面注重软、硬件相结合：软件方面对 Word、Excel、PowerPoint

等常用办公软件进行了详细介绍，同时对现代办公中常涉及的网络实用技能及视频、图像后期处理等基本操作技能进行了讲解；硬件方面对现代办公中常用的打印机及用于摄影和摄像的数码相机、手机等硬件设备进行了介绍。

（4）本书为了更贴合实际办公场景，增添了常用的标准公文制作等方面的内容，对我国发布的公文标准及公文格式进行分析解读，并详细介绍了如何按照标准制作多种常用类型公文模板的方法，让读者在了解公文的概念与作用的同时，学会公文的标准化制作。

（5）为了紧密结合当前流行的 AI 人工智能等方面的应用技术，本书特别添加了 AI 在 Word、Excel、PowerPoint 等办公软件中的辅助应用等方面的知识讲解，以实践任务为引导，帮助读者通过 AI 技术提升办公效率，实现智能化高效办公。

本书由屈晶、赵成丽担任主编并负责策划、统稿，由吴姗、罗翠琼、李顺蓉、陈香、彭茜、范雪峰、张旭锦、赵牟兵担任副主编，其中屈晶和吴姗共同编写单元 1，罗翠琼和李顺蓉共同编写单元 2，赵成丽和陈香共同编写单元 3，彭茜编写单元 4，范雪峰编写单元 5，张旭锦编写单元 6，赵牟兵编写单元 7。参与本书编写和资源建设工作的人员还有张祎、高永平、何敏、苏圆婷、李琳、陈彬彬、王聪、黄兰。

尽管整个编写团队付出了大量努力，在编写过程中也经过了大量的斟酌与修改，但由于时间和编写人员的水平有限，难免会存在一些不足之处，欢迎各界专家与广大读者朋友们提出宝贵的意见与建议，以便再版时进行修正，我们将不胜感激！

编　者

2024 年 10 月

目 录

前言

第1篇 办公软件实用技能

单元1 Word 实用技能……………………2
  项目1 Word 高级文档的编辑制作……………3
    任务1 古诗词国风文档的制作……………3
    任务2 制作售后服务调查问卷…………8
  项目2 长文档的排版与引用…………………15
    任务1 长文档目录的制作………………15
    任务2 长文档的引用和审阅……………21
  项目3 Word 表格处理…………………………30
    任务1 制作个人简历……………………30
    任务2 制作成绩统计表…………………37
  项目4 Word 文档的批量制作…………………43
    任务1 获奖证书模板文档的制作………43
    任务2 获奖证书文档的批量制作………47
  项目5 标准公文模板的编辑制作……………50
    任务1 下行公文模板的制作……………51
    任务2 会议纪要公文模板的制作………59

单元2 Excel 实用技能……………………63
  项目1 Excel 数据录入技能……………………64
    任务1 批量录入相同信息………………64
    任务2 巧用填充录入数据………………68
    任务3 特殊数据的输入方法……………72
  项目2 Excel 高效处理数据……………………77
    任务1 Excel 数据排序…………………77
    任务2 Excel 数据筛选…………………80
    任务3 Excel 分类汇总…………………86
    任务4 动态数据透视表制作……………89
  项目3 Excel 公式函数应用……………………96

    任务1 销售部员工信息表制作…………96
    任务2 销售产品数据处理与计算………102
    任务3 销售业绩的统计分析……………109
    任务4 工资计算与工资条制作…………113
  项目4 Excel 图表………………………………119
    任务1 销售业绩分析图表制作…………119
    任务2 动态图表制作……………………125

单元3 PowerPiont 实用技能……………130
  项目1 文字处理与排版………………………131
    任务1 文字的简化………………………131
    任务2 文字的强调………………………136
    任务3 文字的排版………………………143
  项目2 图形绘制与图像美化…………………149
    任务1 图形的绘制………………………149
    任务2 图片的美化………………………156
  项目3 动画的添加与设置……………………163
    任务1 单个动画的添加和设置…………163
    任务2 多个动画的组合设计……………167
  项目4 幻灯片的交互…………………………172
    任务1 超链接和动作设置………………172
    任务2 触发器的使用……………………178
  项目5 幻灯片母版的应用……………………184
    任务1 设计和应用母版…………………184
  项目6 幻灯片的放映设置……………………194
    任务1 页面切换效果设置………………194
    任务2 排练计时…………………………197
    任务3 不同场景播放不同幻灯片………202

第2篇　网络与常用办公设备使用

单元4　网络实用技能 ………………208
　项目1　网络信息资源检索 …………208
　　任务1　网络信息的搜索与保存 ……209
　　任务2　利用文献资源库查找学术资料……214
　项目2　网络信息的共享 ……………219
　　任务1　文件的共享 …………………219
　　任务2　文件的云存储 ………………229
单元5　打印机实用技能 ……………235
　项目1　激光打印机的连接与安装 …235
　　任务1　激光打印机硬件连接及驱动
　　　　　程序的安装 …………………235
　项目2　打印机的使用和常见故障排查……239
　　任务1　了解使用激光打印机的注意
　　　　　事项 …………………………239
　　任务2　激光打印机常见故障排查 …241
　　任务3　使用激光打印机手动双面打印……243
　项目3　在局域网内实现打印机共享……245
　　任务1　在局域网内共享打印机 ……245
单元6　视频图像拍摄与后期处理 …252
　项目1　图像拍摄与后期处理 ………252
　　任务1　图像的拍摄 …………………252
　　任务2　图像的后期处理 ……………259
　项目2　视频拍摄与后期处理 ………267
　　任务1　视频的拍摄与处理 …………267

第3篇　AI辅助办公实践

单元7　AI高效办公 …………………282
　项目1　AI-智能写作 ………………282
　　任务1　AI毕业论文写作 ……………283
　项目2　AI-数据操作 ………………291
　　任务1　AI数据表格处理 ……………291
　项目3　AI-PPT制作 ………………294
　　任务1　AI高效生成PPT ……………294
参考文献 ………………………………300

第1篇　办公软件实用技能

办公软件中 MS Office 软件的使用普及率比较高，是人们在实际办公时经常使用的软件。Word 软件是常用的文字处理软件，在该软件中人们可以进行文字录入、文字格式设置、页面排版、图文混排、表格制作、长文档编辑、文档审阅、邮件合并批量制作文档等高级办公操作。Excel 软件常用于表格与数据处理，在该软件中人们可以完成表格数据的录入，并对表格数据进行计算、统计，对数据进行可视化等操作。PowerPoint 软件则可以帮助人们制作演示文稿，通过该软件人们可以方便地在演示文稿中加入图形、图片、动画、音视频等素材，让文稿的演示更为精致与生动。

本篇将 Word、Excel 和 PowerPoint 软件分别放入 3 个单元，通过完成 15 个项目中的 36 个任务的形式对以上软件进行讲解，通过实际办公中的应用来学习并掌握软件使用中的多种技巧。

单元 1　Word 实用技能

🖥 单元导读：

在办公实际操作中，人们会经常使用 Word 软件进行文字处理，包括文字的录入、编辑及排版等操作，另外还可以使用 Word 软件处理表格、图形以及图片等文档对象，实现图文混排、长文档编辑审阅、邮件合并批量制作文档等高级办公操作。本单元将通过 5 个项目对以上知识点进行讲解，并通过 10 个任务对这些知识点的实际应用进行综合展示，让大家从实践工作中学习知识、掌握技能。

🖥 学习目标：

- 熟练掌握 Word 高级文档编辑操作
- 掌握长文档的编辑与审阅操作
- 熟练掌握 Word 表格编辑操作
- 熟练掌握邮件合并完成 Word 文档批量操作
- 掌握标准公文的制作方法

🖥 单元导图：

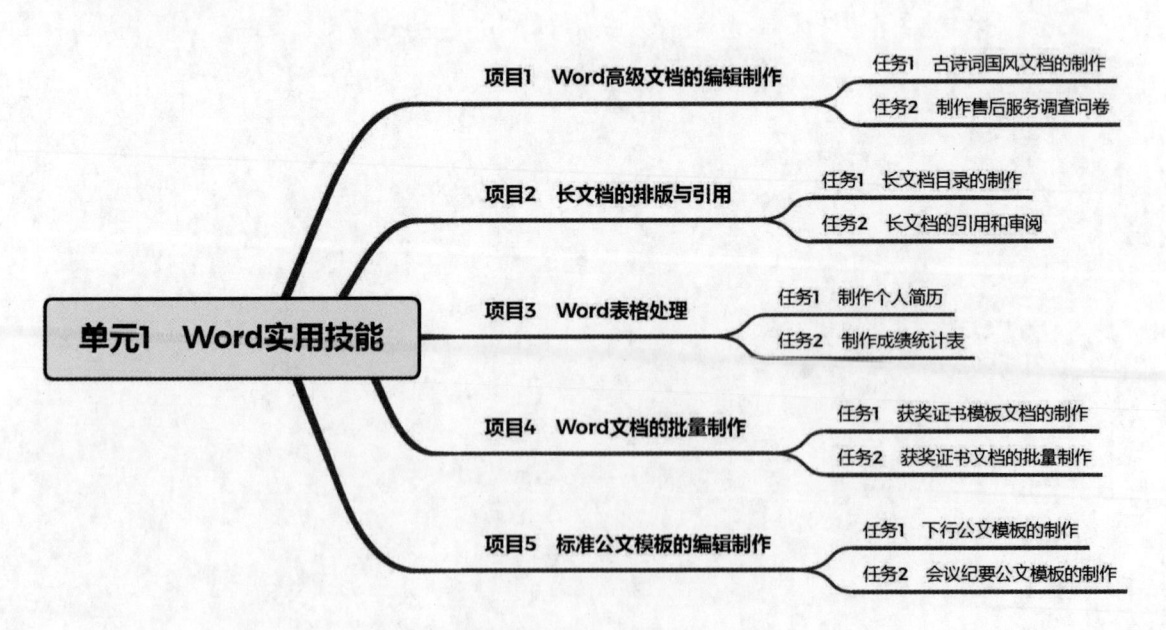

单元1　Word实用技能	项目1　Word高级文档的编辑制作	任务1　古诗词国风文档的制作
		任务2　制作售后服务调查问卷
	项目2　长文档的排版与引用	任务1　长文档目录的制作
		任务2　长文档的引用和审阅
	项目3　Word表格处理	任务1　制作个人简历
		任务2　制作成绩统计表
	项目4　Word文档的批量制作	任务1　获奖证书模板文档的制作
		任务2　获奖证书文档的批量制作
	项目5　标准公文模板的编辑制作	任务1　下行公文模板的制作
		任务2　会议纪要公文模板的制作

项目1 Word 高级文档的编辑制作

📁**项目介绍：**

在本项目中，将通过两个任务分别对 Word 中的页面布局设置、特殊数据输入、图形绘制、图文混排基础、域的使用等知识进行详细讲解。

任务1 古诗词国风文档的制作

📁**任务导语：**

随着《中国诗词大会》等中国传统文化类节目的热播，人们对学习中国古典文学知识的热情逐渐高涨。现在请收集三篇与荷花相关的古诗词或古文，将它们进行合理排版，并插入相关图片，制作成一份极具仿古风格的国风文档。

📁**任务单：**

任务名称	古诗词国风文档的制作	任务编号	1-1
任务描述	将古诗词及古文等文字内容录入到文档中，收集适合文档的图片素材，并根据文字与素材进行版面设置，以达到和谐美观的效果，体现出优美典雅的国风风格			
任务效果				
任务分析	本任务需要添加分隔符对部分文字进行分栏处理，还需要对页面背景及边框进行设置，另外在任务中还需要加入竖排文本框，并对文本框背景图片的格式进行美化设置。页面左上角需要添加装饰图片，并对图片进行旋转及背景删除操作			

📂 **知识要点：**

➢ 页面布局

单击"布局"选项卡→"页面设置"工作组，在该工作组中可以对纸张大小、纸张方向、页边距、分栏、分隔符等文档属性进行设置，也可单击该工作组右下角的启动按钮，打开"页面设置"对话框进行详细设置。

➢ 分隔符

单击"布局"选项卡→"页面设置"工作组→"分隔符"按钮即可选择插入的分隔符。分隔符分为两大类：分页符与分节符。分页符可以对文档进行强制分页。与页不同的是，节控制了文档排版的范围，分节符可以将文档分为多节，每个小节可以设置不同的页边距、纸张方向、文字方向、分栏格式、页眉和页脚等版面布局方式。分隔符的具体分类如表1-1所示。

表1-1 分隔符分类

分隔符分类	名称	功能
分页符	分页符	标记一页结束与下一页开始的位置
	分栏符	指示分栏符后面的文字从下一栏开始
	自动换行符	分隔网页上的对象周围的文字，如分隔题注文字与正文
分节符	下一页	插入分节符，并在下一页上开始新节
	连续	插入分节符，并在同一页上开始新节
	偶数页	插入分节符，并在同一偶数页上开始新节
	奇数页	插入分节符，并在同一奇数页上开始新节

➢ 页面设计

单击"设计"选项卡→"页面背景"工作组，在该工作组中可以对页面背景、页面边框进行设置。

➢ 文本框设置

单击"插入"选项卡→"文本"工作组→"文本框"按钮，可以绘制横排或竖排的文本框，还可以单独对文本框的格式进行设置。

➢ 图片格式设置

单击"插入"选项卡→"插图"工作组→"图片"按钮，可以插入选择的图片，在选中图片的状态下会出现"图片格式"选项卡，在该选项卡中可以对图片的背景、光影及色彩参数、图片样式、排列方式、大小等要素进行详细设置。

📂 **实施方案：**

步骤一 页面设置

（1）新建空白Word文档，将文字内容录入到文档，文字字体设置为"隶书"，标题部分文字设置为"二号"，诗文部分文字设置为"三号"。

（2）单击"布局"选项卡→"页面设置"工作组，单击该工作组右下角的启动按钮，打开"页面设置"对话框对纸张大小、页边距、纸张方向进行设置，具体参数如图1-1和图1-2所示。

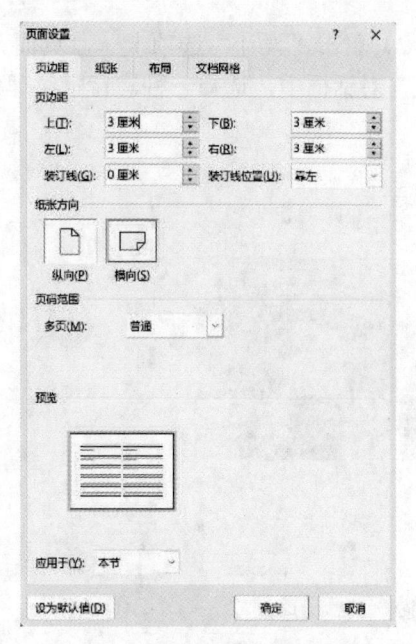

图 1-1　设置纸张大小　　　　　　　　　图 1-2　设置页边距与纸张方向

（3）将光标移动到第二首诗句的末尾处，单击"布局"选项卡→"页面设置"工作组→"分隔符"，选择"分节符"→"连续"，在此处插入一个"连续"类型的分节符。

（4）保持光标停留在页面上方的古诗部分，单击"布局"选项卡→"页面设置"工作组→"栏"，选择"更多栏"，在弹出的对话框中选择"两栏"，并勾选"分隔线"选项，如图 1-3 所示。

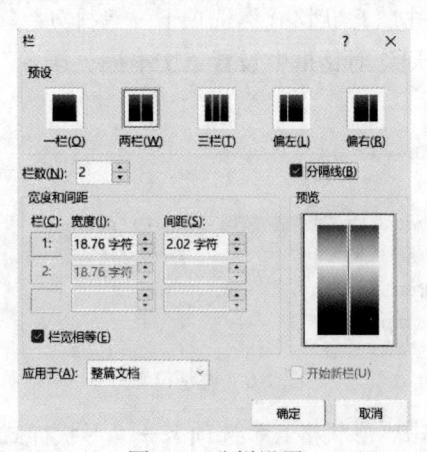

图 1-3　分栏设置

（5）将光标定位到第一首诗的末尾，单击"布局"选项卡→"页面设置"工作组→"分隔符"，选择"分页符"→"分栏符"，在此处插入一个"分栏符"，设置分栏的具体位置。选中所有诗文内容，将其设置为"居中"对齐，将两首诗平均分为两栏并居中排版。

步骤二　页面背景设计

（1）单击"设计"选项卡→"页面背景"工作组，选择"页面颜色"→"填充效果"，在弹出的"填充效果"对话框中，选择"纹理"选项卡中第一行中的第一种样式"纸莎草纸"，如图 1-4 所示。

（2）单击"设计"选项卡→"页面背景"工作组，选择"页面边框"，在弹出的"边框与底纹"对话框中，选择一种与背景纹理色调协调的"艺术型"页面边框，具体设置如图1-5所示。

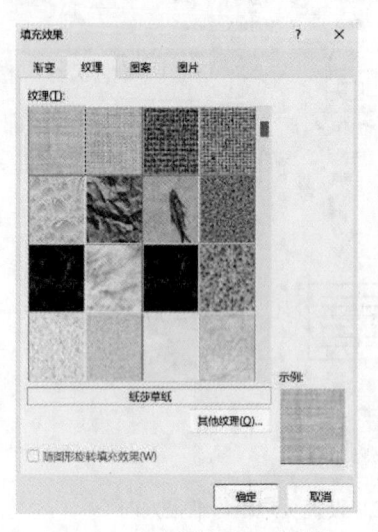

图1-4 "填充效果"对话框

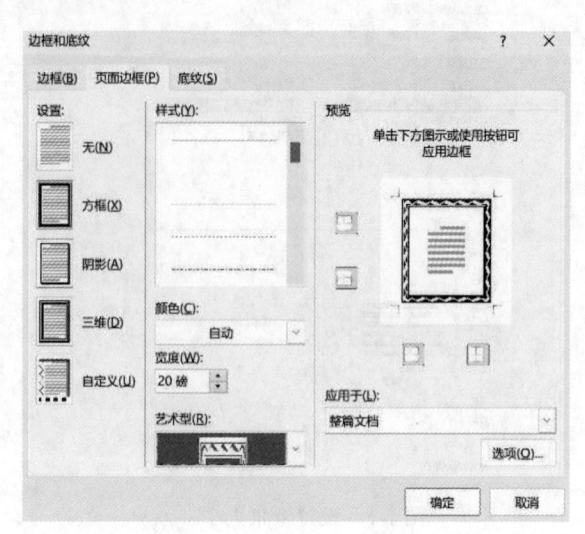

图1-5 设置页面边框

步骤三 文本框设置

（1）单击"插入"选项卡→"文本"工作组，选择"文本框"→"绘制竖排文本框"，在页面下半部分拖动鼠标绘制一个矩形文本框，将古文的正文内容粘贴到该竖排文本框内。

（2）选中该文本框，单击"形状格式"选项卡→"排列"工作组，选择"位置"→"其他布局选项"，在弹出的"布局"对话框中设置该文本框"居中"，如图1-6所示。

图1-6 调整位置

（3）选中该文本框，单击"形状格式"选项卡→"形状样式"工作组，选择"形状轮廓"为"无轮廓"。在该选项卡下再选择"形状填充"→"图片"，选择名为"爱莲说.jpg"的图片，将该图片设置为文本框背景图片。

（4）此时可看到插入的图片颜色较深显得过于厚重，影响了图片上方文字的阅读，可以对图片格式进行进一步调整。单击"图片工具|图片格式"选项卡→"调整"工作组，将"透明度"设置为50%，"艺术效果"设置为"玻璃"。

该图片作为背景图，不宜过于鲜艳醒目，可以降低其对比度等要素。单击"图片工具|图片格式"选项卡→"调整"工作组，单击"校正"按钮，选择"柔化50%""亮度：0%（正常）"对比度：+40%"。

（5）为了让文字在背景图片的衬托下更为醒目，可以为文字添加更多文本效果。选中文本框内所有文字，单击"开始"选项卡→"字体"工作组，选择"文本效果和版式"边的下拉按钮，首先选择最后一种样式"填充：浅灰色，背景色 2；内部阴影"，提亮文字颜色，然后再选择"轮廓"，将"主题颜色"设置为"白色，背景 1，深色 50%"，进一步突显文字轮廓，使文字在背景的衬托下更加醒目。

步骤四　图片设置

（1）单击"插入"选项卡→"插图"工作组，选择"图片"→"此设备"，在弹出的"布局"对话框中选择名为"荷花.jpg"的图片，将该图片插入到文档中。

（2）选中该图片，单击"图片工具|图片格式"选项卡→"排列"工作组，依次选择"旋转对象"→"向右旋转 90°"及"水平翻转"，调整图片的展示角度，如图 1-7 所示。

（3）保持选中该图片状态，单击"图片工具|图片格式"选项卡→"排列"工作组，选择"环绕文字"→"衬于文字下方"，设置图文混排位置。

（4）继续选中该图片，单击"图片工具|图片格式"选项卡→"调整"工作组，选择"删除背景"，进入"背景消除"选项卡，分别选择"标记要保留的区域"及"标记要删除的区域"将图片中的花朵保留，将背景去掉，如图 1-8 所示。然后缩小图片到适合页面的尺寸，将图片移动到页面左上角。

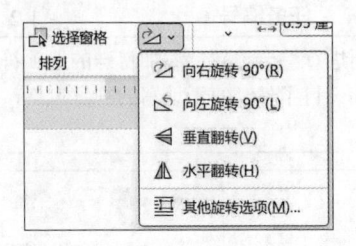

图 1-7　"旋转对象"按钮及其下拉列表　　　　图 1-8　"背景消除"选项卡

📂**任务自评：**

任务名称	\multicolumn{6}{c	}{古诗词国风文档的制作}	任务编号	\multicolumn{4}{c	}{1-1}
任务描述	\multicolumn{6}{c	}{将古诗词及古文等文字内容录入到文档中，收集适合文档的图片素材，并根据文字与素材进行版面设置，以达到和谐美观的效果，体现出优美典雅的国风风格}	微课讲解	\multicolumn{4}{c	}{古诗词国风文档的制作}
任务评价	\multicolumn{6}{c	}{任务中各步骤完成度/%}	\multicolumn{4}{c	}{综合素养}
	步骤	100	99～90	89～80	79～70	69～60	59～0	A	B	C	D
	步骤一										
	步骤二										
	步骤三										
	步骤四										
	\multicolumn{11}{l	}{填表说明：1. 请在对应单元格打√；2. 综合素养包括学习态度、学习能力、沟通能力、团队协作等}

📁 **总结与思考：**

_____

_____

_____

任务 2　制作售后服务调查问卷

📁 **任务导语：**

在各类企业中，经常需要对产品质量或销售服务水平进行售后调查，这就需要制作问卷调查表等类型的文档。该类文档需要用户填写相关的反馈信息，因此需要制作大量的选项类文本及选项符号。本任务将讲述如何用更为便捷的方式，制作一份简洁规范的售后服务调查问卷。

📁 **任务单：**

任务名称	制作售后服务调查问卷	任务编号	1-2
任务描述	将调查问卷文字内容录入到文档中，对调查表版面进行综合设置，添加特殊的选项符号，设置分栏页码并调整其对齐方式，将整个调查表设计为一目了然、便于填写的视觉风格，同时又体现出简洁利落的商业效果			
任务效果				
任务分析	文档中需要输入特殊符号，输入时可以采用多种方式来录入。选项中的单选符号、多选符号输入较为复杂，这里可以巧用 Word 软件提供的"校对"中的"自动更正"功能，来进行快速输入。对于文档中同样的格式设置，可以使用格式刷功能进行统一添加。为了增加文档的辨识度，可以为文档添加水印。另外在本任务中将调用域功能在同一页中添加不同页码，页码的对齐操作，可以使用制表符来进行统一设置			

📁 **知识要点：**

➢ 制表符

在 Word 文档中初学者常使用空格来进行文本符号等内容的对齐，这样操作不仅烦琐而且不便于格式的统一调整，也会在不经意间在文档内插入大量空格等占位符。这时可以使用制表符，它能实现在不使用表格的情况下，在垂直方向上按列对齐的文本效果。重复单击"水平标尺"最左侧的按钮，可以选择需要添加的不同种类的制表符，如表 1-2 所示。

表 1-2　制表符分类

名称	功能
左对齐制表符	该列字符左对齐
居中式制表符	该列字符居中对齐
右对齐制表符	该列字符右对齐
小数点对齐式制表符	数据以小数点对齐
竖线对齐制表符	显示一条竖线

选择好需要的制表符后，在水平标尺上某一位置单击，即可在此处添加相应类型的制表符。如需单独删除某一制表符，只需单击该制表符后将其拖动到标尺以外的区域即可。如输入完成后需删除所有制表位，则需要在输入完数据后把光标定位在最后一个空行上，然后在标尺上双击任意一个制表符，在弹出的"制表位"对话框中单击"全部清除"按钮，如图 1-9 所示，即可删除本行所有的制表位。

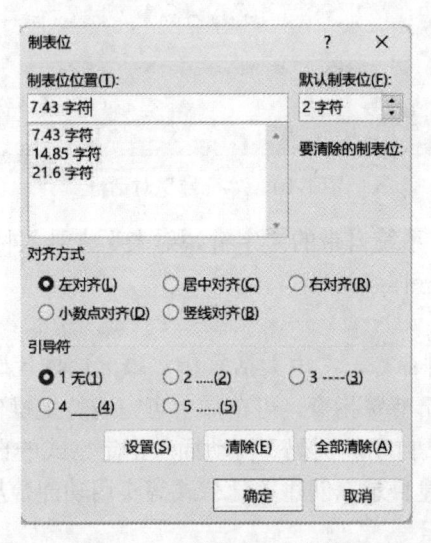

图 1-9　"制表位"对话框

➢ 格式刷

单击"开始"选项卡→"剪贴板"工作组中的"格式刷"按钮，可以完成对格式的复制和粘贴。单击一次该按钮，可以复制格式并进行一次格式粘贴。双击该按钮则可以将复制的格式进行多次粘贴。按 ESC 键或再次单击"格式刷"按钮即可退出格式刷使用状态。

➢ 自动更正功能

单击"文件"选项卡→"选项"，在弹出的"Word 选项"对话框中选择"校对"→"自动更正选项"按钮即可进入"自动更正"对话框。在该对话框中输入"替换"及"替换为"文本框中的内容，就能设置一些简单的字符来代替复杂的字符或输入较为麻烦的特殊字符，从而提高输入的效率。

➢ 特殊符号的输入

在编辑文档时，常需要录入一些键盘上无法直接找到的特殊符号，这时可以用多种方法来插入。

方法一：单击"插入"选项卡→"符号"工作组→"符号"按钮，选择"其他符号"选项，在弹出的"符号"对话框中选择一种字体如"Wingdings"，然后在"字体"下方的字符表中选择需要的符号，单击"插入"按钮，即可完成该特殊符号的录入，如图1-10所示。

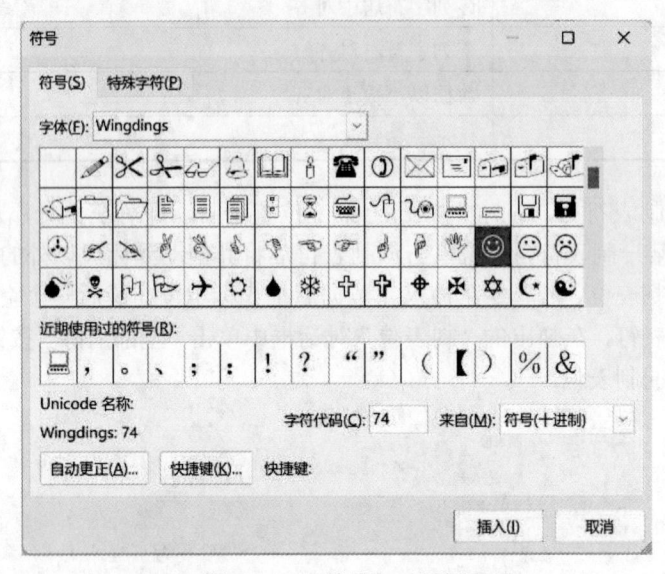

图1-10　"符号"对话框

方法二：使用 Windows 系统自带的"字符映射表"来录入特殊字符。该方法的详细操作过程将在后续操作步骤中进行详细讲解。

➢ 域

域是 Word 中的一种特殊命令，它由大括号{ }、域名或域代码、域选项开关构成。域代码类似于公式，域选项开关属于特殊指令，可在域中可完成特定操作。使用 Word 的域功能可以实现许多复杂的工作，例如，自动编页码、自动插入指定格式的日期和时间、通过链接与引用插入其他文档部件、自动创建目录、创建数学公式等实用功能，从而减少 Word 文档编辑中的重复操作，提高工作效率。

通过 Ctrl+F9 快捷键可以插入域，按 F9 键可以更新域，按 Alt+F9 或 Shift+F9 快捷键可以单个或全部显示/隐藏域代码。本任务中将使用域代码={page}来显示当前页码。

➢ 水印

在文档中添加水印，可以提示文档的保密级别或强调文档的版权属性，这是 Word 文档编辑中的一项常用功能，水印可以分为图片水印和文字水印。

📂 实施方案：

步骤一　文档基本格式设置

（1）新建空白 Word 文档，将调查问卷文本内容录入到文档中，文字字体设置为"宋体"，标题文字部分设置为"二号"，其余文字部分设置为"五号"。

（2）纸张大小、页边距均使用默认参数，纸张方向设置为横向。

（3）将光标移动到"（请注意：未标注的题目均为单选题）"语句的末尾处，按照项目 1 任务 1 中所介绍过的方法在此处插入一个"连续"类型的分节符。

（4）将光标定位在问卷题目部分，单击"布局"选项卡，在"页面设置"工作组中单击"栏"→"更多栏"，在弹出的对话框中选择"三栏"，并勾选"分隔线"选项。这样，就可以把题目部分分为三栏，让排版显得更加紧凑，同时也节约了纸张，降低了问卷的印刷成本。

（5）单击"插入"选项卡→"插图"工作组→"形状"，选择"直线"类型，按住 Shift 键的同时拖动鼠标，绘制出直线。将该直线线型设置为双线型，粗细为 1 磅，将其放置于调查问卷答题区上方，用于分隔问卷的答题区。

步骤二 设置水印

（1）单击"设计"选项卡→"页面背景"工作组，选择"水印"→"自定义水印"，在弹出的"水印"对话框中，选择"文字水印"。

（2）在"文字"后方的文本框中输入相应的公司名称，"颜色"设置为较浅灰色"白色，背景 1，深色 15%"，勾选"半透明"选项，选择"版式"为"斜式"，具体设置如图 1-11 所示。

图 1-11 "水印"对话框

步骤三 使用格式刷设置相同格式

（1）将第一道题目中问题部分的字体设置为加粗，并将该段落的"段前间距"设置为 0.5 行，将每道题突出显示，区分开问题部分与选项部分，便于阅读与选择。

（2）选中上一步已设置好的第一题问题部分段落，双击"开始"选项卡→"剪贴板"工作组中的"格式刷"按钮，复制该部分的格式。保持"格式刷"处于被选中的状态，然后依次选择其后所有题目的问题语句，将格式粘贴到其余题目的问题部分。

步骤四 使用自动更正功能快速输入特殊符号

（1）单击"文件"选项卡→"选项"，在弹出的"Word 选项"对话框中选择"校对"→"自动更正选项"，即可打开如图 1-12 所示的"Word 选项"对话框。

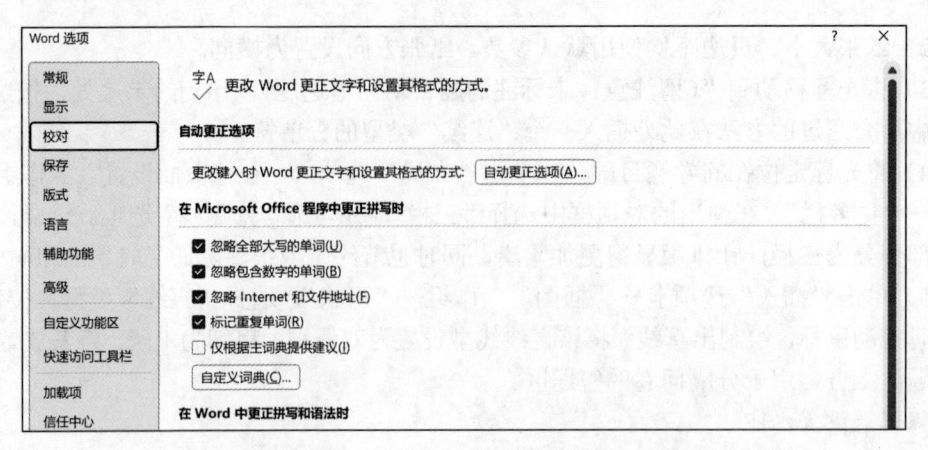

图 1-12 "Word 选项"对话框

（2）在弹出的"自动更正"对话框中选择"自动更正"选项卡，勾选"键入时自动替换"选项。在"替换"下方的编辑栏输入将被替换的原字符，如英文字母"z"。

（3）在任务栏的搜索框处输入"字符映射表"，在打开的对话框中选择一种字体，如"MS UI Gothic"，拖动右侧的垂直滚动条，找到并单击圆形符号后单击"选择"按钮，再单击"复制"按钮，如图 1-13 所示。

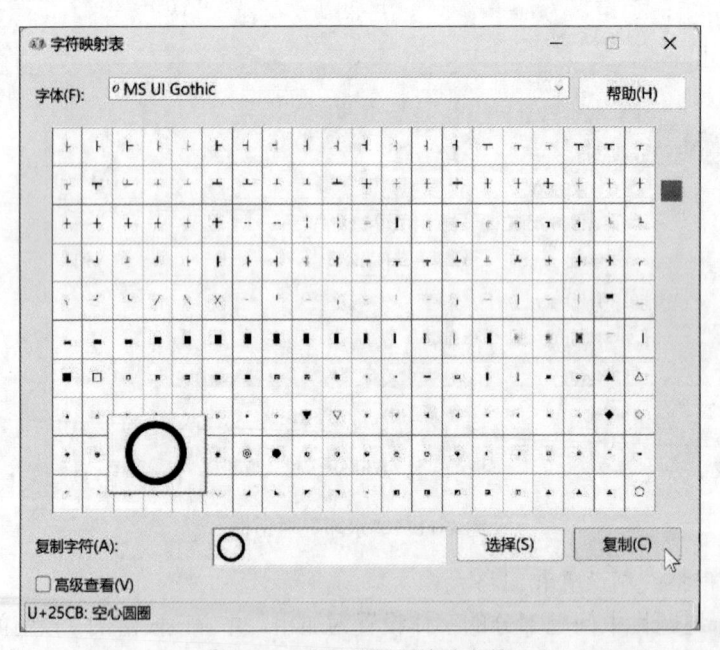

图 1-13 选择并复制特殊字符

（4）回到"自动更正"对话框，在"替换为"下方的编辑栏中粘贴要替换为的特殊字符"○"，然后单击下方的"添加"按钮，如图 1-14 所示，将该条自动更正规则添加到系统中。

（5）按照以上步骤，完成英文字母"x"替换为特殊符号"□"的自动更正设置。

（6）将光标定位到第一道题目的选项部分，录入英文字母"z"后按空格键，可以发现此时字母"z"被自动替换成了特殊字符"○"。同样录入英文字母"x"后按空格键，则字母"x"会被自动替换成"□"。这样，通过简单字符的录入，即可完成复杂字符的录入与显示。

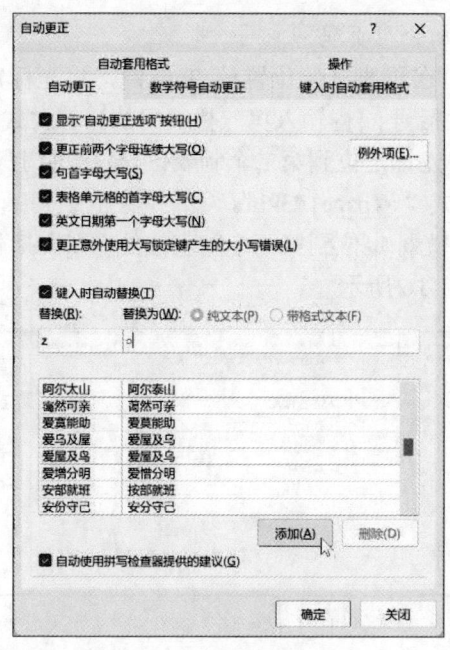

图 1-14 "自动更正"对话框

> **提示**
>
> 自动更正中自定义的规则使用完毕后，若后续不需要使用，可以在"自动更正"对话框中选择该条规则后，单击"删除"按钮即可。

步骤五　添加制表符

（1）为了将后续步骤中的分栏页码对齐，这里先设置分隔符。单击"视图"选项卡→"显示"工作组，勾选"标尺"选项，在工作窗口中显示标尺。在标尺最左侧按钮处反复单击，选择"居中式制表符"。

（2）双击页脚区域或单击"插入"选项卡→"页眉和页脚"工作组，选择"页脚"→"编辑页脚"命令，进入页脚编辑状态，在上方水平标尺每一栏的中间位置单击，添加三个制表符用于后续对齐页码，如图 1-15 所示。

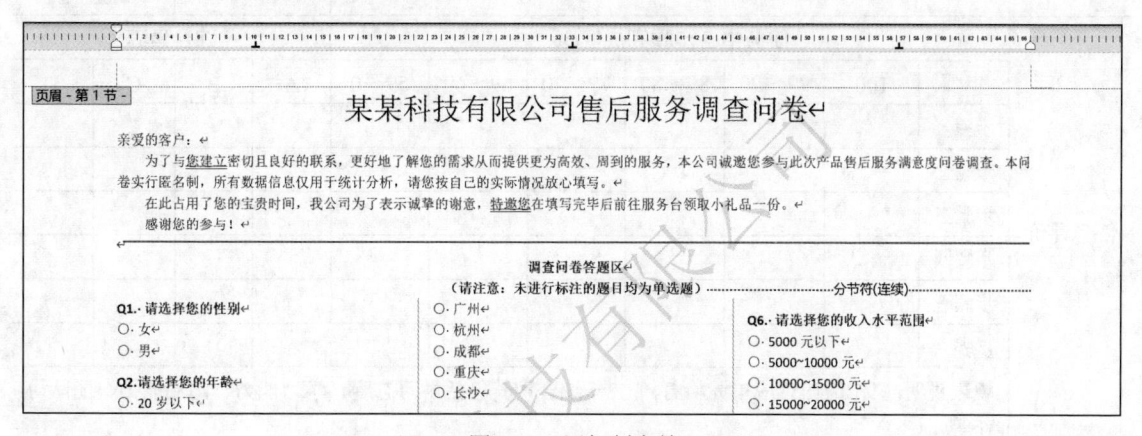

图 1-15　添加制表符

步骤六　输入域代码添加分栏页码

（1）进入页脚编辑区，在页脚开始位置按 Tab 键，将光标定位到第一个制表位处，按 Ctrl+F9 快捷键，在出现的大括号 { } 内输入第一栏页码的计算公式"={page}*3-2"。

（2）再次按 Tab 键，将光标定位到第二个制表位处，参照上一项的操作方法在大括号 { } 内输入第二栏页码的计算公式"={page}*3-1"。

（3）再次按 Tab 键，将光标定位到第三个制表位处，在大括号 { } 内输入第三栏页码的计算公式"={page}*3"，如图 1-16 所示。

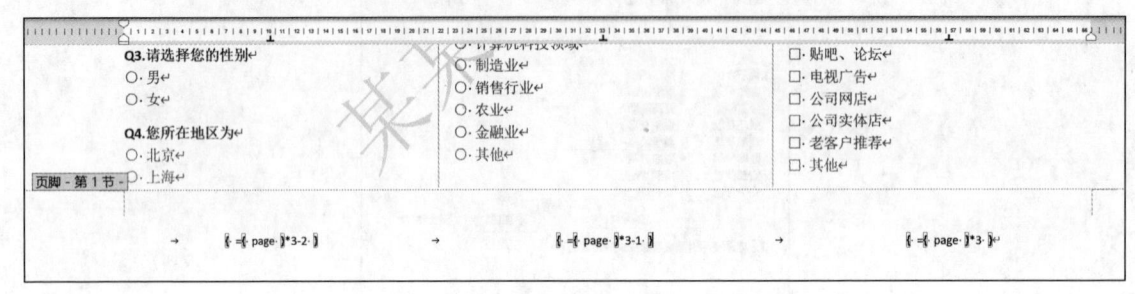

图 1-16　插入域代码

> **提示**
> 域代码中的大括号 { } 均需要使用 Ctrl+F9 快捷键录入，不能手动录入。

（4）选中所有域代码后，按 Shift+F9 快捷键，将域代码显示为对应的页码数：1、2、3、4、5、6，完成调查问卷的制作。

📂 **任务自评：**

任务名称	制作售后服务调查问卷						任务编号			1-2
任务描述	将调查问卷文字内容录入到文档中，对调查表版面进行综合设置，添加特殊的选项符号，设置分栏页码并调整其对齐方式，将整个调查表设计为一目了然、便于填写的视觉风格，同时又体现出简洁利落的商业效果						微课讲解			制作售后服务调查问卷
任务评价		任务中各步骤完成度/%					综合素养			
^^	步骤	100	99~90	89~80	79~70	69~60	59~0	A	B	C	D
^^	步骤一										
^^	步骤二										
^^	步骤三										
^^	步骤四										
^^	步骤五										
^^	步骤六										
^^	填表说明：1. 请在对应单元格打√；2. 综合素养包括学习态度、学习能力、沟通能力、团队协作等										

📁 **总结与思考：**

_____

_____

_____

项目 2　长文档的排版与引用

📁 **项目介绍：**

　　长文档是指内容多、篇幅长的文档，如合同、报告、手册、论文、制度汇编、产品说明书等。在本项目中，将通过两个任务分别对分节符、页眉和页脚、页码格式、标题级别、目录的创建和更新、脚注尾注、题注、批注和修订等知识进行详细讲解。

任务 1　长文档目录的制作

📁 **任务导语：**

　　假如你是图书馆工作人员，请你为《图书管理制度汇编》制作目录，使读者可以快速了解其结构和主要内容。

📁 **任务单：**

任务名称	长文档目录的制作	任务编号	1-3
任务描述	为《图书管理制度汇编》创建目录，使封面不显示页眉和页脚，将目录和正文分别编排页码，设置正文奇数页页码右对齐、偶数页页码左对齐			
任务效果				
任务分析	本任务首先需要添加分节符将封面、目录和正文分成三节，并设置页眉页脚内容和页码格式，然后需要将正文中的标题设置成三个级别，最后创建目录并对目录进行更新			

📁 **知识要点：**

➢ 分节符

单击"布局"选项卡→"页面设置"工作组→"分隔符"按钮，在下拉列表中选择"分节符"→"下一页"，即可在目标位置插入分节符。

➢ 页眉、页脚和页码设置

单击"插入"选项卡→"页眉和页脚"工作组，可以选择插入页眉、页脚或页码。双击页眉或页脚区域，选择"页眉和页脚工具"→"页眉和页脚"工作组，在该工作组中可以编辑页眉和页脚、设置页码格式、设置奇偶页不同或首页不同。

➢ 删除页眉处的横线

单击"开始"选项卡→"字体"工作组→"清除所有格式"按钮，即可删除页眉处的横线。

➢ 标题文本的选定

方法一：直接选定标题文本。选定第一个标题文本后，按下 Ctrl 键，依次选定其他标题文本。

方法二：当被选定的所有标题文本格式相同且区别于其他文本时，可以使用"选定所有格式类似的文本"命令完成。单击"开始"选项卡→"编辑"工作组，在该工作组中单击"选择"按钮，在下拉列表中选择"选定所有格式类似的文本"选项即可。

方法三：在"大纲视图"模式下选定标题文本。单击"视图"选项卡→"视图"工作组，在该工作组中单击"大纲"按钮，进入"大纲视图"模式，在该模式下，可以依次选定同一级别的标题文本。

➢ 标题级别设置

方法一：在"样式"工作组选择标题样式。单击"开始"选项卡→"样式"工作组，在该工作组中选择对应的标题样式即可设置标题级别。

方法二：在"大纲视图"模式下设置标题大纲级别。单击"视图"选项卡→"视图"工作组，在该工作组中选择"大纲"，在"大纲工具"工作组即可设置所选项目的大纲级别。

➢ 创建和更新目录

单击"引用"选项卡→"目录"工作组，可以根据需要插入手动目录、自动目录和自定义目录，创建好目录后可以选择"更新目录"。

📁 **实施方案：**

步骤一　插入分节符，将封面、目录和正文分成三节

打开《图书管理制度汇编》文档，将光标定位在标题页的最后一行，单击"布局"选项卡→"页面设置"工作组→"分隔符"按钮，在下拉列表中选择"分节符"→"下一页"，再将光标定位在目录页的最后一行，按照上述步骤插入分节符"下一页"，如图 1-17 所示。删除正文第一页"第一章　图书馆职责和工作人员守则"上方的空行。

步骤二　页眉、页脚和页码设置

（1）将光标定位在封面页，在页眉处双击进入页眉和页脚编辑状态，标题栏出现"页眉和页脚工具"，单击"页眉和页脚工具|设计"选项卡，在"选项"工作组中勾选"首页不同"前面的复选框。

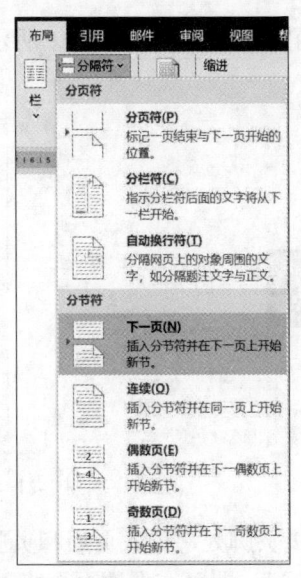

图 1-17　插入分节符"下一行"

（2）将光标定位在目录页，在页脚处双击进入页眉和页脚编辑状态，标题栏出现"页眉和页脚工具"，单击"页眉和页脚工具"工作组→"页码"按钮，在下拉列表中选择"页面底端"→"普通数字 3"，即可完成在页脚处的右对齐位置插入页码，如图 1-18 所示。

（3）单击"页眉和页脚工具"工作组→"页码"按钮，在下拉列表中选择"设置页码格式"，打开"页码格式"对话框，设置编号格式为大写罗马数字，并设置起始页码为"Ⅰ"，单击"确定"按钮，如图 1-19 所示。

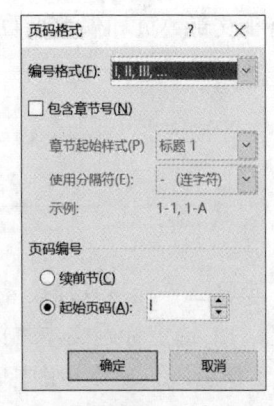

图 1-18　插入页码　　　　　　　　图 1-19　设置页码格式（罗马数字）

（4）将光标定位在正文第一页，在页眉处双击进入页眉和页脚编辑状态，标题栏出现"页眉和页脚工具"，在"导航"工作组中单击"链接到前一节"取消链接，如图 1-20 所示。

（5）将光标定位在正文第一页，在页脚处双击进入页眉和页脚编辑状态，标题栏出现"页眉和页脚工具"，在"导航"工作组中单击"链接到前一节"取消链接，在"选项"工作组中勾选"奇偶页不同"前面的复选框。

（6）单击"页眉和页脚"工作组→"页码"按钮，在下拉列表中选择"页面底端"→"普通数字 3"，即可在奇数页页脚处的右对齐位置插入页码。设置页码的编号格式为阿拉伯数字，并设置起始页码为"1",单击"确定"按钮,如图 1-21 所示。

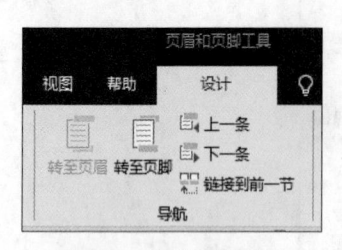

图 1-20　取消页眉链接

图 1-21　设置页码格式(阿拉伯数字)

(7)将光标定位在正文第二页页脚处,进入页眉和页脚编辑状态,在"页码"下拉列表中选择"页面底端"→"普通数字 1",即可在偶数页页脚处的左对齐位置插入页码。

(8)将光标定位在正文第一页,在页眉处双击进入页眉和页脚编辑状态,在页眉的居中位置处输入"图书管理制度汇编"。用同样的方法在正文第二页页眉的居中位置处输入"图书管理制度汇编"。

(9)保持光标在正文第一页页眉处,单击"开始"选项卡→"字体"工作组→"清除所有格式"按钮,即可将页眉处的横线清除,选定页眉处的"图书管理制度汇编",单击"段落"工作组→"右对齐"按钮,设置文字对齐方式为"右对齐",效果如图 1-22 所示。用同样的方法可以清除第二页页眉处的横线,并设置第二页页眉处的文字为"左对齐"。通过该操作,可以将正文奇数页和偶数页页眉处的横线清除,并使奇数页页眉右对齐,偶数页页眉左对齐。

图 1-22　清除页眉横线

步骤三　标题级别设置

(1)选定标题文本"第一章 图书馆职责和工作人员守则",单击"开始"选项卡→"编辑"工作组,在该工作组中单击"选择"按钮,在下拉列表中选择"选定所有格式类似的文本",即可选定正文中所有的一级标题,如图 1-23 所示。

(2)单击"开始"选项卡→"样式"工作组,在该工作组中选择"标题 1",如图 1-24 所示。

图 1-23　选定文本

图 1-24　设置标题级别

（3）用上述方法将正文中所有与"（一）图书馆职责"格式相同的标题文本的样式设置成"标题 2"，将"第五章 图书馆馆藏书刊遗失、损坏赔偿办法"中所有与"1.赔书刊"格式相同的标题文本的样式设置成"标题 3"。

步骤四　创建和更新目录

（1）将光标定位在目录页的"目录"二字的下一行，单击"引用"选项卡→"目录"工作组中的"目录"按钮，在下拉列表中选择"自定义目录"，如图 1-25 所示。

（2）在打开的"目录"对话框中进行设置，具体参数如图 1-26 所示，单击"确定"按钮即可在指定位置创建目录。

图 1-25　创建"自定义目录"　　　　　图 1-26　"目录"对话框

（3）成功创建目录后，如果因为修改文档内容导致正文页码发生变化时，可以执行"更新目录"操作。将光标定位在目录页，在目录区域右击，在快捷菜单中选择"更新域"，如图 1-27 所示。在打开的"更新目录"对话框中选择"只更新页码"，单击"确定"按钮即可完成目录页码的更新，如图 1-28 所示。目录完成效果如图 1-29 所示。

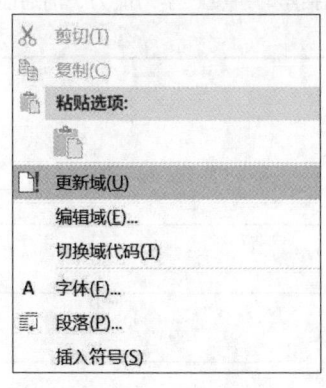

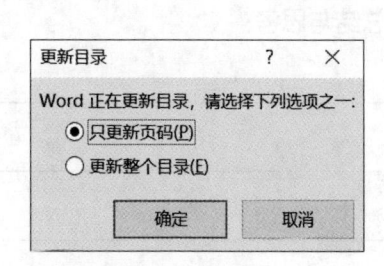

图 1-27　更新域　　　　　图 1-28　更新目录

```
目 录

第一章  图书馆职责和工作人员守则 ............................................. 1
    (一) 图书馆职责 ....................................................... 1
    (二) 图书馆工作人员守则 ............................................... 2
第二章  图书馆入馆和防火须知 ................................................. 3
    (一) 图书馆入馆须知 ................................................... 3
    (二) 图书馆防火须知 ................................................... 4
第三章  图书馆安全管理制度 ................................................... 5
第四章  图书馆文献借阅规则 ................................................... 6
    (一) 图书借阅规则 ..................................................... 6
    (二) 期刊、报纸借阅规则 ............................................... 7
    (三) 借还书规则 ....................................................... 7
第五章  图书馆馆藏书刊遗失、损坏赔偿办法 ..................................... 7
    (一) 遗失书刊 ......................................................... 8
        1.赔书刊 .......................................................... 8
        2.赔款 ............................................................ 8
        3.逾期滞纳金 ...................................................... 9
        4.退款 ............................................................ 9
    (二) 损毁、污染书刊及条码 ............................................. 9
        1.损毁书刊 ........................................................ 9
        2.污染书刊 ....................................................... 10
        3.其它规定 ....................................................... 10
第六章  电子阅览室上网阅览制度 .............................................. 10
第七章  图书馆阅览室管理制度 ................................................ 12
```

图 1-29 "目录"效果图

📂 **任务自评：**

任务名称	长文档目录的制作					任务编号		1-3	
任务描述	为《图书管理制度汇编》创建目录，使封面不显示页眉和页脚，将目录和正文分别编排页码，设置正文奇数页页码右对齐、偶数页页码左对齐					微课讲解		长文档目录的制作	
任务评价	任务中各步骤完成度/%					综合素养			
	步骤	100	99～90	89～80	79～70	69～60	59～0	A	B	C	D
	步骤一										
	步骤二										
	步骤三										
	步骤四										
	填表说明：1. 请在对应单元格打√；2. 综合素养包括学习态度、学习能力、沟通能力、团队协作等										

📂 **总结与思考：**

任务2　长文档的引用和审阅

📂 **任务导语：**

在论文、报告等长文档的编辑排版和审阅过程中，需要为文档添加参考文献，并对文中的图片和表格等内容添加题注，有时还需要为文档添加脚注、尾注、批注和修订。使用 Word 软件提供的引用和审阅功能，不仅可以为长文档创建目录，而且可以轻松完成参考文献、题注、脚注、尾注、批注和修订等内容的添加和编辑。本任务需要对一篇初步完成排版的论文添加参考文献，为论文中的图片添加题注和交叉引用，并为论文添加批注和修订。

📂 **任务单：**

任务名称	长文档的引用和审阅	任务编号	1-4
任务描述	利用脚注、题注、交叉引用、批注和修订等功能为论文文档添加参考文献，为文档中的图片添加题注和交叉引用，并为论文添加批注和修订			
任务效果	（效果图）|		
任务分析	本任务首先需要删除文档中的空行，然后为文档中的图片添加题注，使每张图片都获得一个可以自动更新的编号，接着为文档添加交叉引用和参考文献，最后为文档添加批注和修订			

📂 知识要点：

> 删除空行

单击"开始"选项卡→"编辑"工作组→"替换"按钮（或按 Ctrl+H 快捷键），打开"查找和替换"对话框，单击左下角的"更多"按钮，再单击"特殊格式"按钮，在打开的菜单中选择"段落标记"，在"查找内容"文本框中输入两个段落标记代码，在"替换为"文本框中输入一个段落标记代码，单击"全部替换"按钮即可删除空行。

> 添加题注

添加题注不仅可以为文档中的图片和表格等对象自动编号，还可以通过交叉引用在文档的任意位置引用对象。

单击"引用"选项卡→"题注"工作组→"插入题注"按钮，在打开的"题注"对话框中设置好参数即可。在"题注"对话框中，可以根据需要选择标签、新建标签或删除标签，还可以修改编号格式和题注样式。

> 添加交叉引用

通过交叉引用功能，可以在文档中的其他地方引用图片或表格的题注。

单击"引用"选项卡→"题注"工作组→"交叉引用"按钮，在打开的"交叉引用"对话框中设置好"引用类型""引用内容"和"引用哪一个编号项"即可。

> 添加或删除脚注、尾注

脚注和尾注的作用都是为文档添加注释，脚注位于页面的底部，尾注位于整个文档的末尾或者节的末尾。

单击"引用"选项卡→"脚注"工作组→"插入脚注"按钮，即可为对象添加脚注。

单击"引用"选项卡→"脚注"工作组→"插入尾注"按钮，即可为对象添加尾注。

删除文档中的脚注编号即可删除对应的脚注，删除后，其他脚注的编号会自动更新。尾注的删除方法和脚注相同。

> 添加或删除批注

批注是作者或审阅者为文档添加的注释，可以清晰地反馈某些内容的注释、提示或审阅者的意见等信息。

单击"审阅"选项卡→"批注"工作组→"新建批注"按钮，即可为文档添加批注。

单击"审阅"选项卡→"批注"工作组→"删除"按钮，在下拉列表中即可选择删除批注的选项。

> 打开或关闭修订

通过修订功能可以跟踪编辑者对文档所做的更改。

单击"审阅"选项卡→"修订"工作组→"修订"按钮，即可打开"修订"，打开时，修改的内容将以特定格式或批注的形式显示出来。例如，删除的内容标记有删除线，添加的内容标记有下划线，不同作者的更改用不同的颜色表示。

在打开修订的状态下，单击"审阅"选项卡→"修订"工作组→"修订"按钮，即可关闭修订。关闭修订后，Word 将停止显示更改，但之前修订的内容仍然存在于文档中。

> 接受或拒绝修订

单击"审阅"选项卡→"更改"工作组→"接受"按钮，在下拉列表中即可选择接受修订的选项。

单击"审阅"选项卡→"更改"工作组→"拒绝"按钮，在下拉列表中即可选择拒绝修订的选项。

📂 **实施方案：**

步骤一　删除文档中的空行

（1）打开论文文档，在"编辑"工作组中单击"替换"按钮，在打开的"查找和替换"对话框中单击左下角的"更多"按钮，展开扩展功能。

（2）将光标定位到"查找内容"文本框中，单击"特殊格式"按钮，在打开的菜单中选择"段落标记"，即可输入一个段落标记代码。重复上述操作，在"查找内容"文本框中输入两个段落标记代码，在"替换为"文本框中输入一个段落标记代码，如图 1-30 所示，单击"全部替换"按钮即可删除空行。如果文档中还有空行，可以反复单击"全部替换"按钮，直至所有空行都被删除。

图 1-30　输入段落标记代码

提示

　　如果要在各段的后面插入一个空行，可以在"查找内容"文本框中输入一个段落标记代码，在"替换为"文本框中输入两个段落标记代码。

步骤二　为图片添加题注

（1）将文档中第一幅图片下方手动输入的题注"图 1-1"删除，选定图片，单击"引用"选项卡→"题注"工作组→"插入题注"按钮（也可以在图片上右击，在快捷菜单中选择"插入题注"），在打开的"题注"对话框中单击"新建标签"按钮，打开"新建标签"对话框，在"标签"文本框中输入"图"，如图 1-31 所示，单击"确定"按钮即可为第一幅图添加题注。

（2）单击"开始"选项卡→"样式"工作组→"样式库"中的"题注"样式，在该样式上右击，在快捷菜单中选择"修改"命令，在打开的"修改样式"对话框中将对齐方式设置为"居中"，单击"确定"按钮即可，效果如图 1-32 所示。

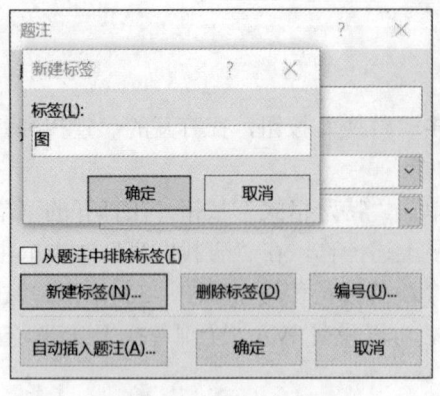

图 1-31　新建标签　　　　　　　　　图 1-32　添加题注效果

（3）使用相同的方法，将文档中的其他两张图片原有的标签修改为自动插入的题注标签"图 2"和"图 3"。

> 提示
> 使用与上述类似的方法可以为表格添加题注，与图片题注相比，只需要将标签改为"表格"。在 Word 文档中，可以在插入图片或表格前，设置好题注格式和样式，也可以在插入图片或表格后，修改题注格式和样式。

步骤三　添加交叉引用

（1）删除"图 1"上方黄色突出显示的文本并保持光标在删除的文本处，单击"引用"选项卡→"题注"工作组→"交叉引用"按钮，打开"交叉引用"对话框，在"引用类型"下拉列表中选择"图"，在"引用内容"下拉列表中选择"仅标签和编号"，在"引用哪一个编号项"列表框中选择"图 1"，具体参数如图 1-33 所示，单击"插入"按钮即可。

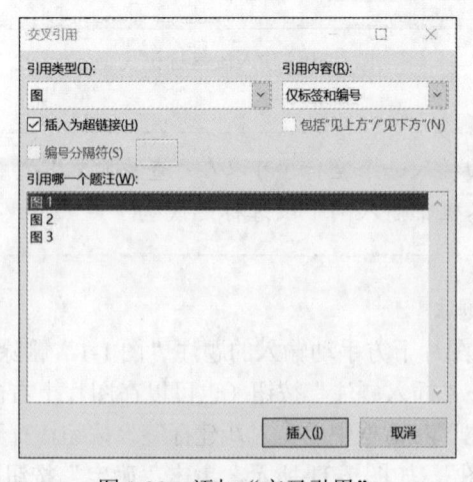

图 1-33　添加"交叉引用"

（2）使用相同的方法，将文档中的其他两张图片上方突出显示的文本使用交叉引用进行替换。

（3）使用格式刷将替换后的三处文本的格式修改为与其所在段落的其他文本一致。

步骤四　添加脚注、修改脚注编号格式

（1）将光标定位在文档标题的末尾，单击"引用"选项卡→"脚注"工作组→"插入脚注"按钮，即可在论文标题的末尾处插入脚注编号，此时，光标切换到该页面最下方的位置，在光标所在位置输入脚注内容"本文为××团队20××年暑假社会实践成果。"，如图1-34所示。

（2）在脚注处右击，在快捷菜单中选择"便签选项"命令，打开"脚注和尾注"对话框，在该对话框中修改脚注的"编号格式"为带圈的阿拉伯数字，单击"应用"按钮，如图1-35所示。此外，在"脚注和尾注"对话框中，还可以修改脚注的位置和布局等内容。

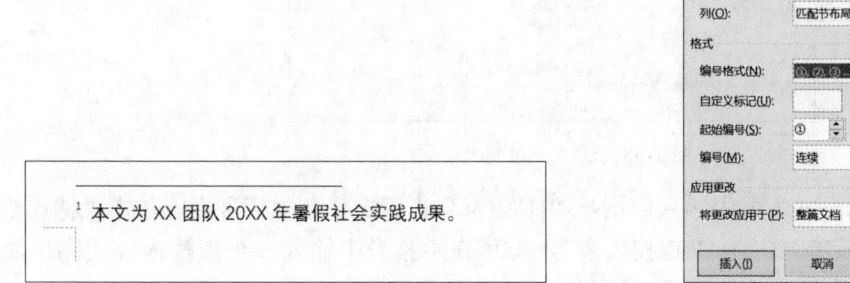

图1-34　添加脚注　　　　　　　　　图1-35　"脚注和尾注"对话框

（3）如果需要删除脚注，直接删除正文中的脚注编号即可，删除后，其他脚注的编号将自动更新。

步骤五　添加参考文献

（1）将光标定位在文档中第1处红色文本的句号右侧，单击"引用"选项卡→"脚注"工作组→"插入尾注"按钮，即可在光标所在位置插入尾注编号，此时，光标切换到文档末尾的位置，在光标所在位置输入尾注内容"××.现代办公应用技术[M].北京：××出版社,20××."，如图1-36所示。

（2）使用相同的方法，依次在文档中的后面两处红色文本的句号右侧插入尾注编号并在文档末尾对应的编号处输入尾注内容，具体内容和效果如图1-37所示。

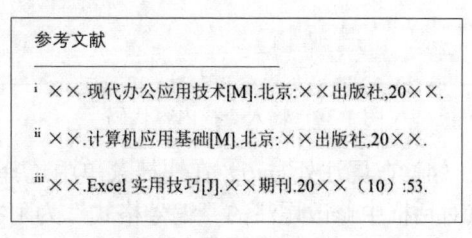

图1-36　添加尾注　　　　　　　　　图1-37　添加参考文献效果

步骤六　修改参考文献的编号格式

（1）将光标定位在文档的最前面，在"开始"选项卡→"编辑"工作组中单击"替换"按钮，在打开的"查找和替换"对话框中单击左下角的"更多"按钮，展开扩展功能。

（2）将光标定位到"查找内容"文本框中，单击"特殊格式"按钮，在打开的菜单中选择"尾注标记"，即可输入一个尾注标记代码，如图 1-38 所示。

图 1-38　输入尾注标记代码

（3）在"替换为"文本框中输入中括号"[]"，再将光标定位在中括号中，单击"特殊格式"按钮，在打开的菜单中选择"查找内容"，即可在中括号中输入一个查找内容代码，如图 1-39 所示，单击"全部替换"按钮，如图 1-40 所示。

图 1-39　输入查找内容代码　　　　　　图 1-40　全部替换

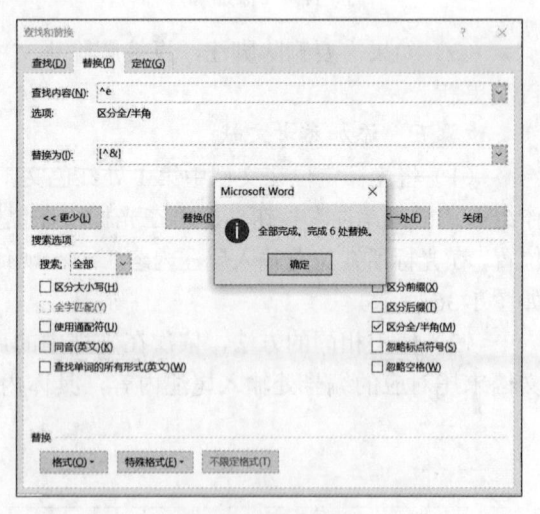

（4）在尾注处右击，在快捷菜单中选择"便签选项"命令，打开"脚注和尾注"对话框，在该对话框中修改尾注的"编号格式"为阿拉伯数字，单击"应用"按钮，如图 1-41 所示，此时，正文中的引用编号和参考文献处的编号均被修改为带方括号的阿拉伯数字。

图 1-41　修改尾注编号格式

（5）选定尾注处第一个参考文献的编号，单击"开始"选项卡→"字体"工作组→"上标"按钮，取消选择上标，将其修改为正常格式。用同样的方法，将下面两个尾注的编号修改为正常格式。此时，正文中的引用编号和参考文献处的编号均被修改为标准格式，如图 1-42、图 1-43 所示。

图 1-42　正文尾注编号效果　　　　　图 1-43　参考文献编号效果

（6）单击"视图"选项卡→"视图"工作组→"草稿"按钮，进入草稿视图。单击"引用"选项卡→"脚注"工作组→"显示备注"按钮，在打开的"显示备注"对话框中选择"查看尾注区"选项，此时，页面下方出现"尾注"下拉列表，在下拉列表中选择"尾注分隔符"，依次按 Delete 键和 Backspace 键将尾注处的分隔线删除，回到页面视图模式，可以看到尾注处的分隔线已被删除，如图 1-44、图 1-45 所示。

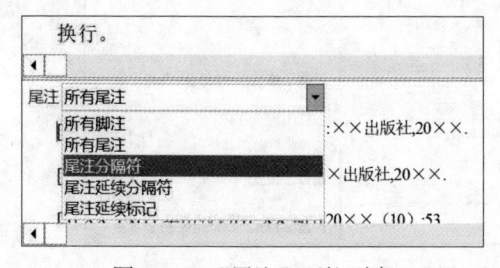

图 1-44　"尾注"下拉列表　　　　　图 1-45　删除尾注分隔线效果

> **提示**
>
> 如果文档中多处引用同一篇参考文献，可以将光标定位在引用处，单击"引用"选项卡→"题注"工作组→"交叉引用"按钮，在"交叉引用"对话框中选择"引用类型"为"尾注"，然后在"引用哪一个编号项"下拉列表中选择相应的参考文献。对于交叉引用的编号，需要为其添加中括号并将其设置为上标形式。

步骤七　添加批注

选定文档标题下方的"编者"二字，单击"审阅"选项卡→"批注"工作组→"新建批注"按钮，在批注框内输入批注内容，具体内容如图1-46所示。

图1-46　添加批注

> **提示**
>
> 添加批注后，可以对批注进行"删除""答复"或"解决"操作。可以修改批注者的姓名或姓名缩写，方法为单击"审阅"选项卡→"修订"工作组→"修订选项"按钮，在打开的对话框中单击"更改用户名"按钮，打开"Word选项"对话框，在"常规"选项的"对Microsoft Office进行个性化设置"栏中即可修改要在批注中使用的用户名或缩写。

步骤八　添加修订

（1）单击"审阅"选项卡→"修订"工作组→"修订"按钮，打开修订。

（2）选定文档中的第一处红色文本，单击"开始"选项卡→"字体"工作组→"字体颜色"按钮，在下拉列表中选择"自动"，将所选文本颜色修改为黑色，如图1-47所示。使用相同的方法，将文档中其余两处红色文本修改成黑色。论文的引用和审阅完成效果见任务单中的"任务效果"图。

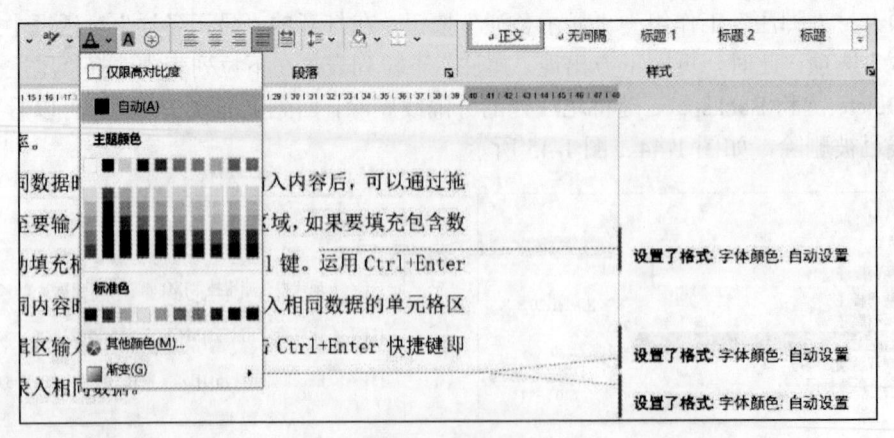

图1-47　添加修订

> **提示**
> 在"修订"工作组中,可以设置需要在文档中显示的标记类型、是否显示文档中的所有修订或选择审阅窗格显示的位置等。打开修订后,如果接受修订,可以单击"审阅"选项卡→"更改"工作组→"接受"按钮,在下拉列表中选择接受修订的选项即可。如果拒绝修订,单击"审阅"选项卡→"更改"工作组→"拒绝"按钮,在下拉列表中选择拒绝修订的选项即可。

📁 **任务自评:**

任务名称	长文档的引用与审阅					任务编号		1-4	
任务描述	用脚注、题注、交叉引用、批注和修订等功能为论文文档添加参考文献,为文档中的图片添加题注和交叉引用,并为论文添加批注和修订					微课讲解		长文档的引用与审阅	
任务评价	任务中各步骤完成度/%						综合素养		
	步骤	100	99~90	89~80	79~70	69~60	59~0	A	B	C	D
	步骤一										
	步骤二										
	步骤三										
	步骤四										
	步骤五										
	步骤六										
	步骤七										
	步骤八										
	填表说明:1. 请在对应单元格打✓;2. 综合素养包括学习态度、学习能力、沟通能力、团队协作等										

📁 **总结与思考:**

项目 3 Word 表格处理

📂 **项目介绍：**

表格是日常工作和学习中常见的信息表达方式，如产品清单、课程表、个人简历表、考试成绩表等。使用 Word 的表格处理功能，可以快速地创建、编辑和修改表格。在本项目中，将通过两个任务详细讲解在 Word 中创建表格、插入和删除行或列、合并或拆分单元格、行高和列宽的调整、单元格格式、表格样式、文本转换成表格、重复表格标题行、数值计算、在表格中插入和编辑 SmartAart 图形等知识点。

任务 1 制作个人简历

📂 **任务导语：**

对于求职者而言，一份好的简历可以更好地推销自己，给招聘者留下良好的第一印象。假如你是一名求职者，请使用 Word 表格制作一份个人简历。

📂 **任务单：**

任务名称	制作个人简历	任务编号	1-5
任务描述	使用 Word 的表格功能制作一份个人简历，使简历简洁美观且具备吸引力		
任务效果			
任务分析	本任务需要修改页边距为"窄"，插入表格并调整表格的行高和列宽，合并单元格，然后在单元格中插入 SmartArt 图形，调整其格式并在其中添加文本并设置文本格式，接下来需要在表格中添加个人求职信息并设置字符格式和单元格对齐方式，插入证件照，最后需要设置表格在页面中居中对齐并设置表格边框和底纹样式		

📂**知识要点：**

➢ 创建表格

单击"插入"选项卡→"表格"工作组→"表格"按钮，在下拉列表中，可以选择以下任意一种方法创建表格。

方法一：通过鼠标在图形框上拖动来选定表格的行数和列数。

方法二：单击"插入表格"命令，在打开的"插入表格"对话框中输入表格的行数和列数。

方法三：单击"绘制表格"命令来绘制表格。

➢ 修改行高和列宽

方法一：单击"表格工具|布局"选项卡→"单元格大小"工作组，在该工作组中可以修改单元格的高度和宽度的值。

方法二：单击"表格工具|布局"选项卡→"单元格大小"工作组右下角的对话框启动器，在打开的"表格属性"对话框中可以修改行的"指定高度"和列的"指定宽度"的值。

方法三：将鼠标移动到表格的边框线上，当鼠标呈双向箭头时，拖动鼠标来调整表格的行高和列宽。

➢ 合并或拆分单元格

方法一：单击"表格工具|布局"选项卡→"合并"工作组，在该工作组中单击"合并单元格"按钮完成单元格的合并操作，单击"拆分单元格"按钮完成单元格的拆分操作。

方法二：右击，在快捷菜单中选择"合并单元格"命令完成单元格的合并操作，选择"拆分单元格"命令完成单元格的拆分操作。

➢ 插入 SmartArt 图形

单击"插入"选项卡→"插图"工作组→"SmartArt"按钮，在打开的"选择 SmartArt 图形"对话框中选择所需图形。

➢ 修改 SmartArt 图形样式

方法一：单击"SmartArt 工具|SmartArt 设计"选项卡，在"创建图形"工作组中可以添加形状、项目符号，可以打开文本窗格。在"版式"工作组中可以修改 SmartArt 图形的版式。在"SmartArt 样式"工作组中可以修改 SmartArt 图形的颜色和样式。

方法二：单击"SmartArt 工具|格式"选项卡，在"形状样式"工作组中可以修改 SmartArt 图形的主题样式、填充、轮廓和效果。在"艺术字样式"工作组中可以修改文本的填充、轮廓、效果等内容。在"排列"工作组中可以修改 SmartArt 图形的位置、文字环绕等内容。在"大小"工作组中可以修改 SmartArt 图形的高度和宽度。

➢ 表格属性设置

单击"表格工具|布局"选项卡→"表"工作组→"属性"按钮（也可以右击，在快捷菜单中选择"表格属性"命令），在"表格属性"对话框中可以设置表格在页面中的对齐方式和是否被文字环绕。

➢ 表格格式设置

单击"表格工具|表设计"选项卡→"表格样式"工作组，在该工作组中可以设置表格样式和单元格底纹，在"边框"工作组中可以设置表格边框的线型、粗细和颜色。

单击"表格工具|布局"选项卡→"对齐方式"工作组,在该工作组中提供了 9 种单元格对齐方式,可以根据需要选择合适的对齐方式。

实施方案:

步骤一 修改页边距

新建空白 Word 文档,单击"布局"选项卡→"页面设置"工作组→"页边距"按钮,在下拉列表中选择"窄",如图 1-48 所示。

步骤二 创建表格

(1)单击"插入"选项卡→"表格"工作组,在下拉列表中选择"插入表格"命令。

(2)在打开的"插入表格"对话框中输入表格的列数和行数(3 列 2 行),单击"确定"按钮,具体参数如图 1-49 所示。

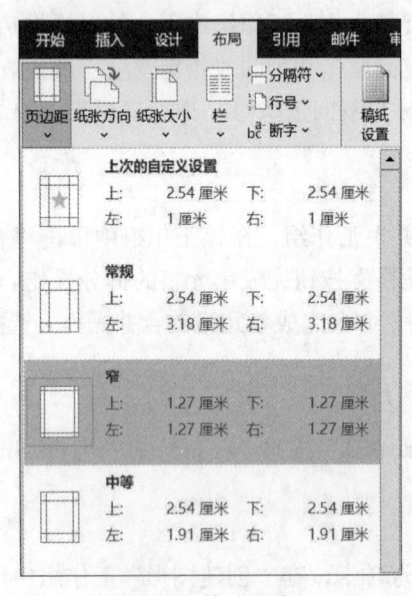

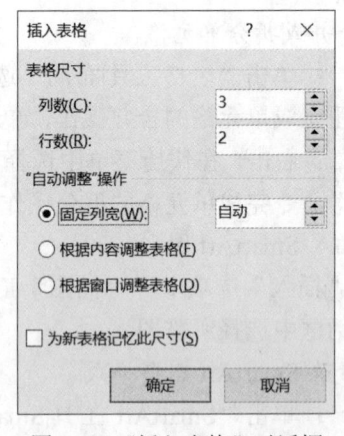

图 1-48 修改页边距   图 1-49 "插入表格"对话框

步骤三 修改行高和列宽

(1)选定表格第 1 行第 1 列单元格,单击"表格工具|布局"选项卡→"单元格大小"工作组,修改高度值为 4.5 厘米,宽度值为 5.2 厘米,如图 1-50 所示。

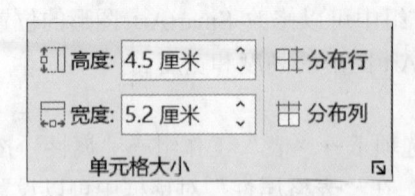

图 1-50 修改行高和列宽

(2)将表格第 1 行第 2、3 列单元格的宽度值分别修改为 1 厘米、12 厘米,高度值不做修改(4.5 厘米)。将表格第 2 行单元格的高度值修改为 21 厘米,第 2 行各列单元格的宽度值不做修改(1、2、3 列宽度值分别为 5.2 厘米、1 厘米、12 厘米)。

> **提示**
> 表格行高的值仅供参考，读者可以根据具体情况自行设置合适的值，也可以用鼠标拖动表格框线的方式对行高和列宽进行调整。

步骤四　合并单元格

选定表格第 3 列第 1、2 行单元格，单击"表格工具|布局"选项卡→"合并"工作组→"合并单元格"按钮，完成单元格的合并，如图 1-51 所示。

步骤五　插入 SmartArt 图形并添加形状和项目符号

（1）将光标定位在第 3 列单元格的第 2 行，单击"插入"选项卡→"插图"工作组→"SmartArt"按钮，在打开的"选择 SmartArt 图形"对话框中选择"列表"类型中的"垂直项目符号列表"图，单击"确定"按钮，即可插入所选图形，如图 1-52 所示。

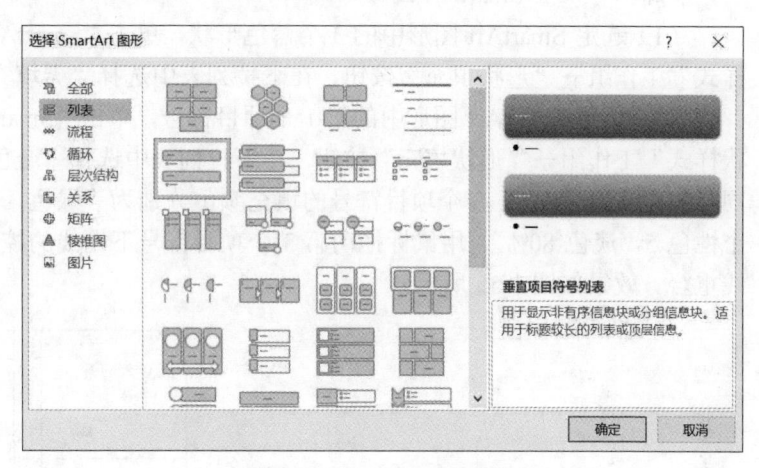

图 1-51　"合并"工作组　　　　　　图 1-52　插入 SmartArt 图形

（2）选定 SmartArt 图形中的第 2 个蓝色形状，单击"SmartArt 工具|SmartArt 设计"选项卡→"创建图形"工作组→"添加形状"按钮，在下拉列表中选择"在后面添加形状"，接着在该工作组中单击"添加项目符号"按钮，在新添加的形状下面添加 1 个项目符号，效果如图 1-53 所示。

图 1-53　添加形状和项目符号效果

步骤六 设置 SmartArt 图形大小

（1）选定 SmartArt 图形，单击"SmartArt 工具|格式"选项卡→"大小"工作组，将形状高度值设置为 24.5 厘米，宽度值设置为 11.6 厘米。

（2）选定 SmartArt 图形中的 3 个蓝色形状（选定第 1 个后，按住 Ctrl 键不放，选定另外两个），单击"SmartArt 工具|格式"选项卡→"大小"工作组，将形状高度值设置为 1.3 厘米。用同样的方法将 3 个项目符号的高度值设置为 6.3 厘米。

步骤七 在 SmartArt 图形中添加文本、设置文本格式

（1）选定 SmartArt 图形，单击"SmartArt 工具|SmartArt 设计"选项卡→"创建图形"工作组→"文本窗格"按钮，在文本窗格中添加文本，文本内容如图 1-54 所示。

（2）设置 SmartArt 图形中的文本格式（形状中的文本：微软雅黑、12 磅、加粗，颜色"蓝色，个性色 1"；项目符号中的文本：微软雅黑、11 磅、加粗）。

步骤八 设置 SmartArt 图形格式

（1）选定 SmartArt 图形中的 3 个蓝色形状，单击"SmartArt 工具|格式"选项卡→"形状样式"工作组→"形状填充"按钮，在下拉列表中选择"无填充"。

（2）选定 SmartArt 图形中的第 1 个项目符号，单击"SmartArt 工具|格式"选项卡→"形状样式"工作组→"形状填充"按钮，在下拉列表中选择"金色，个性色 4，淡色 80%"。用同样的方法设置第 2、3 个项目符号的填充颜色分别为"绿色，个性色 6，淡色 80%""蓝色，个性色 5，淡色 80%"。用鼠标拖动第 3 个项目符号下框线的控制点，使其下框线与表格下框线重合。效果如图 1-55 所示。

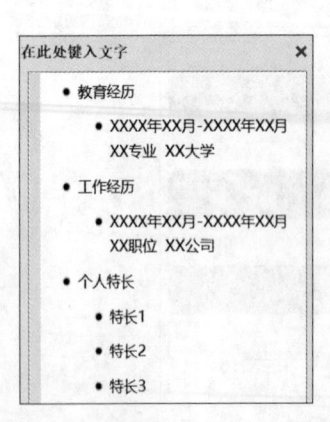

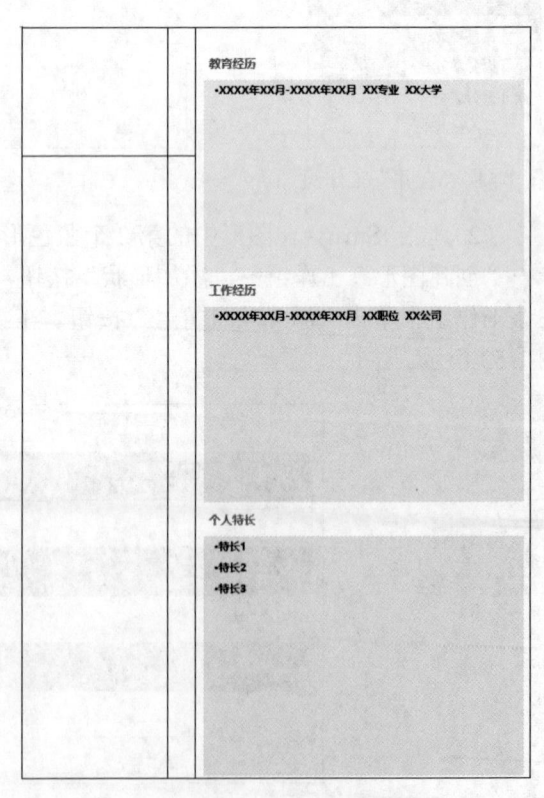

图 1-54 在 SmartArt 图形中添加文本

图 1-55 设置 SmartArt 图形格式效果

步骤九　在表格中添加文本、设置文本格式

（1）在 SmartArt 图形的上一行添加标题"个人简历"，设置标题格式为"微软雅黑""三号""加粗""居中"，并添加"蓝色，个性色 5，淡色 80%"的段落底纹。

（2）在表格第 1 列第 2 行单元格中添加文本内容，并设置文本格式为"微软雅黑""小四号""加粗""左对齐"，段前间距 0.5 行。

步骤十　插入证件照图片

将光标定位在表格第 1 列第 1 行单元格内，单击"插入"选项卡→"插图"工作组→"图片"按钮，在下拉列表中选择"此设备"，在打开的"插入图片"对话框中选择证件照图片并单击"确定"按钮即可。

步骤十一　设置表格对齐方式及边框和底纹样式

（1）选定整个表格，单击"表格工具|布局"选项卡→"表"工作组→"属性"按钮，在"表格属性"对话框中设置表格对齐方式为"居中"。

（2）将光标定位在表格第 1 列第 2 行单元格内，单击"表格工具|表设计"选项卡→"表格样式"工作组→"底纹"按钮，在下拉列表中选择"白色，背景色 1，深色 5%"，为单元格添加底纹。

（3）选定整个表格，单击"表格工具|表设计"选项卡→"边框"工作组→"边框"按钮，在下拉列表中选择"无框线"。完成效果如图 1-56 所示。

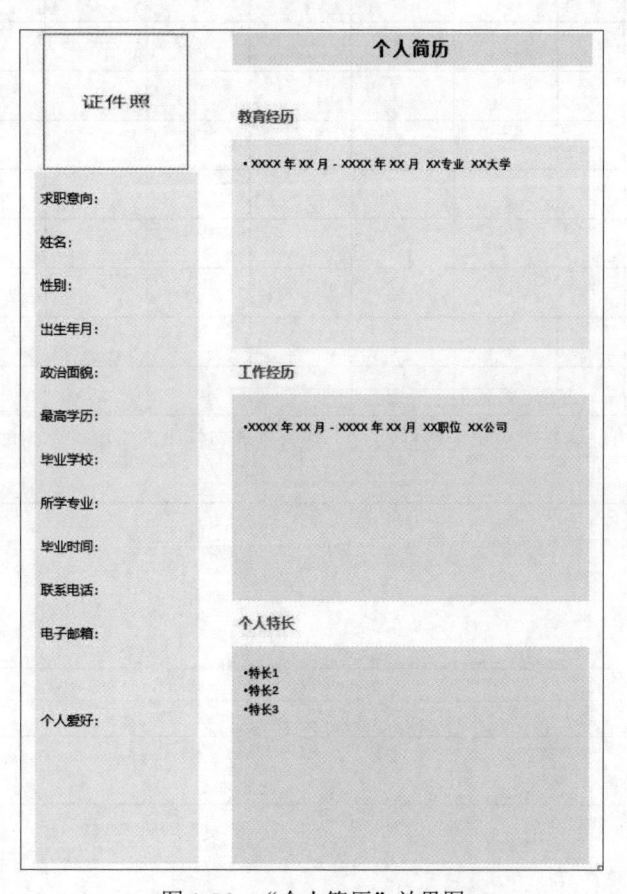

图 1-56　"个人简历"效果图

> **提示**
> 完成个人简历的制作后,可以根据需要调整表格和 SmartArt 图形的大小,使简历简洁、美观且具有吸引力。

📂 任务自评:

任务名称	制作个人简历					任务编号	1-5		
任务描述	使用 Word 的表格功能制作一份个人简历,使简历简洁美观且具有吸引力					微课讲解	制作个人简历		
任务评价	任务中各步骤完成度/%					综合素养			
	步骤	100	99~90	89~80	79~70	69~60	59~0	A	B	C	D
	步骤一										
	步骤二										
	步骤三										
	步骤四										
	步骤五										
	步骤六										
	步骤七										
	步骤八										
	步骤九										
	步骤十										
	步骤十一										
	填表说明:1. 请在对应单元格打✓;2. 综合素养包括学习态度、学习能力、沟通能力、团队协作等										

📂 总结与思考:

任务 2　制作成绩统计表

📁 任务导语：

在考试后，通常会对学生成绩进行统计，假如你是小组长，请你利用学生成绩相关信息，用 Word 制作一份成绩统计表。

📁 任务单：

任务名称	制作成绩统计表		任务编号	1-6
任务描述	利用文本转换成表格和表格的编辑、数据的计算等功能制作一份成绩统计表，并为表格设置边框和底纹样式，使表格简洁美观			
任务效果	成绩统计表				

成绩统计表

科目 姓名	大学英语	计算机基础	高等数学	大学语文	总分	平均分
李梅	90	88	83	91	352	88
张山	88	95	87	90	360	90
王雷	93	90	80	91	354	88.5
赵武	82	76	70	86	314	78.5
谢宇	78	70	63	80	291	72.75
夏天	81	75	70	83	309	77.25
段玉	85	82	78	89	334	83.5
李肆	91	93	88	90	362	90.5
郭靖	83	82	68	88	321	80.25
胡月	72	80	70	87	309	77.25
李想	92	84	85	86	347	86.75
陈义	72	70	68	80	290	72.5

科目 姓名	大学英语	计算机基础	高等数学	大学语文	总分	平均分
余垒	81	79	74	82	316	79
张新	75	72	68	74	289	72.25

任务分析	本任务需要在"成绩统计表"中将文本转换成表格并在表格右侧插入一列，然后对数据进行求和、求平均值计算并设置重复标题行使表格标题跨页显示，最后需要设置表格的边框和底纹样式

📁 知识要点：

➢ 文本转换成表格

单击"插入"选项卡→"表格"工作组，在下拉列表中，选择"文本转换成表格"命令，在打开的"将文字转换成表格"对话框中设置好参数，即可将文本转换成表格。

➢ 斜线表头的设置

单击"表格工具|表设计"选项卡→"边框"工作组→"边框"按钮，在下拉列表中选择"斜下框线"，即可为单元格添加斜线表头。

➢ 插入行或列

方法一：单击"表格工具|布局"选项卡→"行和列"工作组，在该工作组中可以单击相关按钮插入行或列（插入前需要先选定与将要插入的行数和列数量相等的行和列）。

方法二：单击"表格工具|布局"选项卡→"行和列"工作组右下角的对话框启动器，在打开的"插入单元格"对话框中插入行或列。

方法三：右击，在快捷菜单中选择插入行或列命令。

➤ 数据的计算

方法一：单击"表格工具|布局"选项卡→"数据"工作组→"fx 公式"按钮，在打开的"公式"对话框中，选择"粘贴函数"下的函数并输入参数，即可完成计算。

方法二：按 Ctrl+F9 快捷键输入域（笔记本电脑则需按 Ctrl+Fn+F9 快捷键输入域），在域括号内输入公式，然后按 F9 键更新域（或者右击，在快捷菜单中选择"更新域"命令）即可完成计算。

方法三：单击"插入"选项卡→"文本"工作组→"文档部件"按钮，在下拉列表中，选择"域"命令，在打开的"域"对话框中单击"域代码"，在"域代码"下方的文本框内输入公式即可完成计算。

➤ 设置重复标题行

单击"表格工具|布局"选项卡→"数据"工作组→"重复标题行"按钮，即可设置表格标题行的重复。

📂 **实施方案：**

步骤一 文本转换成表格

（1）打开"成绩统计表"，选定文档中的后 15 行文字，单击"插入"选项卡→"表格"工作组，在下拉列表中选择"文本转换成表格"命令。

（2）在打开的"将文字转换成表格"对话框中，将"文字分隔位置"设置为"空格"，表格"列数"为"6"，"行数"为"15"，单击"确定"按钮，具体参数如图 1-57 所示。

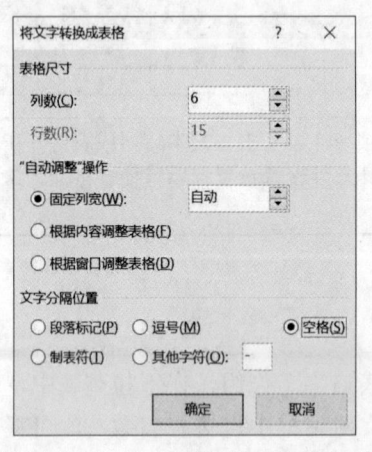

图 1-57 "将文字转换成表格"对话框

> **提示**
> 在 Word 文档中，也可以将表格转换成文本，方法为选定表格，单击"表格工具|布局"选项卡→"数据"工作组→"转换为文本"按钮，在打开的"表格转换成文本"对话框中设置好文字分隔符，单击"确定"按钮，即可将表格转换成文本。

步骤二　添加斜线表头

（1）选定表格"姓名"所在单元格，单击"表格工具|表设计"选项卡→"边框"工作组→"边框"按钮，在下拉列表中选择"斜下框线"，如图1-58所示。

（2）在该单元格的"姓名"后面输入"科目"二字，选定"姓名"，单击"开始"选项卡→"字体"工作组→"下标"按钮，将其设置成下标，并设置其字号为"一号"。选定"科目"，单击"开始"选项卡→"字体"工作组→"上标"按钮，将其设置成上标，并设置其字号为"一号"（也可以根据具体效果自行设置字号），将光标定位在"姓名"后面，输入多个空格使"科目"二字移动到斜线右上方，效果如图1-59所示。

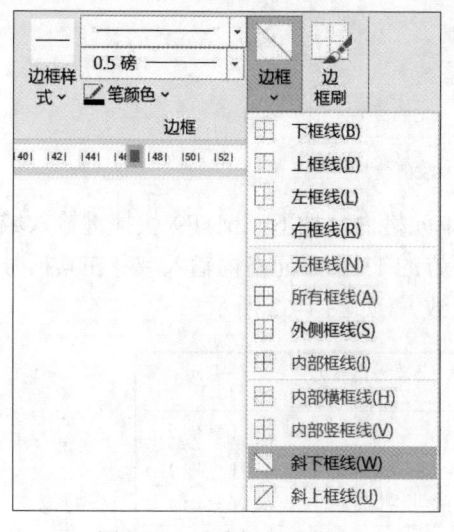

图1-58　"边框"工作组

姓名\科目	大学英语	计算机基础
李梅	90	88
王磊	88	95
张雷	93	90

图1-59　添加斜线表头效果

步骤三　插入列

选定表格第6列，单击"表格工具|布局"选项卡→"行和列"工作组→"在右侧插入"按钮，在第6列右侧插入1列，如图1-60所示，并在该列第1行单元格内输入"平均分"。

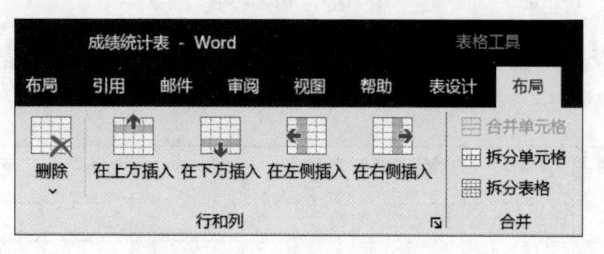

图1-60　"行和列"工作组

> 提示
>
> 删除列的方法：选定要删除的列，单击"表格工具|布局"选项卡→"行和列"工作组→"删除"按钮，在下拉列表中不仅可以选择相关命令删除列，还可以删除行、删除单元格或删除表格。也可以在右击后的快捷菜单中选择"删除单元格"命令，在打开的"删除单元格"对话框中选择"删除整列"。

步骤四　数据的计算

（1）将光标定位在"总分"所在列的第二行单元格内，单击"表格工具|布局"选项卡→"数据"工作组→"fx 公式"按钮，在打开的"公式"对话框中，选择"粘贴函数"下拉列表中的求和函数"SUM"，并输入参数"LEFT"，如图 1-61 所示，单击"确定"按钮完成计算。用相同的方法即可计算出其他同学的总分。

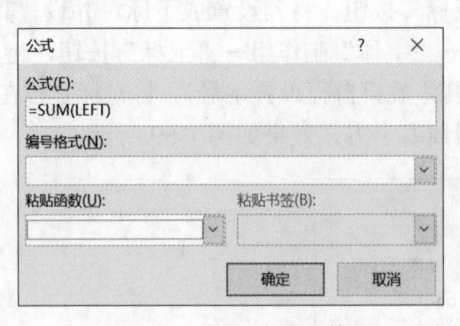

图 1-61　输入求和函数

（2）将光标定位在"平均分"所在列的第二行单元格内，按下 Ctrl+F9 快捷键输入域，在域括号"{ }"内输入公式"=F2/4"，在该单元格下方的 13 个单元格内输入域并在其括号内输入类似的公式（公式中的行标应与所在行的行号一致），如图 1-62 所示。

姓名＼科目	大学英语	计算机基础	高等数学	大学语文	总分	平均分
李梅	90	88	83	91	352	{ =F2/4 }
张山	88	95	87	90	360	{ =F3/4 }
王雷	93	90	80	91	354	{ =F4/4 }
赵武	82	76	70	86	314	{ =F5/4 }
谢宇	78	70	63	80	291	{ =F6/4 }
夏天	81	75	70	83	309	{ =F7/4 }
段玉	85	82	78	89	334	{ =F8/4 }

图 1-62　输入公式

（3）选定整个表格，按 F9 键更新域，表格内输入的公式即可全部显示为计算结果，如图 1-63 所示。

姓名＼科目	大学英语	计算机基础	高等数学	大学语文	总分	平均分
李梅	90	88	83	91	352	88
张山	88	95	87	90	360	90
王雷	93	90	80	91	354	88.5
赵武	82	76	70	86	314	78.5
谢宇	78	70	63	80	291	72.75
夏天	81	75	70	83	309	77.25
段玉	85	82	78	89	334	83.5

图 1-63　部分计算结果

> **提示**
>
> Word 2016 提供了 18 种函数供使用，在函数参数中，通常会使用 ABOVE（上方）、BELOW（下方）、LEFT（左侧）和 RIGHT（右侧）这 4 个参数，例如，SUM(ABOVE) 表示对上方所有单元格内的数据求和，AVERAGE(LEFT)表示对左侧所有单元格内的数据求平均值。

步骤五　设置重复表格标题行

选定表格第一行，单击"表格工具|布局"选项卡→"数据"工作组→"重复标题行"按钮，即可设置重复表格标题行，如图 1-64 所示。

步骤六　设置表格样式和单元格格式

（1）设置表格标题"成绩统计表"的格式为"黑体""二号""居中"。

（2）选定整个表格，单击"表格工具|表设计"选项卡→"边框"工作组→"边框"按钮，在下拉列表中选择"边框和底纹"命令，在打开的"边框和底纹"对话框中设置表格外边框为"自定义"，内边框不作修改，具体参数如图 1-65 所示。

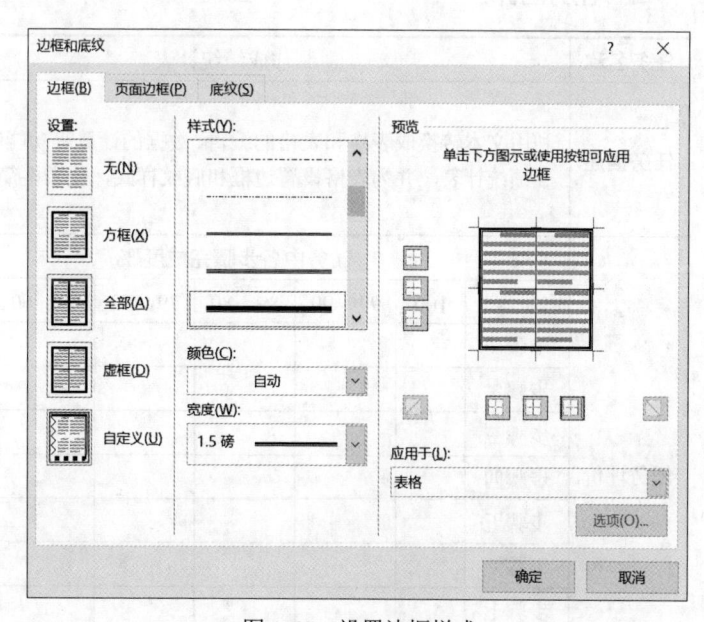

图 1-64　设置"重复标题行"

图 1-65　设置边框样式

（3）选定表格第一行，单击"表格工具|表设计"选项卡→"表格样式"工作组→"底纹"按钮，在下拉列表选择主题颜色"蓝色，个性色 5，淡色 40%"。

（4）选定整个表格，单击"表格工具|布局"选项卡→"对齐方式"工作组→"水平居中"按钮，设置单元格对齐方式为"水平居中"。设置表格第一行单元格文字字体为"黑体"。

步骤七　设置页边距

单击"布局"选项卡→"页面设置"工作组→"页边距"按钮，在下拉列表中选择"窄"（上下左右均为 1.27 厘米），成绩统计表完成效果如图 1-66 所示。

成绩统计表

姓名\科目	大学英语	计算机基础	高等数学	大学语文	总分	平均分
李梅	90	88	83	91	352	88
张山	88	95	87	90	360	90
王雷	93	90	80	91	354	88.5
赵武	82	76	70	86	314	78.5
谢宇	78	70	63	80	291	72.75
夏天	81	75	70	83	309	77.25
段玉	85	82	78	89	334	83.5
李肆	91	93	88	90	362	90.5
郭靖	83	82	68	88	321	80.25
胡月	72	80	70	87	309	77.25
李想	92	84	85	86	347	86.75
陈义	72	70	68	80	290	72.5

姓名\科目	大学英语	计算机基础	高等数学	大学语文	总分	平均分
余垒	81	79	74	82	316	79
张新	75	72	68	74	289	72.25

图 1-66 "成绩统计表"效果图

📁 **任务自评：**

任务名称	制作成绩统计表					任务编号		1-6		
任务描述	利用文本转换成表格和表格的编辑、数据的计算等功能制作一份成绩统计表，并为表格设置边框和底纹样式，使表格简洁美观					微课讲解		制作成绩统计表		
任务评价		任务中各步骤完成度/%					综合素养			
	步骤	100	99～90	89～80	79～70	69～60	59～0	A	B	C	D
	步骤一										
	步骤二										
	步骤三										
	步骤四										
	步骤五										
	步骤六										
	步骤七										
	填表说明：1. 请在对应单元格打✓；2. 综合素养包括学习态度、学习能力、沟通能力、团队协作等										

📁 **总结与思考：**

项目 4　Word 文档的批量制作

📂 项目介绍：

在本项目中，将通过两个任务分别对 Word 中的图文混排高级应用、图形绘制与组合、邮件合并等知识进行综合应用讲解。

任务 1　获奖证书模板文档的制作

📂 任务导语：

在许多比赛或评比中，经常需要颁发获奖证书。在本任务中，将学习运用图文混排的高级设置、文本框的使用、图形的绘制与组合等操作，制作一个获奖证书模板，为本项目中的任务 2 批量制作获奖证书做好准备工作。

任务名称	获奖证书模板文档的制作	任务编号	1-7
任务描述	将获奖证书的扫描件图片插入到空白文档中，通过文本框的方式录入获奖证书文字部分的内容，并制作一个简易版的电子章，使证书符合规范要求			
任务效果				
任务分析	本任务中首先需要设置页面布局，让获奖证书图片完全覆盖空白页面，还需要使用文本框添加文字。另外在本任务中还需要绘制电子章所需的形状及艺术字，并将其进行排列对齐形成一个组合图形，便于进行整体移动，调整其所处位置。发证时间可采用插入域的方式，使用实时日期来进行设置			

知识要点：

➢ 图形的绘制

单击"插入"选项卡→"插图"工作组→"形状"按钮，可以在文档中绘制线条、矩形、基本形状、箭头、流程图、星与旗帜等预设形状。在绘制这些形状时，按 Shift 键可以绘制出直线、正方形、正圆形、正五角星等规则形状。

➢ 对象的选择

有时因各图形对象重叠等原因，在文档中点选多个对象时不容易选中。此时可以使用"选择"功能：单击"开始"选项卡→"编辑"按钮→"选择"选项，选择其中的"选择窗格"，在右侧弹出的"选择"窗格中，可以查看并单击选择文档中包含图形、图片、文本框、艺术字等对象。当需要选择其中的某个或多个对象时，只需单击或在单击的同时按住 Ctrl 键或 Shift 键即可，如图1-67所示。

图1-67 "选择"窗格

➢ 图形的组合

选中需要组合的所有图形后，右击，在弹出的菜单中选择"组合"→"组合"命令，可以将多个图形组合为一个图形。反过来，在已组合的图形上右击，选择"组合"→"取消组合"命令即可将组合图形拆分成原有的独立图形。

➢ 艺术字的制作

单击"插入"选项卡→"文本"工作组→"艺术字"按钮，可以绘制多种色彩与样式的艺术字，并且可以通过"形状格式"选项卡→"艺术字样式"工作组来对艺术字的字形与样式等格式进行详细设置。

➢ 域的插入

单击"插入"选项卡→"文本"工作组→"文档部件"按钮，选择"域"选项，可以插入多种类别的域命令。

实施方案：

步骤一　页面设置

（1）新建空白 Word 文档，单击"布局"选项卡→"页面设置"工作组→"纸张大小"按钮，选择"其他纸张"，在弹出的"页面设置"对话框中选择"纸张"选项卡，在"纸张大小"下方的选择框中选择"自定义大小",将纸张的大小设置为奖状图片的尺寸:宽设置为"28.21 厘米",高设置为"19.87 厘米",如图 1-68 所示,这样可以让奖状图片与文档页面完全重合。

(2)在"页面设置"对话框中,选择"页边距"选项卡,将页边距全部设置为 0。选择"布局"选项卡,将页眉和页脚全部设置为 0。

图 1-68 自定义设置纸张大小

步骤二 获奖证书扫描图片的插入

(1)单击"插入"选项卡→"插图"工作组→选择"图片"按钮,将获奖证书扫描图片插入到空白文档中。

(2)单击"图片工具|图片格式"选项卡→"排列"工作组,选择"环绕文字"→"四周型",调整图片在文档中的位置,让图片与纸张边缘完全重合。

步骤三 文本框的设置

(1)单击"插入"选项卡→"文本"工作组,选择"文本框"→"绘制横排文本框",拖动鼠标绘制一个矩形文本框,将获奖证书文字内容录入到该文本框内。将文字字体与字号设置为"华文行楷""一号"。

(2)选中该文本框,单击"形状格式"选项卡→"排列"工作组,选择"对齐对象"→"水平居中",调整文本框在画面中的位置。

(3)选中该文本框,单击"形状格式"选项卡→"形状样式"工作组,选择"形状轮廓"为"无轮廓",隐藏文本框框线。选择"形状填充"为"无填充",去掉文本框默认填充的背景色。

步骤四 插入域

(1)将光标定位在发证时间处,单击"插入"选项卡→"文本"工作组,选择"文档部件"→"域",弹出"域"对话框。

(2)在"域"对话框中,"类别"选择"日期和时间"→"Date",在"日期格式"中选择所需的日期显示样式,如图 1-69 所示,即可在光标处插入当前日期。

步骤五 绘制简易版电子章各图形对象

(1)绘制圆形外边缘。单击"插入"选项卡→"插图"工作组,选择"形状"→"基本形状"→"椭圆"。按住 Shift 键的同时拖动鼠标,绘制一个大小适中的正圆形。

单击"形状格式"选项卡→"形状样式"工作组,设置"形状填充"为"无填充","形状轮廓"为"红色","粗细"为"4.5 磅"。

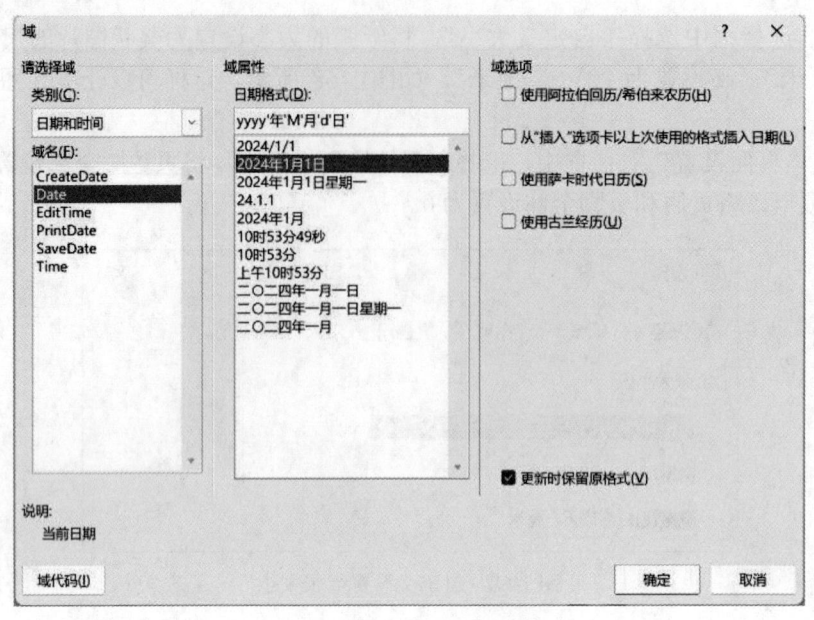

图 1-69 "域"对话框

(2) 绘制五角星。单击"插入"选项卡→"插图"工作组，选择"形状"→"星与旗帜"→"星形：五角"。按住 Shift 键的同时拖动鼠标，绘制一个大小适中的正五角星。根据上一操作中的方法，将五角星的"形状填充"及"形状轮廓"均设置为红色。

(3) 绘制艺术字。单击"插入"选项卡→"文本"工作组，选择"艺术字"字库中的第一行第一列的样式。在文本框中输入电子章中的文字内容。

保持选中该艺术字的状态，单击"形状格式"选项卡→"艺术字样式"工作组，选择"文字效果"→"转换"→"拱形"，拖动文本框的大小，将艺术字设置为弧形并包含于圆形内部。

步骤六　对齐并组合简易版电子章各图形对象

(1) 选择各图形对象。单击"开始"选项卡→"编辑"工作组→"选择"选项→"选择窗格"，在右侧"选择"窗格中，按住 Ctrl 键的同时单击选择圆形、五角星、艺术字，即可同时选中以上三个对象，如图 1-70 所示。

图 1-70　在"选择"窗格中选择多个对象

（2）对齐各图形对象。单击"形状格式"选项卡→"排列"工作组，选择"对齐对象"按钮，分别选择"水平居中""垂直居中"两种方式进行对齐。

（3）组合各图形对象。保持以上对象选中状态，右击后在快捷菜单中选择"组合"→"组合"选项，将图形进行组合，并调整组合图形的整体大小及所处位置。

通过以上步骤获奖证书模板文档即制作完成，只需添加上具体的获奖信息即可进行打印。

📂 任务自评：

任务名称	获奖证书模板文档的制作					任务编号		1-7	
任务描述	将获奖证书的扫描件图片插入到空白文档中，通过文本框的方式录入获奖证书文字部分的内容，并制作一个简易版的电子章，使证书更加符合规范要求					微课讲解		获奖证书模板文档的制作	
任务评价		任务中各步骤完成度/%					综合素养		
	步骤	100	99～90	89～80	79～70	69～60	59～0	A	B	C	D
	步骤一										
	步骤二										
	步骤三										
	步骤四										
	步骤五										
	步骤六										
	填表说明：1. 请在对应单元格打√；2. 综合素养包括学习态度、学习能力、沟通能力、团队协作等										

📂 总结与思考：

_____

_____

任务2 获奖证书文档的批量制作

📂 任务导语：

在各类企业中，获奖证书等文档经常需要批量制作，其中每份文档的主体内容相同，只有姓名、获奖等级等个人信息部分不相同。因此，可以使用 Word 软件中的邮件合并功能，高效地批量完成此类文档的制作。

📁 任务单：

任务名称	获奖证书文档的批量制作	任务编号	1-8
任务描述	将本项目任务 1 制作的获奖证书模板作为主文档，另外制作个人获奖信息表作为数据源文档。在主文档中完成邮件合并操作，从而批量制作出所有获奖证书文档		
任务效果			
任务分析	邮件合并前需要做好准备工作：首先需要制作好主文档，该文档的制作需要进行相应的排版设置，以便于后续根据需要进行打印等操作。本项目任务 1 中已完成了该文档的制作。接下来需要制作好数据源文档，该文档中包含了多条个人获奖信息，每条信息又包含了不同的字段即具体的多项个人信息内容。然后在主文档中导入数据源文档的内容，完成邮件合并操作		

📁 知识要点：

➢ 主文档

主文档即模板文档，它包含了批量制作的所有文档中内容相同的部分，即通用内容。主文档一般为 Word 文档。

➢ 数据源文档

数据源文档包含了批量制作的所有文档中内容不相同的部分，如不相同的个人信息等。数据源文档常使用 Excel 表格文档，也可以使用 Word 文档、Access 数据库文档或 Outlook 中的联系人列表等其他多种格式的文档。

➢ 域名称

在主文档中进行邮件合并操作时，插入的域名称由双尖括号"《》"（英文符号状态）括起来，这表示这里是插入的域名，用于区分域和普通文本，该符号不会显示在邮件合并完成后的批量文档当中。

➢ 更新域

当数据源文档的内容发生变化时，主文档的内容也会随之变化。可以在主文档发生变化的域名称上，右击选择"更新域"选项，或使用 F9 键，即可更新相应内容。

📁 实施方案：

步骤一 主文档的制作

本项目任务 1 已完成此项操作，此处不再重复叙述。

步骤二　数据源文档的制作

新建 Excel 表格文档，在表格的第一行添加"姓名""比赛项目""获奖等级"等列标题，在标题下方分别添加对应的信息数据，详见本课程素材资源中的"任务 4-2 数据源文档"。

这里需要注意的是，每一列数据的类型必须保持一致，且排列顺序要保持正确，否则邮件合并后得到的文档会出现错误。

步骤三　邮件合并

（1）打开步骤一建立的主文档，在主文档中单击"邮件"选项卡→"开始邮件合并"工作组，单击"选择收件人"按钮→"使用现有列表"，在弹出的对话框中找到步骤二建立的 Excel 数据源文档，单击"打开"按钮后确定源文档内数据的正确性后，单击"确定"按钮开始导入数据。

（2）将光标定位到需要添加获奖人姓名的位置，单击"编写和插入域"工作组→"插入合并域"，选择第一项"姓名"选项，如图 1-71 所示。

（3）同理，按照以上方法依次将"比赛项目""获奖等级"插入到对应位置，此时可以看到插入域的位置分别出现了"«姓名»""«比赛项目»""«获奖等级»"三项域名称，如图 1-72 所示。

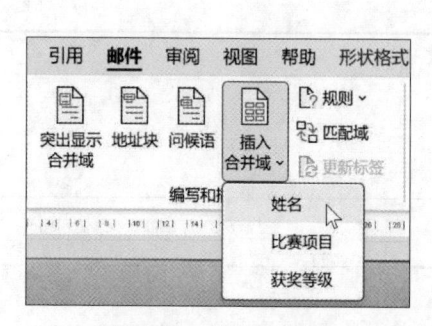

图 1-71　插入合并域

图 1-72　插入域名称

（4）单击"完成"工作组→"完成并合并"按钮，选择"编辑单个文档"选项，在弹出的"合并到新文档"对话框中选择"全部"选项后单击"确定"按钮，如图 1-73 所示。

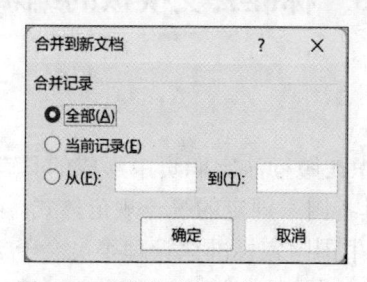

图 1-73　"合并到新文档"对话框

通过以上操作，批量将全部记录数据添加到了各个文档当中，形成一个新的文档，该文档中包含了所有的获奖证书文档。

> **提示**
> 邮件合并后的文档常常会包含一个空白页,可将上一页与该空白页之间的分隔符删除,即可将该空白页删掉。

📂 **任务自评:**

任务名称	获奖证书文档的批量制作					任务编号	\multicolumn{3}{c}{1-8}
任务描述	\multicolumn{6}{l}{将本项目任务1制作的获奖证书模板作为主文档,另外制作个人获奖信息表作为数据源文档。在主文档中完成邮件合并操作,从而批量制作出所有获奖证书文档}	微课讲解	\multicolumn{3}{c}{获奖证书文档的批量制作}
任务评价	\multicolumn{6}{c}{任务中各步骤完成度/%}	\multicolumn{4}{c}{综合素养}
	步骤	100	99~90	89~80	79~70	69~60	59~0	A	B	C	D
	步骤一										
	步骤二										
	步骤三										
	\multicolumn{11}{l}{填表说明:1. 请在对应单元格打✓;2. 综合素养包括学习态度、学习能力、沟通能力、团队协作等}

📂 **总结与思考:**

_____

_____

_____

项目 5　标准公文模板的编辑制作

📂 **项目介绍:**

公文是国家机关、公共组织在履行法定职责中形成的具有规范体式的文书,是公务文书或公务文件的简称。公文必须具备国家规定的统一规范体式。在本项目中,将严格按照中华人民共和国国家质量监督检验局、中国国家标准化管理委员会于 2012 年 6 月 29 日发布的中华人民共和国国家标准《党政机关公文格式》(GB/T 9704—2012),通过两个任务分别对常用的标准下行公文及会议纪要公文模板的制作等知识进行详细讲解。

任务 1　下行公文模板的制作

📂 任务导语：

公文按行文方向可以分为三类：上行文、平行文、下行文。上行文是指下级机关向所属上级机关发送的公文。平行文是指不相隶属的机关之间相互来往的公文。下行文是指上级机关向下级机关发送的公文。在本次任务中，将学习公文的格式，并制作一份常用的下行公文模板。

📂 任务单：

任务名称	下行公文模板的制作	任务编号	1-9
任务描述	学习并掌握公文的各项格式要素，以及对应的相关标准，按照具体的格式要求制作一份标准的下行公文模板		
任务效果			
任务分析	本任务中首先需要学习公文格式中包含的各要素，然后需要学习掌握公文中常用的下行公文的要素，并掌握各要素所对应的具体标准，以及设置该标准参数的方法，从而制作出一份标准的下行公文模板		

📂 知识要点：

根据《党政机关公文格式》标准文件的规定，公文格式各要素划分为版头、主体、版记三部分，如图 1-74 所示。公文首页红色分隔线（包含）以上的部分称为版头；公文首页红色分隔线（不含）以下、公文末页首条分隔线（不含）以上的部分为主体；公文末页首条分隔线（包含）以下、末条分隔线（包含）以上的部分称为版记。

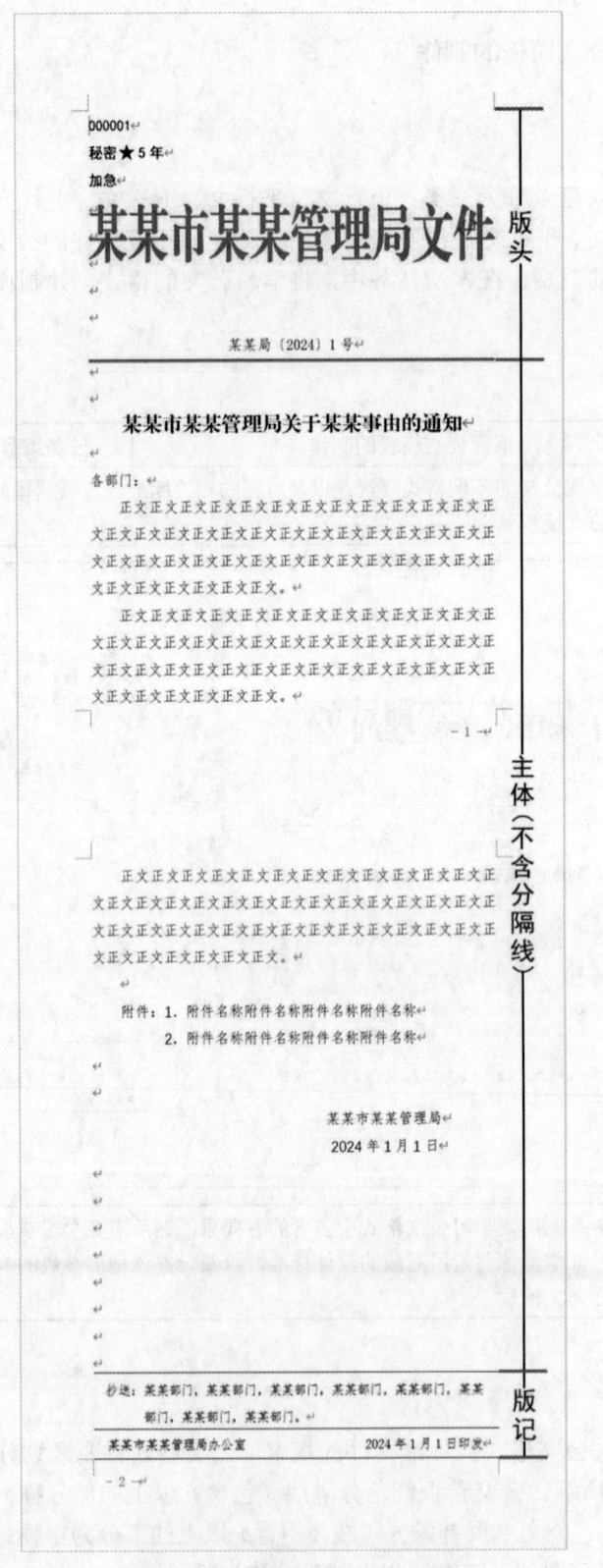

图 1-74 公文的版头、主体和版记

接下来将依次来学习下行公文的版头、主体、版记这三要素的相关具体知识。

➢ 版头

下行公文版头的格式要素包括公文份号、密级和保密期限、紧急程度、发文机关标志、发文字号、版头中的分隔线等要素，如图1-74所示。

（1）公文份号。公文印制份数的顺序号。涉密公文应当标注份号。一般用6位三号阿拉伯数字标注，顶格编排在版心左上角第一行。

（2）密级和保密期限。涉密公文应根据保密程度标注秘密等级和保密期限。秘密等级分为"绝密""机密"和"秘密"，一般用三号黑体字，顶格编排在版心左上角第二行，保密期限中的数字用阿拉伯数字标注。

（3）紧急程度。根据公文送达和办理的时限要求，紧急公文应标注紧急程度。紧急程度分为"特急"和"加急"，一般用三号黑体字，顶格编排在版心左上角第三行。

（4）发文机关标志。发文机关标志又被称为公文红头，由发文机关全称或规范化简称加"文件"二字组成，建议使用小标宋体字，颜色为红色，上边缘距离版心上边缘3.5厘米，居中排布。

（5）发文字号。由发文机关代字、年份、发文顺序号组成，使用三号仿宋字，编排在发文机关标志下方空两行位置，居中排列。年份、发文顺序号用阿拉伯数字标注；年份应标全称，用六角括号"〔〕"括入；发文顺序号不加"第"字，不编虚位，在阿拉伯数字后加"号"字。

（6）版头中的分隔线。分隔线位于发文字号之下0.4厘米处，与版心等宽，颜色为红色，粗细为3磅，长度不超过版心，居中排布。

➢ 主体

下行公文主体的格式要素包括公文标题、主送机关、公文的正文、附件说明、发文机关署名、附件及附件说明、成文日期、印章等要素，如图1-74所示。

（1）公文标题。一般用二号小标宋体字，编排于红色分隔线下空两行位置，若标题过长可多行居中排列，回行时要做到词意完整，排列对称，可使用梯形或菱形。完整的标题包括三个要素：发文机关名称、公文事由、文种。

（2）主送机关。即公文的主要受理机关，应使用机关全称、规范化简称。使用三号仿宋体字，编排于标题下空一行位置，居左顶格，回行时仍顶格，最后一个机关名称后标全角冒号。

（3）正文。公文首页必须显示正文，这是公文的核心部分。使用三号仿宋体字，编排于主送机关名称下一行，每个自然段左空两字，回行顶格。

文种结构层次序数依次可以用"一、""（一）""1.""（1）"标注。一般第一层用黑体字、第二层用楷体字、第三层和第四层用仿宋体字标注。

（4）附件及附件说明。附件是公文正文的说明、补充或参考资料，如图表、统计数字、表格等其他文字材料。附件应当另面编排，并在版记之前，与公文正文一起装订。"附件"二字及附件顺序号用三号黑体字顶格编排在版心左上角第一行。附件标题居中编排在版心第三行。

附件说明是用于说明公文正文所附的附件名称及件数的专用格式，使用三号仿宋体字，在正文下空一行左空二字编排"附件"二字，后标全角冒号和附件名称。如有多个附件，使用阿拉伯数字标注附件顺序号。附件名称后不加标点符号。附件名称较长需回行时，应当与上一行附件名称的首字对齐。

（5）发文机关署名、成文日期与印章。成文日期署会议通过或发文机关负责人签发的日期，用阿拉伯数字将年、月、日标全，年份应标全称，月、日不编虚位。使用三号仿宋体字，加盖印章的公文一般右空四字编排。

单一机关行文时，发文机关署名在成文日期之上，以成文日期为准居中编排。印章端正、居中下压发文机关署名和成文日期，使发文机关署名和成文日期居印章中心偏下位置，印章顶端应当上距正文（或附件说明）一行之内。

➢ 版记

下行公文版记的格式要素包括版记中的分隔线、抄送机关、印发机关和印发日期，如图1-74所示。版记应置于末页，版记的最后一个要素应置于最后一页的最下方的位置，保证公文的完整。

（1）版记中的分隔线。与版心等宽，首条分隔线和末条分隔线用粗线（1磅），中间的分隔线用细线（0.75磅）。首条分隔线位于版记中第一个要素之上，末条分隔线与公文最后一页的版心下边缘重合。

（2）抄送机关。即除主送机关外需要执行或者知晓公文内容的其他机关，应当使用机关全称或规范化简称。一般使用四号仿宋体字，在印发机关和印发日期的上一行，左右各空一字编排。"抄送"二字后加全角冒号和抄送机关名称，回行时与冒号后的首字对齐，最后一个抄送机关名称后标句号。

（3）印发机关和印发日期。印发机关即具体承办公文印制和发出的部门。印发日期即公文的起印日期，用阿拉伯数字将年、月、日标全，年份应标全称，月、日不编虚位，后加"印发"二字。印发机关与印发日期均用四号仿宋体字，编排在末条分隔线之上，印发机关左空一字，印发日期右空一字。

📂 **实施方案：**

步骤一　页面设置

（1）新建空白Word文档，单击"布局"选项卡→"页面设置"工作组，单击该工作组右下角的启动按钮，打开"页面设置"对话框对纸张大小、页边距、纸张方向、页脚等参数进行设置：纸张选用A4型纸；上边距为3.7厘米、下边距为3.5厘米、左边距2.8厘米、右边距2.6厘米；纸张方向为"纵向"。

（2）公文要求每面排22行，每行排28个字符，正文用三号仿宋体字。根据这一要求，需要在"页面设置"对话框中选择"文档网格"选项卡，在"网格"一栏中选择"指定行和字符网格"，单击"字体设置"按钮，在弹出的"字体"对话框中将"中文字体"设置为"仿宋"、字号为"三号"。然后在"字符数"一栏中"每行"设置为"28"个字符，在"行"一栏中"每页"设置为"22"行，如图1-75所示。

（3）公文中奇偶页的页码位置不同，因此需要在"页面设置"对话框中单击"布局"选项卡，勾选"奇偶页不同"选项，并将"页脚"设置为"2.35厘米"，如图1-76所示。

如需显示每页文档的页面行布局，可单击"视图"选项卡→"显示"工作组，勾选"网格线"选项，如图1-77所示。

图 1-75 "文档网格"选项卡内指定行与字符网格

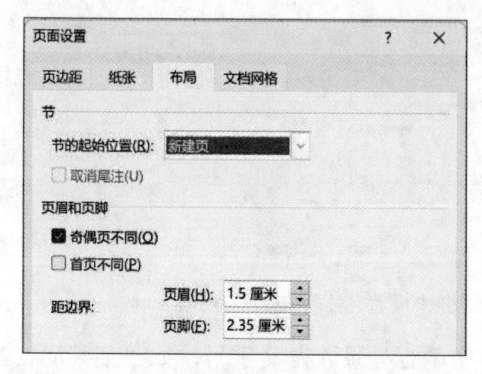

图 1-76 "布局"选项卡设置页眉和页脚

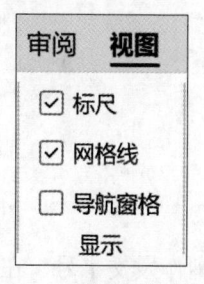

图 1-77 "网格线"选项

步骤二 公文版头的制作

（1）在版心左上角前三行顶格输入份号、密级和保密期限、紧急程度，均使用三号黑体字。其中密级与保密期限中间用正五角星分隔。五角星的绘制方法可参考本单元项目 4 中的任务 1 的相关内容。

（2）制作发文机关标志。单击"插入"选项卡→"文本"工作组→"艺术字"，选择字库中的第一种样式，在艺术字文本框中输入发文机关标志，如"某某市某某管理局文件"。将该艺术字字体设置为"小标宋体"。在"绘图工具|形状格式"选项卡→"大小"工作组中，将艺术字的高度设置为 2.2 厘米，宽度设置为 15.6 厘米，如图 1-78 所示。

图 1-78 设置艺术字大小

保持艺术字被选中的状态，在"绘图工具|形状格式"选项卡→"艺术字样式"工作组中设置艺术字样式的多项参数：单击"文本填充"按钮，将文字颜色设置为红色；单击"文本轮廓"按钮，将文字颜色设置为"无轮廓"；单击"文字效果"按钮→"阴影"，将文字设置为"无阴影"；单击"文字效果"按钮→"转换"→"弯曲"，选择其中第一项"正方形"。

继续选中艺术字，在"绘图工具|形状格式"选项卡→"排列"工作组中设置艺术字在页面中所处位置的多项参数：单击"位置"按钮→"其他布局选项"，在弹出的"布局"对话框"位置"选项卡中："水平"区域中"对齐方式"设置为"居中"，"相对于"设置为"页边距"；"垂直"区域中"绝对位置"设置为"3.5厘米"，"下侧"设置为"页边距"，如图1-79所示。

图1-79 在"布局"对话框中设置艺术字位置

（3）制作发文字号。在发文机关标志下方空两行处录入发文字号，如"某某局〔2024〕1号"，设置为三号仿宋体居中编排。其中六角括号"〔〕"可单击"插入"选项卡→"符号"工作组→"符号"按钮→"其他符号"，在弹出的"符号"对话框中选择插入。

（4）制作版头中的红色分隔线。在发文字号下方插入分隔线，单击"插入"→"插图"工作组→"形状"按钮，选择"线条"中的"直线"，按住Shift键的同时拖动鼠标绘制一条直线。

保持直线被选中的状态，单击"绘图工具|形状格式"选项卡→"形状样式"工作组→"形状轮廓"按钮，将线条颜色设置为"红色"，粗细设置为"3磅"。

继续选中直线，单击"绘图工具|形状格式"选项卡→"大小"工作组，将线条"宽度"设置为"15.6厘米"。

继续选中直线，在"绘图工具|形状格式"选项卡→"排列"工作组中，单击"位置"按钮→"其他布局选项"，在弹出的"布局"对话框"位置"选项卡中："水平"区域中"对齐方式"设置为"居中"，"相对于"设置为"页边距"；"垂直"区域中"绝对位置"设置为"0.2厘米"，"下侧"设置为"行"。

制作好的公文版头部分如图1-74所示。

步骤三　公文主体的制作

（1）将光标定位到版头分隔线下一行，单击"开始"选项卡→"段落"工作组右下角的启动按钮,在弹出的"段落"对话框中将"行距"设置为"固定值""28.8 磅",如图 1-80 所示。

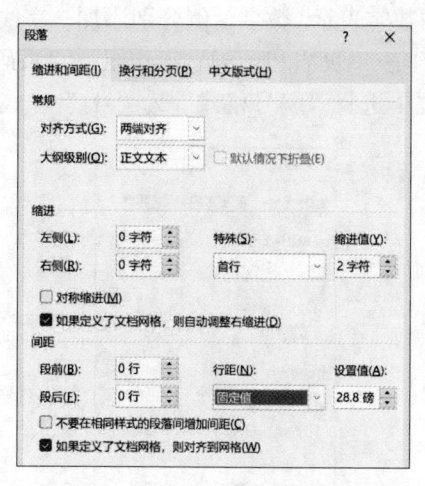

图 1-80 "段落"对话框设置行距

(2)制作公文标题。在版头分隔线下方空两行处录入公文标题,如"某某管理局关于某某事由的通知",用二号小标宋体字居中编排。

(3)制作主送机关。在标题下方空一行处录入主送机关,用三号仿宋体字左端顶格编排。

(4)制作正文。在主送机关下一行处录入正文内容,全部使用三号仿宋体字,每段首行缩进 2 字符。

(5)制作附件说明。若公文中有附件,需在正文下空一行左空二字录入"附件:",在其后录入附件顺序号和附件标题,均使用三号仿宋体字。附件名称较长需要回行的,可使用水平标尺上的"悬挂缩进"按钮来进行设置,使其与上一行附件名称的首字对齐。

(6)制作发文机关署名与成文日期。在最后一个附件名称下空两行居右处,录入发文机关名称。在发文机关名称下一行居右空 4 个字符处,录入成文日期。以上内容均使用三号仿宋体字。

制作好的公文主体部分如图 1-74 所示。

步骤四 公文版记的制作

版记部分位于公文最后一面,版记的最后一个要素位于公文最后一页的最后一行,均使用四号仿宋体字。

(1)制作印发机关和印发日期。在公文最后一页的最后一行的左侧左空一个字符,录入印发机关,如"某某市某某管理局办公室";在该行的右侧右空一个字符,录入印发日期,如"2024 年 1 月 1 日印发"。

(2)制作抄送机关。在印发机关和印发机关的上一行处,左右各空一个字符的位置录入抄送机关。注意在录入时,各抄送机关名称用全角逗号分隔,回行时要与上一行的第一个名称的首字对齐,结尾要用全角句号标注。

(3)制作版记分隔线。绘制三条长度为 15.6 厘米的黑色直线,其中首条分隔线位于版记中第一个要素之上,末条分隔线与公文最后一页的版心下边缘重合,这两条直线均设置为 1 磅粗细。中间分隔线设置为 0.75 磅粗细。

制作好的公文版记部分如图 1-74 所示。

步骤五　公文页码的设置

公文的页码用半角阿拉伯数字表示，数字两侧分别添加一字线符号"—"，使用四号宋体字。

（1）单击"插入"选项卡→"页眉和页脚"工作组→"页码"按钮→"设置页码格式"，在弹出的"页码格式"对话框中选择"编号格式"为"-1-"样式，如图1-81所示。

图1-81　选择编号格式

（2）单击"插入"选项卡→"页眉和页脚"工作组→"页脚"按钮→"编辑页脚"，进入页脚编辑区。

（3）将光标定位在第一页的页脚编辑区右侧且右空一个字符处，单击"插入"选项卡→"页眉和页脚"工作组→"页码"按钮→"当前位置"，选择第一项"普通数字"选项，即可插入奇数页页码，并将页码字符设置为四号宋体字。

（4）将光标定位在第二页的页脚编辑区左侧且左空一个字符处，参照上述方法即可插入偶数页页码。

📁 **任务自评：**

任务名称	下行公文模板的制作						任务编号		1-9	
任务描述	学习并掌握公文的各项格式要素，以及对应的相关标准，按照具体的格式要求制作一份标准的下行公文模板。						微课讲解		下行公文模板的制作	
任务评价	任务中各步骤完成度/%						综合素养			
	步骤	100	99~90	89~80	79~70	69~60	59~0	A	B	C	D
	步骤一										
	步骤二										
	步骤三										
	步骤四										
	步骤五										
	填表说明：1. 请在对应单元格打✓；2. 综合素养包括学习态度、学习能力、沟通能力、团队协作等										

📁 **总结与思考：**

_____

_____

_____

任务 2　会议纪要公文模板的制作

📁 **任务导语：**

纪要是一种特定格式的公文，会议纪要是由会议记录进一步整理加工而形成的公文，是用于记载、传达会议信息及议定事项的常用公文种类之一。会议纪要的功能包括记录会议主要情况和议定事项、传达贯彻会议精神等方面的内容。在实际工作中，召开例行会议、专题会议等讨论议定的事项及会议的主要情况，均可通过会议纪要的形式来进行记录与发布。

会议纪要是一种比较灵活的公文种类，行文方向可以有上行文、平行文、下行文等多种形式，其具体格式可以参照国家标准要求来制定符合各机关单位实际情况的会议纪要格式。本任务中将制作一份常见的简报式会议纪要公文模板。

📁 **任务单：**

任务名称	会议纪要公文模板的制作	任务编号	1-10
任务描述	学习并掌握纪要类型公文的各项格式要素，以及对应的相关标准，按照具体的格式要求制作一份简报式的会议纪要公文模板		
任务效果	（会议纪要公文模板示例图）		
任务分析	本任务中需要学习并掌握纪要类型公文中的要素，并掌握各要素所对应的具体标准，以及设置该标准参数的方法，从而制作出一份标准的简报式会议纪要公文模板		

📂 知识要点：

会议纪要不能简单等同于会议记录，而是应该将会议记录进行整理、提炼后形成会议纪要公文。会议纪要的格式不固定，可根据实际需要进行灵活调整。

会议纪要常见的格式主要有两种类型：一种是文件式会议纪要，其发文机关标志要加"文件"二字，其格式与本项目任务 1 中的下行公文模板格式一致；另一种是简报式会议纪要，其发文机关标志加"纪要"二字，不加盖印章，格式要素包括纪要版头、纪要主体两部分，根据需要可添加版记部分。本任务中将学习制作如图 1-82 所示的简报式会议纪要公文模板的方法。

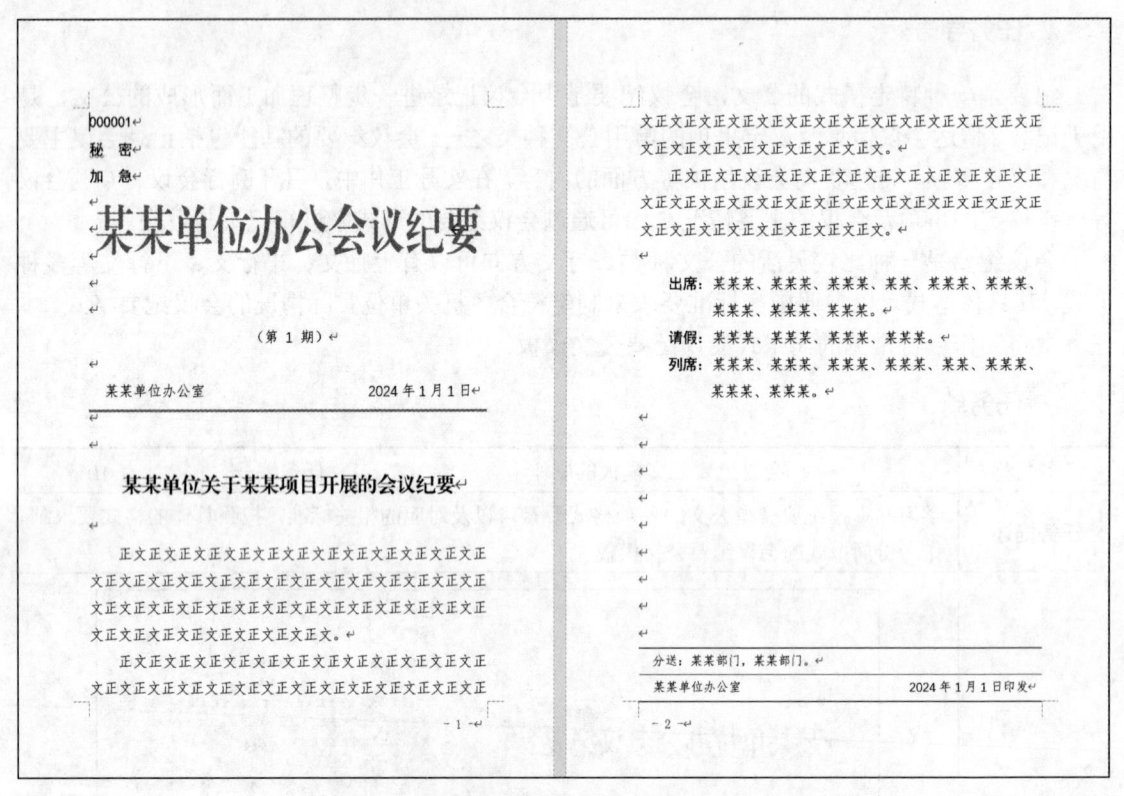

图 1-82 会议纪要公文模板

➢ 纪要版头

会议纪要版头的格式要素包括份号、密级和保密期限、紧急程度、纪要标志、纪要编号、发文机关署名、成文日期、版头中的分隔线等要素，如图 1-82 所示。其中份号、密级和保密期限、紧急程度等要素与本项目任务 1 中的公文模板要素相同，将不再进行重复介绍，这里仅对不同要素进行讲解。

（1）纪要标志。由会议名称加"纪要"二字组成，使用小标宋体字，颜色为红色，上边缘距离版心上边缘 3.5 厘米，居中排列。

（2）纪要编号。纪要编号的作用相当于发文字号，可使用三号仿宋字，编排在纪要标志下方空两行位置，可采用"（第 X 号）""第 X 期"等形式，不编虚位，居中排列。

（3）发文机关署名与成文日期。可使用三号仿宋字，编排在纪要编号下方空一行位置，发文机关署名左空一个字符居左排布，成文日期使用阿拉伯数字右空一个字符居右排列。

（4）版头中的分隔线。分隔线同样位于发文机关署名与成文日期之下 0.4 厘米处，与版心等宽，注意长度不可超过版心，颜色为红色，3 磅粗细，居中排列。

➤ 纪要主体

会议纪要主体部分的格式要素可以包括标题、正文及出席人员、请假人员、列席人员等要素，如图 1-82 所示。

其中标题部分与本项目任务 1 中的公文模板要素相似，不同之处在于会议纪要的标题可根据实际情况选择是否进行添加，且标题一般可由发文机关名称、会议事项和"会议纪要"组成，可使用二号小标宋体字，编排于红色分隔线下空两行位置。若标题过长可多行居中排布，回行时要做到词意完整，排列对称，可使用梯形或菱形。

会议纪要的正文部分与本项目任务 1 中的普通公文模板要素大部分一致，不同之处在于可以添加会议纪要特有的要素，如会议时间、会议地点、会议主题、会议主持、出席人员、请假人员、列席人员等要素。使用三号黑体字在正文或附件说明下空一行居左空二字编排会议纪要特有的要素名称，后标全角冒号，冒号后用三号仿宋体字标注具体要素内容，如：出席人单位、姓名，注意回行时与冒号后的首字对齐，段末加句号。

注意，会议纪要不需要加盖印章。

➤ 纪要版记

会议纪要可根据实际需要选择是否添加版记，版记部分的要素与本项目任务 1 中的公文模板要素相同，如图 1-82 所示，此处不再重复介绍。

📂 **实施方案：**

步骤一　页面设置

页面的格式与制作方法与普通公文一致，具体设置方法参见本项目任务 1 中的讲解内容。

步骤二　纪要版头的制作

纪要版头部分如需添加份号、密级和保密期限、紧急程度等要素，其格式与制作方法与普通公文相同，具体可参见本项目任务 1 中的相关设置步骤。

（1）制作纪要标志。纪要标志由会议活动名称加"纪要"二字组成，设置为红色的小标宋体字，其上边缘距离版心上边缘 3.5 厘米，居中排布。其格式设置方法与普通公文一致。

（2）制作纪要编号。在纪要标志下方空两行处，使用三号仿宋字录入纪要编号，如"第 1 期"，居中排布。

（3）制作发文机关署名与成文日期。在纪要编号下方空一行处，使用三号仿宋字录入发文机关署名及成文日期，左右可各空一个字符编排。

（4）制作版头中的红色分隔线。在纪要编号下方 0.4 厘米处插入红色分隔线，其格式与制作方法与普通公文一致。

步骤三　纪要主体的制作

纪要主体部分可根据需要选择是否添加标题，标题的格式与制作方法与普通公文一致。

录入会议纪要正文内容后，使用三号黑体字在正文下空一行，居左空二字编排"出席"二字，后标全角冒号，冒号后用三号仿宋体字标注出席人单位、姓名，回行时与冒号后的首字对齐，段末加全角句号。另起一行参照上述出席人员的标注方法，编排标注请假和列席人员。

步骤四　纪要版记的制作

纪要版记部分可根据需要选择是否添加，版记的格式与制作方法与普通公文一致。

步骤五　纪要页码的设置

纪要页码的格式与制作方法与普通公文一致。

📂 **任务自评：**

任务名称	会议纪要公文模板的制作					任务编号		1-10	
任务描述	学习并掌握纪要类型公文的各项格式要素，以及对应的相关标准，按照具体的格式要求制作一份简报式的会议纪要公文模板					微课讲解		会议纪要公文模板的制作	
任务评价		任务中各步骤完成度/%					综合素养		
	步骤	100	99~90	89~80	79~70	69~60	59~0	A	B	C	D
	步骤一										
	步骤二										
	步骤三										
	步骤四										
	步骤五										
	填表说明：1. 请在对应单元格打✓；2. 综合素养包括学习态度、学习能力、沟通能力、团队协作等										

📂 **总结与思考：**

_____

_____

_____

单元 2 Excel 实用技能

📖 单元导读：

Excel 是微软公司推出的 Microsoft Office 办公系列软件中的一个重要组成部分，是一种电子表格处理软件，广泛应用于管理、统计、财经、金融等领域，主要用于对数据的处理、统计、分析与计算。本单元将通过 4 个项目对数据录入、数据处理、公式函数、数据图表等知识点进行讲解，并通过 13 个任务对这些知识点的实际应用进行综合展示，从实践工作中去学习知识掌握技能。

📖 学习目标：

- 熟练掌握 Excel 数据录入技能
- 掌握 Excel 高效处理数据的操作方法
- 熟练掌握 Excel 常用公式函数应用
- 掌握 Excel 图表、数据透视表的制作与编辑操作

📖 单元导图：

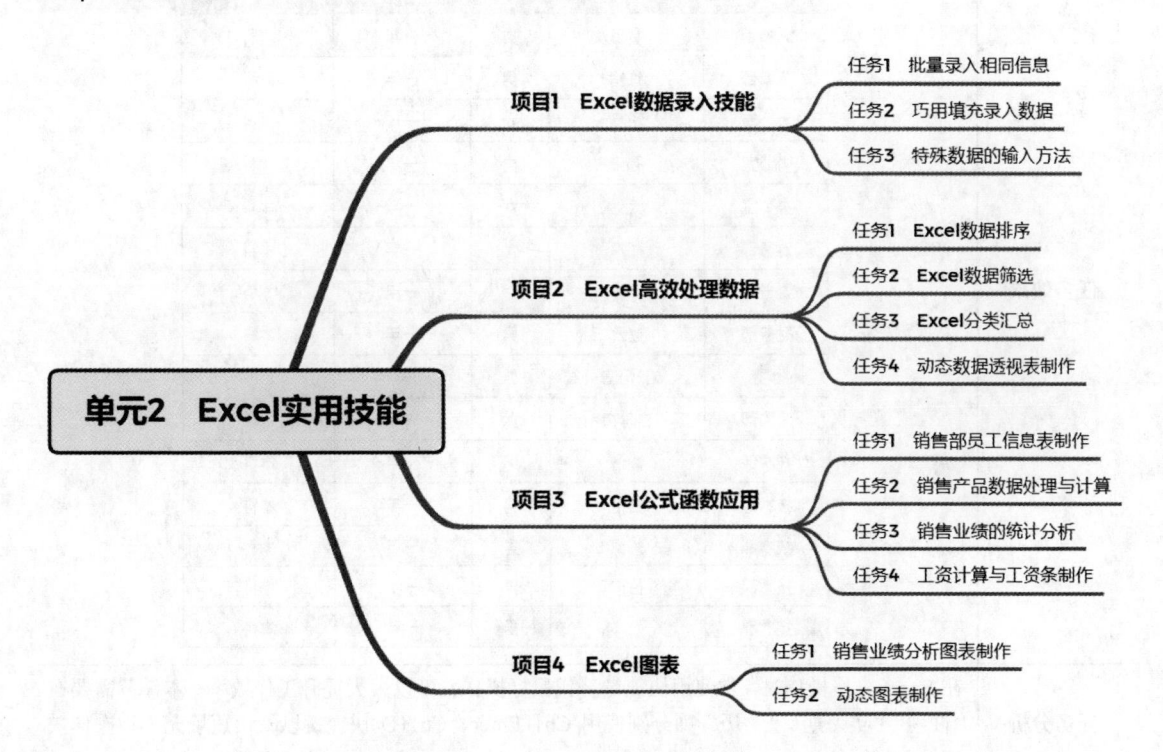

单元2 Excel实用技能

- **项目1 Excel数据录入技能**
  - 任务1 批量录入相同信息
  - 任务2 巧用填充录入数据
  - 任务3 特殊数据的输入方法

- **项目2 Excel高效处理数据**
  - 任务1 Excel数据排序
  - 任务2 Excel数据筛选
  - 任务3 Excel分类汇总
  - 任务4 动态数据透视表制作

- **项目3 Excel公式函数应用**
  - 任务1 销售部员工信息表制作
  - 任务2 销售产品数据处理与计算
  - 任务3 销售业绩的统计分析
  - 任务4 工资计算与工资条制作

- **项目4 Excel图表**
  - 任务1 销售业绩分析图表制作
  - 任务2 动态图表制作

项目 1　Excel 数据录入技能

📂 **项目介绍：**

在本项目中，将通过三个任务分别对批量录入相同信息、填充录入数据、特殊数据的输入等 Excel 数据录入知识进行详细讲解。

任务 1　批量录入相同信息

📂 **任务导语：**

在制作员工入职信息登记表时，需要在表格中输入大量相同内容，使用三种方法完成批量录入相同信息。

📂 **任务单：**

任务名称	批量录入相同信息	任务编号	2-1
任务描述	利用 Ctrl+Enter、Ctrl+D 快捷键以及快速填充三种简单快捷的方法，完成企业员工入职信息登记表中相同信息的批量录入		
任务效果	<table><tr><td colspan="5">某某企业员工入职信息登记表</td></tr><tr><td>部门</td><td>姓名</td><td>性别</td><td>实习期</td><td>学历</td></tr><tr><td>人事部</td><td>黄忠</td><td>男</td><td>一年</td><td>本科</td></tr><tr><td>人事部</td><td>许褚</td><td>男</td><td>一年</td><td>本科</td></tr><tr><td>办公室</td><td>小乔</td><td>女</td><td>一年</td><td>本科</td></tr><tr><td>办公室</td><td>孙策</td><td>男</td><td>一年</td><td>本科</td></tr><tr><td>办公室</td><td>大乔</td><td>女</td><td>一年</td><td>本科</td></tr><tr><td>财务部</td><td>貂蝉</td><td>女</td><td>一年</td><td>本科</td></tr><tr><td>财务部</td><td>尚香</td><td>女</td><td>一年</td><td>本科</td></tr><tr><td>财务部</td><td>赵云</td><td>男</td><td>一年</td><td>本科</td></tr><tr><td>采购部</td><td>孙悟空</td><td>男</td><td>一年</td><td>本科</td></tr><tr><td>采购部</td><td>白骨精</td><td>女</td><td>一年</td><td>本科</td></tr><tr><td>技术部</td><td>沙僧</td><td>男</td><td>一年</td><td>本科</td></tr><tr><td>技术部</td><td>唐僧</td><td>男</td><td>一年</td><td>本科</td></tr><tr><td>技术部</td><td>关羽</td><td>男</td><td>一年</td><td>本科</td></tr><tr><td>技术部</td><td>吕布</td><td>男</td><td>一年</td><td>本科</td></tr><tr><td>技术部</td><td>张飞</td><td>男</td><td>一年</td><td>本科</td></tr></table>		
任务分析	在 Excel 表格操作时，常使用快捷键替代鼠标操作，可以大大提升工作效率。本任务需要在"性别""实习期""学历"列分别使用 Ctrl+Enter、Ctrl+D 快捷键以及快速填充三种操作快速录入相同信息		

📁 **知识要点：**

➢ 快捷键组合

Excel 表内置了大量快捷键，使用 Excel 的快捷键可以提高效率、节省时间，特别是在大量数据输入、编辑和格式化的时候。常用快捷键如表 2-1 所示。

表 2-1　常用快捷键

分类	快捷键	功能
基本操作快捷键	Ctrl+C	复制选定的单元格或单元格区域
	Ctrl+X	剪切选定的单元格或单元格区域
	Ctrl+V	粘贴复制或剪切的内容
	Ctrl+Z	撤销上一步操作
	Ctrl+A	选择整个工作表
	Ctrl+F	打开"查找和替换"对话框
	Ctrl+H	打开"查找和替换"对话框，并在其中切换到"替换"选项卡
	Ctrl+S	保存当前工作簿
	Ctrl+N	新建一个工作簿
单元格操作快捷键	Ctrl+Home	跳转到表格的第一个单元格
	Ctrl+End	跳转到表格的最后一个单元格
	Ctrl+Space	选择整列
	Shift+Space	选择整行
	Ctrl+Shift++	插入新行或列
	Ctrl+-	删除选定的行或列
	Tab	向右移动一个单元格
	Shift+Tab	向左移动一个单元格
	Enter	向下移动一个单元格
	Shift+Ente	向上移动一个单元格
	Alt+Enter	单元格内换行
数据输入快捷键	Ctrl+D	单元格内容向下复制
	Ctrl+R	单元格内容向右复制
	Ctrl+Enter	批量填充数据
	Ctrl+;	插入当前日期
	Ctrl+Shift+;	插入当前时间
	Ctrl+1	打开"单元格格式"对话框

➢ 快速填充数据

（1）填充序列。如果需要填充一系列的数字、日期或其他模式化的数据，可以使用填充序列功能。只需输入起始值，然后将鼠标指针悬停在单元格的右下角，待光标变为黑十字箭头后，按住鼠标左键拖动即可自动填充序列。

（2）填充公式。如果有一个公式，想要将其应用到其他单元格中，可以通过填充来完成。输入公式，并确保其中涉及的单元格引用是正确的。选中包含公式的单元格，将鼠标放在右下角的黑十字箭头上，按住鼠标左键拖动以填充其他单元格。

（3）自定义填充列表。如果需要根据一个自定义的列表进行填充，可以先在工作表的其他地方创建该列表，然后使用填充功能进行填充。选中列表范围，将鼠标放在右下角的黑十字箭头上，按住鼠标左键拖动以快速填充。

（4）复制粘贴填充。如果已经有一部分数据，想要将其快速填充到其他单元格中，可以使用复制粘贴填充功能。选中待复制的单元格，按 Ctrl+C 快捷键进行复制，然后选中目标区域，按 Ctrl+V 快捷键进行粘贴，Excel 会智能地推测并填充相应的数据。

➢ 定位功能

（1）使用定位功能，可以在大数据量表格中快速返回定位结果，有效避免了其他方法可能出现的定位结果不正确、定位内容不全面的情况。

（2）使用 Ctrl+G 快捷键或 F5 键，打开定位功能窗口。定位功能最主要都是集中在"定位条件"里，可以在调出"定位"对话框后单击"定位条件"，也可以在"开始"选项卡下单击"查找和选择"，选中"定位条件"。

📂 **实施方案：**

步骤一　使用 Ctrl+Enter 快捷键

打开素材，选择单元格 E3:E17 单元格区域，在"编辑栏"中输入"一年"，按 Ctrl+Enter 快捷键，即可在选中的区域批量输入相同内容"一年"。

步骤二　使用 Ctrl+D 快捷键

（1）先在 C5 单元格输入"女"，然后选择包含数据的单元格区域 C7:C9、C12，如图 2-1 所示，按 Ctrl+D 快捷键，即可在选定单元格区域内批量输入相同数据"女"。

（2）选择 C3:C17 单元格区域，在"开始"选项卡中单击"查找和选择"按钮，从列表中选择"定位条件"选项。打开"定位条件"对话框，从中选择"空值"单选按钮，单击"确定"按钮，如图 2-2 所示。

图 2-1 选定包含数据的单元格区域　　　　图 2-2 "定位条件"对话框

将 C3:C17 单元格区域内的空白单元格选中后，在"编辑栏"中输入"男"，按 Ctrl+Enter 快捷键，即可在选中的区域批量输入相同内容"男"。

步骤三　使用鼠标拖拽

在 E3 单元格输入"本科"后，选 E3 单元格，将鼠标光标移至单元格右下角，拖动鼠标至 E17 单元格，即可快速在 E4:E17 单元格内输入相同内容"本科"。

步骤四　设置表格样式

单击"开始"→"样式"→"套用表格样式"，打开"创建表"对话框，表数据的来源设置为$A$2:$E$17 单元格区域，勾选表包含标题，单击"确定"按钮，如图 2-3 所示。单击"蓝色，表样式中等深浅 2"。单击 A1 单元格，单击"开始"→"字体"选择"标准色：蓝色"。

图 2-3　创建表对话框

📁**任务自评：**

任务名称	批量录入相同信息					任务编号	2-1		
任务描述	利用 Ctrl+Enter、Ctrl+D 快捷键以及快速填充三种简单快捷的方法，完成企业员工入职信息登记表中相同信息的批量录入					微课讲解	批量录入相同信息		
任务评价	任务中各步骤完成度/%					综合素养			
	步骤	100	99～90	89～80	79～70	69～60	59～0	A	B	C	D
	步骤一										
	步骤二										
	步骤三										
	步骤四										
	填表说明：1. 请在对应单元格打✓；2. 综合素养包括学习态度、学习能力、沟通能力、团队协作等										

📁**总结与思考：**

任务 2　巧用填充录入数据

📂 **任务导语：**

巧用填充和日期星期识别等功能，制作 2042 年日历。

📂 **任务单：**

任务名称	巧用填充录入数据	任务编号	2-2
任务描述	利用填充功能快速录入有序数据，通过"填充"和"序列"对话框，生成步长值为"1"的等差序列，完成日期数据的录入。利用日期、星期识别功能，确定 2042 年 1 月 1 日、2042 年 3 月 1 日是"星期几"，确定 2042 年 2 月是"28 天"还是"29 天"			
任务效果				
任务分析	Excel 中的自动填充功能，可以批量生成各种数字序列。选中单元格后，在右下角会有一个小方块，称为"填充柄"，只要拖动填充柄，就可以快速生成连续序号。巧用填充可以快速录入相同数据、有序数据			

📂 **知识导入：**

➢ 自动填充功能

Excel 中的自动填充功能，可以批量生成各种数字序列。选中单元格后，在右下角会有一个小方块，叫作"填充柄"，只要拖动填充柄，就可以快速生成连续序号。巧用填充可以快速录入相同数据、有序数据。

（1）等差序列。等差序列使数值数据按照固定的差值间隔依次填充，需要在"步长值"文本框内输入固定差值。

（2）等比序列。等比序列使数值数据按照固定的比例间隔依次填充，需要在"步长值"文本框内输入固定比例值。

➢ 智能自动填充方式

（1）智能自动填充方式（Ctrl+E）。Ctrl+E 快捷键相当于复制和粘贴的组合，常用于不同数据内容的填充，是一种智能自动填充数据的方式。在第一个单元格输入内容后，直接单击 Ctrl+E 快捷键就可以实现表格数据的快速复制填充了，而且是不同内容的快速提取数据。但该快捷键只能纵向地智能填充，不能横向地填充数据。

（2）智能自动填充方式（Ctrl+D）。Ctrl+D 快捷键相当于复制和粘贴的组合，实现的是纵向地复制粘贴数据内容，适合于快速复制相同的数据。具体操作是输入第一个单元格数据，然后从输入的单元格开始往下全部选中，再按 Ctrl+D 快捷键，填充相同的内容。

（3）智能自动填充方式（Ctrl+R）。Ctrl+R 快捷键相当于复制和粘贴的组合，实现的是横向地复制粘贴数据内容，适合于快速复制相同的数据。使用方法和 Ctrl+D 快捷键相同，不过实现的是横向填充数据，具体操作是输入第一个单元格数据，然后从输入的单元格开始往右全部选中，再按 Ctrl+R 快捷键，填充一样的内容。

（4）智能自动填充方式（Ctrl+Enter）。Ctrl+Enter 快捷键集成了 Ctrl+D 快捷键和 Ctrl+R 快捷键的功能。既能横向填充，又能纵向填充。这里需要选中单元格区域，然后在编辑栏中输入填充的内容，按 Ctrl+Enter 快捷键，就可以快速填充选中的表格区域。

➢ ROW 函数

ROW 函数是用来确定光标当前行位置的函数。ROW()返回光标当前行位置，函数格式为 ROW(Reference)，Reference 为需要得到其行号的单元格或单元格区域。具体操作如下。

（1）返回公式所在行行号的操作方法。在 A1 单元格，输入公式=ROW()，按 Enter 键，即返回 1；选中 A1，把鼠标移到 A1 右下角的单元格填充柄上，鼠标变为加号后，按住左键往下拖，则所经过单元格都返回相应行的行号。

（2）返回指定行的行号的操作方法。在 B1 单元格，输入公式=ROW(A5)，按 Enter 键，即返回 A5 的行号 5。

📂 **实施方案：**

步骤一　使用自动填充功能，快速录入有序数据

在 A2 单元格中输入"月份"，在 B2 单元格中输入"星期一"，选中 B2 单元格，向右拖动 B2 单元格右下方的填充柄，直到出现"星期日"再释放鼠标。

步骤二　确定 2042 年 1 月 1 日是星期几

在非工作区的 J3 单元格中输入"2042-1-1",在其右侧的 K3 单元格输入"=J3",然后按 Enter 键。右击 K3 单元格,选择快捷菜单中的"设置单元格格式"命令,打开"设置单元格格式"对话框,在"数字"选项卡的"分类"列表框中选择"日期"选项,在设置区域的"类型"列表框中选择"星期三"选项,按 Enter 键后显示"星期三"。这个结果表明,2042 年 1 月 1 日是星期三。

步骤三　填充数据

(1) 在星期三正下方的 D3 单元格内输入"1",在其右侧的 E3 单元格内输入"2",同时,选中 D3、E3 单元格,向右拖动 E3 单元格右下方的填充柄,直到拖动到星期日下方的单元格 H3 为止(此时 H3 单元格内显示数字"5");或在星期三正下方的 D3 单元格内输入"1",选中 D3 单元格,向右拖动 D3 单元格右下方的填充柄,直到拖动到星期日下方的单元格 H3 为止(此时 H3 单元格内显示数字"1"),单击右下角的"自动填充选项",选择"填充序列"。

(2) 选定 H3 单元格,选择"开始"选项卡→"编辑"工作组→"填充"下拉列表中的"序列",打开"序列"对话框,将"序列产生在"设置为"列","类型"设置为"等差序列","步长值"设置为"7","终止值"设置为"31",单击"确定"按钮。如图 2-4 所示。

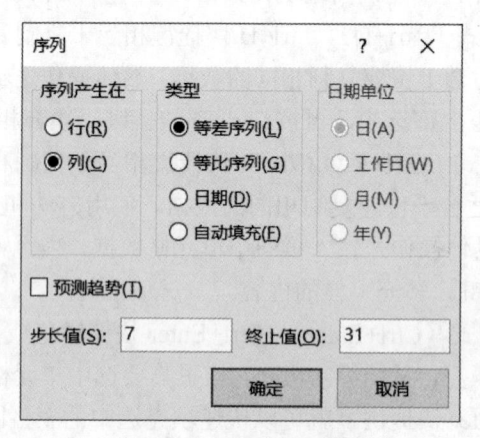

图 2-4　"序列"对话框

(3) 参照上一步,设置 D 列至 G 列的单元格,然后同时选中 D4:F7 单元格区域,向左拖动单元格右下方的填充柄,拖动到星期一下方的 B7 单元格为止。

步骤四　制作二月份的日历

(1) 分别在 G8、H8 单元格输入"1""2",在 B9 单元格输入"3",向右拖动单元格右下方的填充柄,拖动到星期日下方的 H9 单元格为止,单击右下角的"自动填充选项",选择"填充序列"。参照上一步,直到数值填充大于"29"为止。

(2) 确定二月份是 28 天还是 29 天,在 J4 单元格输入"2042-3-1",单击 K3 单元格,拖动单元格右下方的填充柄至 K4 单元格,显示"星期六",说明二月份的最后一天为"星期五",二月份是 28 天,删除 G12、H12 单元格的内容。

步骤五　日历的美化

参照一月份或二月份的制作方法,完成其余各个月份的日历制作。最后根据个人的爱好进行美化加工,例如调整日历的格式、插入图片等,直到满意为止,效果如图 2-5 所示。

2042年日历

月份	星期一	星期二	星期三	星期四	星期五	星期六	星期日	月份	星期一	星期二	星期三	星期四	星期五	星期六	星期日
一月			1	2	3	4	5	七月		1	2	3	4	5	6
	6	7	8	9	10	11	12		7	8	9	10	11	12	13
	13	14	15	16	17	18	19		14	15	16	17	18	19	20
	20	21	22	23	24	25	26		21	22	23	24	25	26	27
	27	28	29	30	31				28	29	30	31			
二月						1	2	八月					1	2	3
	3	4	5	6	7	8	9		4	5	6	7	8	9	10
	10	11	12	13	14	15	16		11	12	13	14	15	16	17
	17	18	19	20	21	22	23		18	19	20	21	22	23	24
	24	25	26	27	28				25	26	27	28	29	30	
三月						1	2	九月	1	2	3	4	5	6	7
	3	4	5	6	7	8	9		8	9	10	11	12	13	14
	10	11	12	13	14	15	16		15	16	17	18	19	20	21
	17	18	19	20	21	22	23		22	23	24	25	26	27	28
	24	25	26	27	28	29	30		29	30					
	31														
四月		1	2	3	4	5	6	十月			1	2	3	4	5
	7	8	9	10	11	12	13		6	7	8	9	10	11	12
	14	15	16	17	18	19	20		13	14	15	16	17	18	19
	21	22	23	24	25	26	27		20	21	22	23	24	25	26
	28	29	30						27	28	29	30	31		
五月				1	2	3	4	十一月						1	2
	5	6	7	8	9	10	11		3	4	5	6	7	8	9
	12	13	14	15	16	17	18		10	11	12	13	14	15	16
	19	20	21	22	23	24	25		17	18	19	20	21	22	23
	26	27	28	29	30	31			24	25	26	27	28	29	30
六月							1	十二月	1	2	3	4	5	6	7
	2	3	4	5	6	7	8		8	9	10	11	12	13	14
	9	10	11	12	13	14	15		15	16	17	18	19	20	21
	16	17	18	19	20	21	22		22	23	24	25	26	27	28
	23	24	25	26	27	28	29		29	30					
	30														

图 2-5 日历效果图

📂 **任务自评:**

任务名称	巧用填充录入数据					任务编号	2-2		
任务描述	利用填充功能快速录入有序数据,通过"填充"和"序列"对话框,生成步长值为"1"的等差序列,完成日期数据的录入。利用日期、星期识别功能,确定 2042 年 1 月 1 日、2042 年 3 月 1 日是"星期几",确定 2042 年 2 月是"28 天"还是"29 天"					微课讲解	巧用填充录入数据		
任务评价	任务中各步骤完成度/%						综合素养		
	步骤	100	99～90	89～80	79～70	69～60	59～0	A	B	C	D
	步骤一										
	步骤二										
	步骤三										
	步骤四										
	步骤五										

填表说明:1. 请在对应单元格打√;2. 综合素养包括学习态度、学习能力、沟通能力、团队协作等

📁 **总结与思考：**

_____

_____

_____

任务 3　特殊数据的输入方法

📁 **任务导语：**

在工作中，经常需要在选中的目标单元格中输入负数、分数、带货币符号的数据、日期、时间、18 位的身份证号码、电话号码、以 0 开头的编号、带标记的数据、有序数据等特殊数据，各类特殊数据的输入。

📁 **任务单：**

任务名称	特殊数据的输入方法	任务编号	2-3
任务描述	在表格中负数、分数、带货币符号的数据；在表格中输入日期、时间，以及系统当前日期和时间；在表格中可以通过设置数字格式来输入 18 位的身份证号码、以 0 开头的编号、分段显示的电话号码、带标记的数据等不能直接输入的特殊数据。在表格中通过数据验证，设置只能输入规范的数据		
任务效果	<table><tr><td colspan="3">特殊数据输入方法</td></tr><tr><td>负数</td><td>分数</td><td>带货币符号的数据</td></tr><tr><td>-1</td><td>1/2</td><td>¥2,025.00</td></tr><tr><td>日期</td><td>时间</td><td>提取月份数据</td></tr><tr><td>2035/7/1</td><td>12:00</td><td>7</td></tr><tr><td>2035/9/1</td><td>14:00</td><td>9</td></tr><tr><td>2024/3/19</td><td>2024/3/19 17:06</td><td>3</td></tr><tr><td>身份证号码</td><td>电话号码</td><td>分段显示电话号码</td></tr><tr><td>510623000004215322</td><td>12345678910</td><td>123-4567-8910</td></tr><tr><td>以0开头的数据</td><td>带标记的数据</td><td>有序数据</td></tr><tr><td>0900123</td><td>*四川省雅安市雨城区</td><td>男</td></tr></table>		
任务分析	本任务需要掌握数据类型、数据验证功能、设置单元格格式等知识点		

📁 **知识导入：**

➢ 数据类型

在工作表中可以输入和保存的数据有 4 种基本类型：数值、日期、文本和逻辑。一般情况下，数据的类型由用户输入数据的内容自动确定。

（1）数值型（Number）。数值型数据用于表示数值，包括整数、小数、分数等。数值型数据可以进行数学运算，例如加、减、乘、除、求平均值等。在 Excel 中，数值型数据可以设置格式，如小数位数、千分位分隔符等。

1）负数。在数值前加一个"-"号或把数值放在括号里，都可以输入负数，例如要在单元格中输入"-666"，可以输入英文小括号"()"后，在其中输入"(666)"，然后单元格中会出现"-666"。

2）分数。要在单元格中输入分数形式的数据，应先在编辑框中输入"0"和一个空格，然后再输入分数，否则 Excel 会把分数当作日期处理。例如，要在单元格中输入分数"2/3"，在编辑框中输入"0"和一个空格，然后接着输入"2/3"，按 Enter 键，单元格中就会出现分数"2/3"。

3）百分比（Percentage）。用于表示百分比。在 Excel 中，百分比数据以百分号"%"结尾，可以进行百分数的计算，例如求百分比的增减、计算百分比的平均值等。

4）货币数据（Currency）。用于表示货币金额。在 Excel 中，货币数据可以设置货币符号、小数位数等格式，可以进行货币的加、减、乘、除等运算。

（2）日期型（Date）。日期型数据用于表示日期和时间。在 Excel 中，日期型数据以特定的格式进行显示，例如年-月-日、月/日/年、小时:分钟等。日期型数据可以进行日期和时间的计算，例如求两个日期的间隔天数、计算时间差等。

1）输入日期时，年、月、日之间要用"/"号或"-"号隔开，如"2035-8-16""2035/8/8"。
2）输入时间时，时、分、秒之间要用冒号隔开，如"12:00:00"。
3）若要在单元格中同时输入日期和时间，日期和时间之间应该用空格隔开。
按 Ctrl+;快捷键，可以快速输入当前系统日期。
按 Ctrl+Shift+;快捷键，可以快速输入当前系统时间。
快速输入当前日期和时间，先按 Ctrl+;快捷键输入日期，然后输入一个空格键，再按 Ctrl+Shift+;快捷键输入时间。

（3）文本型（Text）。文本型数据用于表示文字、字母、数字、符号等信息。文本型数据通常由字母、汉字、空格、数字及其他符号组成，可以用于存储任何形式的文本，例如姓名、地址、电话号码等。在 Excel 中，文本型数据通常以英文的单引号开头，以区分于数值型数据。文本型数据不能用于数值计算，但可以进行比较和连接运算。连接运算符"&"可以将若干个文本首尾相连，形成一个新的文本。

默认情况下，字符数据自动沿单元格左边对齐。当输入的字符串超出了当前单元格的宽度时，如果右边相邻单元格没有数据，那么字符串会往右延伸。如果右边单元格有数据，超出的数据部分会隐藏起来，只有将单元格的宽度变大后才能显示出来。

如果要输入的字符串全部由数字组成，如邮政编码、电话号码、银行账号等，为了避免 Excel 把它按数值型数据处理，在输入时可以先输一个单引号"'"（英文单引号），再接着输入具体的数字。例如，要在单元格中输入一长串数字"888888888888"，可连续输入"'888888888888"，出现在单元格里的就是"888888888888"而不是 8.89E+20 了。

（4）布尔型（Boolean）。布尔型数据用于表示真假值。在 Excel 中，布尔型数值只有两个取值，即 True 和 False，可以进行逻辑运算，如与、或、非等。

> 数据验证功能

在 Excel 中，同一行或同一列的数据往往具有共性，或同为文本，或同为数值，日期在一定范围之内等，为了提高工作效率，可以对具有规律的单元格区域进行预先设置，防止出错，从而提高工作效率。使用"数据验证"功能，一是限制用户的输入，只能输入规范的数据；二是定义下拉列表，可以快速输入。

> 特殊数据

特殊数据指以 0 开头的编号、18 位的身份证号码等不能直接输入的数据。

（1）输入以 0 开头的编号。选择单元格，在"开始"选项卡中将"数字格式"设置为"文本"，即可输入以 0 开头的编号。或者输入数据前，先输入英文单引号。

（2）输入 18 位的身份证号码。选择单元格，将"数字格式"设置为"文本"，或者按 Ctrl+1 快捷键，打开"设置单元格格式"对话框，在"数字"选项卡中选择"文本"选项即可。

实施方案：

步骤一　输入数值型数据

（1）负数。在 A3 单元格中输入"()"后，在其中输入"100"，然后就可以在单元格中出现"-100"。

（2）分数。在 B3 单元格中输入"0"和一个空格后，再输入"1/2"，按 Enter 键，单元格中就会出现分数"1/2"。

（3）带货币符号的数据。在 C3 单元格中输入数据"2025"，然后选定单元格，右击，在弹出的快捷菜单中选择"设置单元格格式"，打开"设置单元格格式"对话框，在"数字"选项卡中选择"货币"选项，在货币符号选项中选择"¥"，即可得到带货币符号的数据"¥2025"。

步骤二　输入日期和时间

（1）在 A6 单元格输入"2035-7-1"，然后按 Enter 键；在 A7 单元格输入"2035/9/1"，然后按 Enter 键；单击 A8 单元格，按 Ctrl+;快捷键输入当前系统日期。

（2）在 B6 单元格输入"12:00"，然后按 Enter 键；单击 B7 单元格，按 Ctrl+Shift+;快捷键输入当前系统时间，然后按 Enter 键；单击 B8 单元格，先按 Ctrl+;快捷键输入系统当前日期，输入一个空格键，再按 Ctrl+Shift+;快捷键输入系统当前时间，快速输入当前日期和时间。

（3）提取月份数据。在 C6 单元格输入"=MONTH(A6)"，然后按 Enter 键；选定 C6 单元格，向右拖动 C6 单元格右下方的填充柄至 C9 单元格再释放鼠标，即可提取月份数据。

步骤三　输入 18 位的身份证号码

输入身份证号码。选择要输入身份证号码的单元格 A11，选择"开始"选项卡中的"数字"功能组，或者按 Ctrl+1 快捷键，打开"设置单元格格式"对话框，在"数字"选项卡中选择"文本"选项，单击"确定"按钮，然后输入身份证号码"510××××××××××××322"，然后按 Enter 键。或者在输入数据前，先输入英文单引号，然后输入身份证号码。

步骤四　输入电话号码

（1）选择要输入电话号码的单元格 B11，使用"数据验证"功能，限制用户只能输入 11 位的数据。选择"数据"选项卡中的"数据验证"功能，打开"数据验证"对话框，如图 2-6 所示设置，单击"确定"按钮。

在单元格中输入电话号码数字"12345678910"，然后按 Enter 键，当输入的电话号码不是 11 位数字"12345678910"，将弹出如图 2-7 所示对话框。

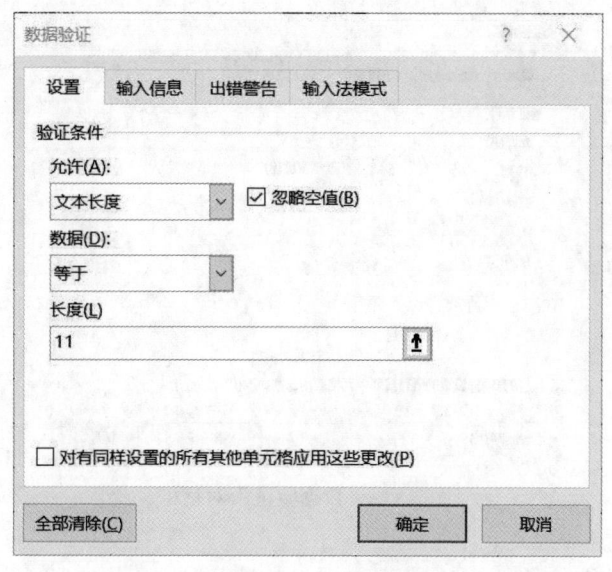

图 2-6 "数据验证"对话框设置文本长度

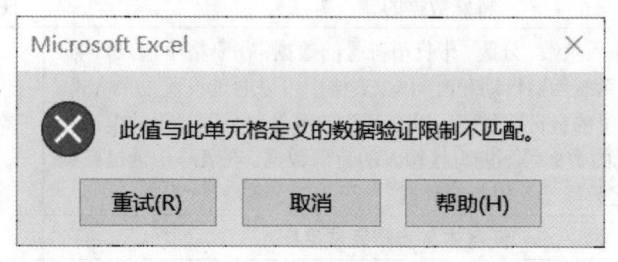

图 2-7 提示对话框

（2）分段显示电话号码。选择要输入电话号码的单元格 C11，打开"设置单元格格式"对话框，在"数字"选项卡中选择"自定义"选项，在类型中输入"000-0000-0000"，单击"确定"按钮，然后在单元格中输入电话号码数字"12345678910"。

步骤五　输入以 0 开头的数据

选择要输入数据的单元格 A14，选择"开始"选项卡中的"数字"工作组，打开"设置单元格格式"对话框，在"数字"选项卡中选择"文本"选项，单击"确定"按钮，即可输入以 0 开头的编号，或者输入数据前，先输入英文单引号，然后输入"0900123"。

步骤六　输入带"*"前缀的数据

选择要输入数据的单元格 B14，选择"开始"选项卡中的"数字"工作组，打开"设置单元格格式"对话框，在"数字"选项卡中选择"自定义"选项，在类型中输入"*"@，单击"确定"按钮，然后在单元格中输入"四川省雅安市雨城区"，然后按 Enter 键，即可显示为*四川省雅安市雨城区。

步骤七　输入有序数据

选择要输入有序数据的单元格区域，选择"数据"选项卡中的"数据验证"功能，打开"数据验证"对话框，在"允许"中选择"序列"，"来源"中输入"男,女"，男女中间用英文的逗号隔开。如图 2-8 所示设置，单击"确定"按钮。在 C14 单元格中选择"男"。

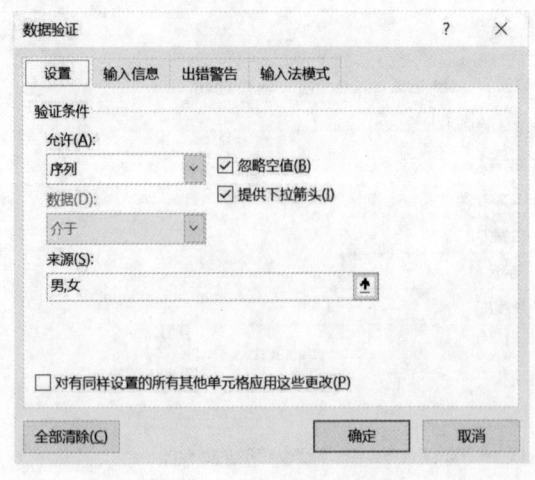

图 2-8 "数据验证"对话框

📂 **任务自评：**

任务名称	特殊数据的输入方法					任务编号		2-3	
任务描述	在表格中输入负数、分数、带货币符号的数据；在表格中输入日期、时间，以及系统当前日期和时间；在表格中可以通过设置数字格式，来输入 18 位的身份证号码、以 0 开头的编号、分段显示的电话号码、带标记的数据等不能直接输入的特殊数据。在表格中通过数据验证，设置只能输入规范的数据					微课讲解		特殊数据的输入方法	
任务评价		任务中各步骤完成度/%					综合素养		
	步骤	100	99～90	89～80	79～70	69～60	59～0	A	B	C	D
	步骤一										
	步骤二										
	步骤三										
	步骤四										
	步骤五										
	步骤六										
	步骤七										
	填表说明：1. 请在对应单元格打✓；2. 综合素养包括学习态度、学习能力、沟通能力、团队协作等									

📂 **总结与思考：**

项目 2　Excel 高效处理数据

📂 **项目介绍：**

在本项目中，将通过 4 个任务分别对 Excel 中的数据排序、数据筛选、分类汇总、动态数据透视表制作等知识进行详细讲解。

任务 1　Excel 数据排序

📂 **任务导语：**

在制作员工工资条时，需要通过添加辅助列、数据排序来插入空白行，然后进行表格边框线设置，最终制作完成带裁剪线的工资条。

📂 **任务单：**

任务名称	Excel 数据排序	任务编号	2-4
任务描述	制作工资条表头，添加辅助列，通过数据排序完成空白行单元格的插入，制作边框线和裁剪线		
任务效果	序号 1，姓名 小乔，部门 办公室，基本工资 8800，绩效工资 2640，应发工资 11440，个人所得税 1013.47，实发工资 10426.53，考核评价 优秀 序号 2，姓名 孙策，部门 办公室，基本工资 8800，绩效工资 2640，应发工资 11440，个人所得税 1074.52，实发工资 10365.48，考核评价 优秀 序号 3，姓名 貂蝉，部门 财务部，基本工资 5000，绩效工资 1500，应发工资 6500，个人所得税 178.5，实发工资 6321.5，考核评价 良 序号 4，姓名 尚香，部门 财务部，基本工资 5500，绩效工资 1650，应发工资 7150，个人所得税 261.35，实发工资 6888.65，考核评价 良		
任务分析	本任务中需要掌握数据排序原则、数据排序方法 、设置单元格格式等知识点		

📂 **知识要点：**

➢ **Excel 的默认顺序**

Excel 是根据排序关键字所在列数据的值进行排序，而不是根据其格式进行排序。在升序排序中，默认的排序可以分为以下几种。

（1）数值。数字是从最小负数到最大正数。日期和时间则是根据它们所对应的序数值排序。

（2）文本。按照数字（0～9）、特殊符号（如!、#、%、&、()、*,,。）、小写英文字母（a～z）、大写英文字母（A～Z）、汉字（以拼音排序）排序。

（3）逻辑值。FALSE 排在 TRUE 之前。

（4）错误值。所有的错误值（如#NUM!和#REF!）都是相等的。

（5）空白单元格。默认总是排在最后。

降序排序中，除了总是排在最后的空白单元格，其他顺序皆相反执行。

> Excel 排序原则

（1）如果对某一列排序，则在该列上有完全相同项的行将保持它们的原始次序。隐藏行不会被移动，除非它们是分级显示的一部分。

（2）如果按两列及以上进行排序，主要列中有完全相同项的行会根据用户指定的第二列进行排序。第二列有完全相同项的行会根据用户指定的第三列进行排序，以此类推。

（3）单列排序是指对表格中的某一列进行排序。用户通过单击"升序"或"降序"按钮，可以对数据进行"升序"或"降序"排序。

> Excel 排序方法

（1）单列排序。按照选中的列进行排序，可以选择升序或降序。

（2）多列排序。按照多个列进行排序，可以选择每一列的排序方式，优先级从左到右。

（3）按照单元格颜色排序。在 Excel 中，也可以根据单元格的背景色进行排序。

（4）文字排序。按照字母顺序进行排序，可以选择升序或降序。

（5）自定义排序。根据自己的需要，选择特定的排序方式进行排序，例如按照日期或颜色进行排序。

> 按指定序列排序

Excel 可以根据数字顺序或字母顺序进行排序，但它并不局限于使用标准的排序顺序。如果用户想用特殊的次序进行排序，例如，按照"优、良、中、差"或者"经理、主管、员工"等类别进行排序，则可以使用自定义序列的方法。只需要打开"排序"对话框，设置"主要关键字"，在"次序"列表中选择"自定义序列"选项。

> 按字符数排序

Excel 也可以按字符数进行排序，即按照数据的长短排序。只需要增加一个辅助列，在其中输入公式"=LEN(text)"，计算出字符的长度。然后对"辅助列"进行升序排序，即可按照数据的长短进行排序，排序完成后删除辅助列。

📂 实施方案：

步骤一　制作工资条表头

打开素材文件，选择姓名行 2～20 行，将鼠标放在行标上，右击选择插入，即在标题行下方插入 19 行。在标题行的最后一个单元格 J1 中输入"1"，选择 A1:J1 单元格区域，拖动 J1 单元格右下角的填充柄至 J20 单元格，即可完成工资条表头的制作，如图 2-9 所示。

步骤二　制作辅助列，并按辅助列排序

选择辅助数据所在单元格区域 J1:J20，按 Ctrl+C 快捷键复制，然后在 J 列的下方单元格中分别粘贴 3 次。选择工作表中的任意一个单元格，在"数据"选项卡中选择"排序和筛选"工作组中的"排序"，打开"排序"对话框，勾选"数据包含标题"选项，排序依据选择"1"，排序依据选择"单元格值"，次序选择"升序"，单击"确定"按钮，完成排序设置，删除辅助列 J 列，如图 2-10 所示。

A	B	C	D	E	F	G	H	I	J
序号	姓名	部门	基本工资	绩效工资	应发工资	个人所得税	实发工资	考核评价	1
序号	姓名	部门	基本工资	绩效工资	应发工资	个人所得税	实发工资	考核评价	2
序号	姓名	部门	基本工资	绩效工资	应发工资	个人所得税	实发工资	考核评价	3
序号	姓名	部门	基本工资	绩效工资	应发工资	个人所得税	实发工资	考核评价	4
序号	姓名	部门	基本工资	绩效工资	应发工资	个人所得税	实发工资	考核评价	5
序号	姓名	部门	基本工资	绩效工资	应发工资	个人所得税	实发工资	考核评价	6
序号	姓名	部门	基本工资	绩效工资	应发工资	个人所得税	实发工资	考核评价	7
序号	姓名	部门	基本工资	绩效工资	应发工资	个人所得税	实发工资	考核评价	8
序号	姓名	部门	基本工资	绩效工资	应发工资	个人所得税	实发工资	考核评价	9
序号	姓名	部门	基本工资	绩效工资	应发工资	个人所得税	实发工资	考核评价	10

图 2-9 工资条表头效果图

A	B	C	D	E	F	G	H	I	J
序号	姓名	部门	基本工资	绩效工资	应发工资	个人所得税	实发工资	考核评价	1
1	小乔	办公室	8800	2640	11440	1013.47	10426.53	优秀	1
									1
									1
序号	姓名	部门	基本工资	绩效工资	应发工资	个人所得税	实发工资	考核评价	2
2	孙策	办公室	8800	2640	11440	1074.52	10365.48	优秀	2
									2
									2
序号	姓名	部门	基本工资	绩效工资	应发工资	个人所得税	实发工资	考核评价	3
3	貂蝉	财务部	5000	1500	6500	178.5	6321.5	良	3
									3
									3

图 2-10 按辅助列排序后效果图

步骤三 制作边框和裁剪线

选定表格所在的全部单元格区域 A1:H80，选择"开始"选项卡→"字体"工作组→"边框"，选择"所有边框"。按 Ctrl+G 快捷键打开"定位"对话框，单击"定位条件"，打开"定位条件"对话框，选择"空值"，单击"确定"按钮，即可选中空白单元格区域。右击，选择"设置单元格格式"，打开"设置单元格格式"对话框，选择"边框"选项卡，如图 2-11 所示设置边框。

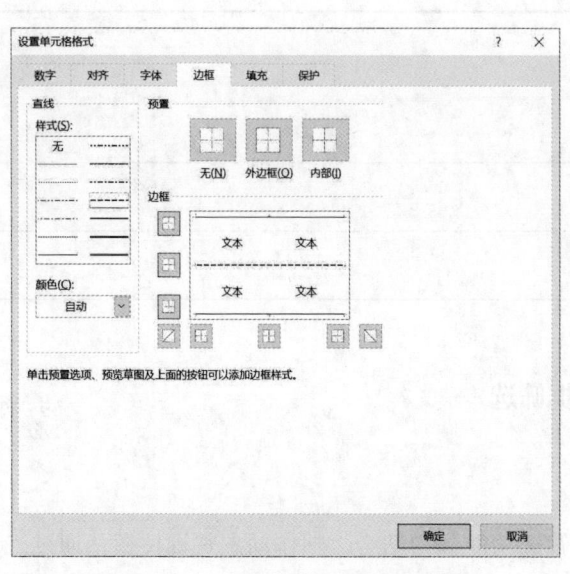

图 2-11 "设置单元格格式"对话框

步骤四　调整行高

选定全部表格，选择"开始"选项卡→"单元格"工作组→"格式"，选择"行高"，输入数值"20.5"，如图 2-12 所示。

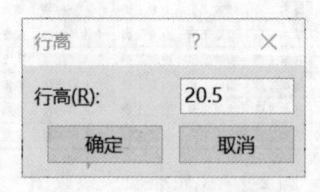

图 2-12　"行高"对话框

📁 **任务自评：**

任务名称	Excel 数据排序					任务编号	2-4		
任务描述	制作工资条表头，添加辅助列，通过数据排序完成空白行单元格的插入，制作边框线和裁剪线					微课讲解	Excel数据排序		
任务评价		任务中各步骤完成度/%					综合素养		
	步骤	100	99～90	89～80	79～70	69～60	59～0	A	B	C	D
	步骤一										
	步骤二										
	步骤三										
	步骤四										
	填表说明：1. 请在对应单元格打√；2. 综合素养包括学习态度、学习能力、沟通能力、团队协作等									

📁 **总结与思考：**

___

___

___

任务 2　Excel 数据筛选

📁 **任务导语：**

用 Excel 数据高级筛选功能与宏结合，制作动态查询按钮，通过"查询"按钮实现一键筛选，实现高效数据查询；"清除"按钮实现清除筛选，回到原始数据状态。

任务单：

任务名称	Excel 数据筛选	任务编号	2-5
任务描述	首先要设置条件区域，当条件都在同一行时，表示"与"关系，必须都满足才会筛选出来；当条件不在同一行时，则表示"或"关系，满足其中一个条件就会筛选出来。其次，录制宏，插入控件，指定宏。最后，查询数据		
任务效果	（见下表）		
任务分析	本任务中需要掌握高级筛选、模糊筛选、通配符、Excel 宏等知识点		

条件区域：

编号	姓名	性别	部门	基本工资	绩效工资	应税工资	个人所得税	实发工资	考核评价
		男							差
		女							优

某某企业员工工资明细表

编号	姓名	性别	部门	基本工资	绩效工资	应税工资	个人所得税	实发工资	考核评价
QY2024005	刘*丽	女	办公室	8800	2640	7842.35	1013.47	10328.88	优秀
QY2024029	李*箐	女	市场部	8800	2640	7842.35	1013.47	10328.88	优秀
QY2024004	颜*茂	男	办公室	3800	1140	1936.6	88.66	5347.94	差
QY2024011	陈*成	男	技术部	4000	1200	2119.25	106.925	5412.325	差
QY2024012	乔*丹	男	技术部	3800	1140	1696.6	64.66	5081.94	差
QY2024013	先*星	男	技术部	4000	1200	1878	82.8	5295.2	差
QY2024023	舒*杉	男	技术部	4000	1200	2310.5	126.05	5617.95	差
QY2024027	何*宇	男	市场部	4000	1200	2260.5	121.05	5341.45	差
QY2024028	曾*科	男	市场部	3800	1140	1936.6	88.66	5347.94	差
QY2024033	柏*力	男	物流部	3800	1140	1696.6	64.66	5146.94	差
QY2024034	周*谦	男	物流部	4000	1200	1878	82.8	5295.2	差
QY2024040	费*乐	男	物流部	4200	1200	2055.5	100.55	5321.95	差

按钮：查询、还原

知识要点：

> **自动筛选**

自动筛选就是按照设定的条件，对工作表中的数据进行筛选，一般分为按文本特征筛选、按数字特征筛选等，用户通过在"数据"选项卡中单击"筛选"按钮，就可以启动筛选功能。按文本特征筛选就是将符合某种特征的文本筛选出来；按数字特征筛选就是对数值型数据进行筛选。

> **高级筛选**

如果需要将一些比较复杂的数据筛选出来，自动筛选不能满足用户的需求，此时，使用高级筛选可以完成符合特殊条件的筛选操作。进行高级筛选时，首先要指定一个单元格区域放置筛选条件。然后以该区域中的条件来进行筛选。当条件都在同一行时，表示"与"关系，当条件不在同一行时，则表示"或"关系。

> **模糊筛选**

用于筛选数据的条件，有时并不能明确指定某项内容，而是某一类内容。例如，姓"刘"的员工、订单编号以 PS 开头的产品等。此时可以使用 Excel 提供的通配符来进行筛选。

模糊筛选中通配符的使用必须借助"自定义自动筛选方式"对话框来完成，并允许使用两种通配符条件，即"?"和"*"。"?"代表单个字符，而"*"代表任意多个字符。

> **通配符**

Excel 中一共有三种类型的通配符，分别为"*""?""~"。通配符在 Excel 中的应用主要有三处：查找替换（Ctrl+F 快捷键），筛选，公式。

（1）"*"代表任何的字符。

（2）"?"代表任何的单个字符。

（3）"~"代表解除字符的通配性。

➢ Excel 宏

宏就是一组动作的组合，Excel 宏是一个记录和回放工具，它可以简单地记录 Excel 步骤，并且宏会根据需要多次回放。VBA 宏可以自动执行重复性任务，从而节省时间。

➢ 录制宏

打开 Excel，单击"开发工具"选项卡下的"录制宏"按钮，会弹出"录制新宏"对话框。在"录制新宏"对话框的"宏名"中自定义宏的名称；在"说明"文本框中可以添加一些关于宏功能的简要描述，方便以后自己或其他用户了解这个宏的用途；"保存在"保持当前默认的"当前工作簿"。输入后单击"确定"按钮开始录制宏了。操作完成后，单击"停止录制"按钮，将刚才输入信息的过程录制下来，即完成了宏的录制过程。

📁 实施方案：

步骤一　设置筛选条件区域

在表格的上方插入三行，复制表格的标题行 A5:Q5 单元格区域，粘贴到 A5:Q5 单元格区域，如图 2-13 所示，设置筛选条件。筛选性别"男"且考核评价"差"的数据和性别"女"且考核评价"优秀"的数据。

编号	姓名	性别	部门	基本工资	绩效工资	工龄工资	加班费	应发工资	养老保险	医疗保险	失业保险	考勤扣款	应税工资	个人所得税	实发工资	考核评价
		男														差
		女														优秀

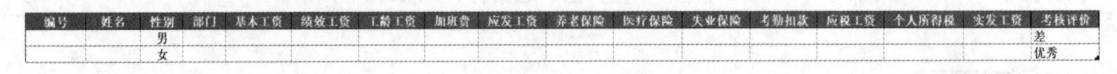

图 2-13　筛选条件

步骤二　录制宏

（1）录制"查询"宏。单击"开发工具"选项卡→"代码"工作组→"录制宏"按钮，打开"录制宏"对话框，如图 2-14 所示，在"宏名"栏输入"查询"，单击"确定"按钮。

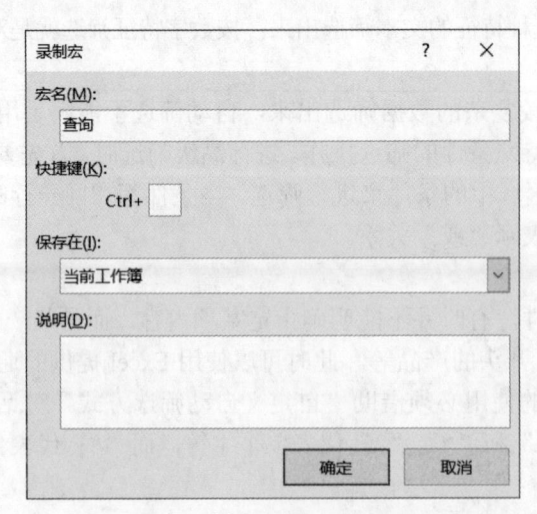

图 2-14　"录制宏"对话框

单击"数据"选项卡→"排序和筛选"工作组→"高级"按钮，打开"高级筛选"对话框，如图 2-15 所示，在列表区域选择 A5:P53 单元格区域，条件区域选择 A1:P3 单元格区域，单击"确定"按钮。单击"开发工具"选项卡→"代码"工作组→"停止录制"按钮，完成"查询"宏的录制。

图 2-15 "高级筛选"对话框

（2）录制"还原"宏。单击"开发工具"选项卡→"代码"工作组→"录制宏"按钮，打开"录制宏"对话框，在"宏名"栏输入"还原"，单击"确定"按钮。单击"数据"选项卡→"排序和筛选"工作组→"清除"按钮。单击"开发工具"选项卡→"代码"工作组→"停止录制"按钮，完成"还原"宏的录制。

步骤三　插入控件

（1）插入两个控件。单击"开发工具"选项卡→"控件"工作组→"插入"→"表单控件"→"按钮"，如图 2-16 所示。

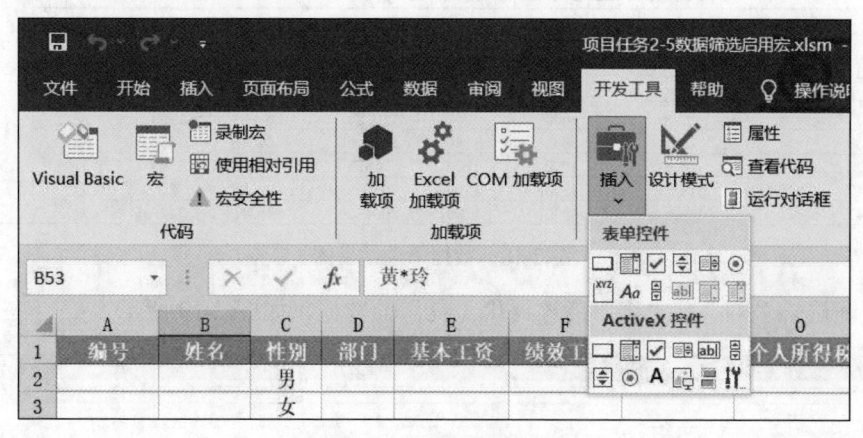

图 2-16　插入表单控件

然后按住鼠标左键，在工作表中拖动，弹出"指定宏"对话框，"宏名"选择"查询"，如图 2-17 所示，单击"确定"按钮。插入一个按钮，选中按钮，修改为"查询"。同上操作，再插入一个按钮，修改为"还原"。

（2）调整控件的大小和对齐方式。按住 Ctrl 键，单击"查询"和"还原"两个按钮，单击"形状格式"→"大小"调整高度、宽度，单击"排列"→"对齐"→"左对齐"。

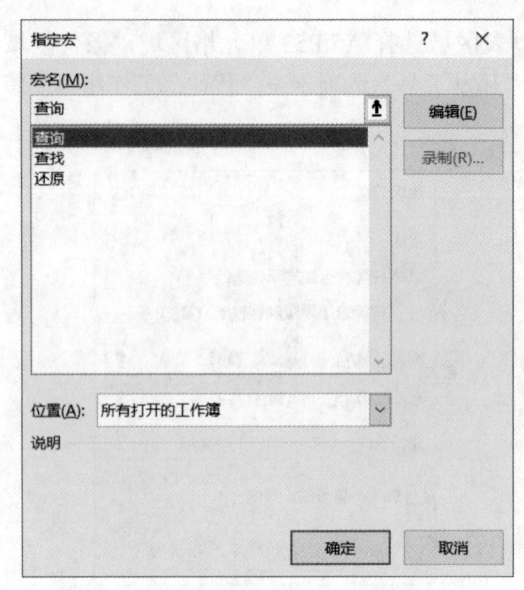

图 2-17 "指定宏"对话框

步骤四　数据筛选

单击"查询"按钮,筛选出符合条件的数据,单击"还原"按钮,清除筛选,数据还原。

步骤五　设置不同的筛选条件,然后执行"查询"

(1) 筛选部门"物流部"或"市场部"考核评价"差"的数据,如图 2-18 所示。

编号	姓名	性别	部门	基本工资	绩效工资	应税工资	个人所得税	实发工资	考核评价
			物流部						差
			市场部						差

某某企业员工工资明细表

编号	姓名	性别	部门	基本工资	绩效工资	应税工资	个人所得税	实发工资	考核评价
QY2024027	何*宇	男	市场部	4000	1200	2260.5	121.05	5341.45	差
QY2024028	曾*科	男	市场部	3800	1140	1936.6	88.66	5347.94	差
QY2024032	慕*勤	女	市场部	4000	1200	2119.25	106.925	5412.325	差
QY2024033	柏*力	男	物流部	3800	1140	1696.6	64.66	5146.94	差
QY2024034	周*谦	男	物流部	4000	1200	1878	82.8	5295.2	差
QY2024040	费*乐	男	物流部	4200	1200	2055.5	100.55	5321.95	差
QY2024047	黄*玲	女	物流部	4000	1200	2004.5	95.45	5342.55	差

图 2-18　数据筛选结果图 1

(2) 筛选姓"刘"或"李"考核评价"良"的数据,如图 2-19 所示。

编号	姓名	性别	部门	基本工资	绩效工资	应税工资	个人所得税	实发工资	考核评价
	李**								良
	刘**								良

某某企业员工工资明细表

编号	姓名	性别	部门	基本工资	绩效工资	应税工资	个人所得税	实发工资	考核评价
QY2024008	李*林	男	财务部	5500	1650	3663.5	261.35	6852.15	良
QY2024015	李*坤	男	技术部	5500	1650	3727.5	267.75	6959.75	良
QY2024016	刘*明	男	技术部	8000	2400	6556	756.2	8982.8	良
QY2024017	刘*霖	男	技术部	5800	1740	4302.6	325.26	7477.34	良
QY2024025	李*功	男	技术部	5800	1740	4658.6	376.72	7781.88	良

图 2-19　数据筛选结果图 2

步骤六　保存文件

单击"文件"→"保存",弹出如图 2-20 所示的对话框。

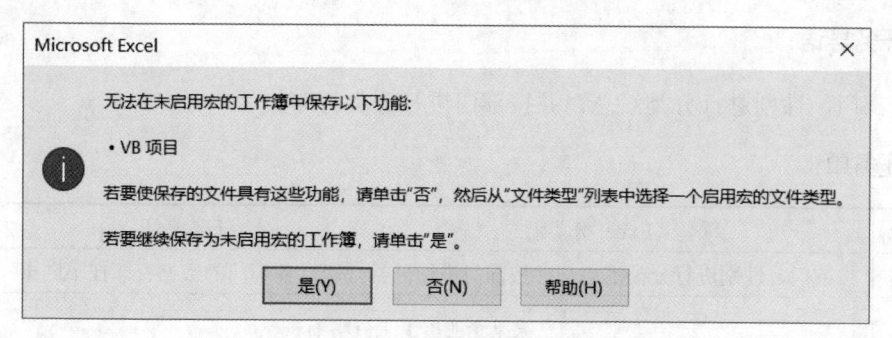

图 2-20　信息提示对话框

单击"否",选择"另存为",打开"另存为"对话框,保存类型选择"Excel 启用宏的工作簿(*.xlsm)",单击"保存"。

📁 任务自评:

任务名称	Excel 数据筛选						任务编号				2-5
任务描述	首先要设置条件区域,当条件都在同一行时,表示"与"关系,必须都满足才会筛选出来;当条件不在同一行时,则表示"或"关系,满足其中一个条件就会筛选出来。其次,录制宏,插入控件,指定宏。最后,查询数据								微课讲解			Excel数据筛选
任务评价		任务中各步骤完成度/%						综合素养			
^	步骤	100	99~90	89~80	79~70	69~60	59~0	A	B	C	D
^	步骤一										
^	步骤二										
^	步骤三										
^	步骤四										
^	步骤五										
^	步骤六										
^	填表说明:1. 请在对应单元格打✓;2. 综合素养包括学习态度、学习能力、沟通能力、团队协作等										

📁 总结与思考:

任务 3 Excel 分类汇总

📁 **任务导语**：

按照部门、性别进行分类汇总，并按部门进行分类打印。

📁 **任务单**：

任务名称	Excel 分类汇总	任务编号	2-6
任务描述	按部门、性别进行分类汇总，并按部门进行分类打印，各部门的数据打印在不同页		
任务效果	（某某企业员工工资明细表，按部门、性别分类汇总的数据表）		
任务分析	本任务中需要掌握分类汇总、多重分类汇总、删除分类汇总、分组级别等知识点		

📁 **知识要点**：

➢ 分类汇总

分类汇总能够快速地以某一个字段为分类项，对表格中的其他字段的数值进行各种统计计算，如求和、计数、求平均值、求最大值、求最小值等。使用分类汇总功能前，必须要对表格中需要分类汇总的字段进行排序。

➢ 多重分类汇总

多重分类汇总是一种多级的分类汇总。如果用户需要对分类汇总之后的数据表进行多个字段的分类汇总，则可以创建多重分类汇总。先按大的字段分类汇总，再按小的分类汇总。

➢ 删除分类汇总

将数据进行分类汇总后，当不需要汇总时，可直接将其删除。删除分类汇总时，无论表格中应用了多少个汇总结果，都会被一起删除。

➢ 分组级别

在创建了分类汇总或分级显示数据的表格中，工作表左侧将出现"分组级别"任务窗格，在窗格上方会显示当前表格的分组级别，单击相应的级别按钮，可以显示该级别的数据，以及隐藏下一级别的数据。

实施方案：

步骤一　按分类字段排序

选择表格中有内容的任意单元格，在"数据"选项卡中选择"排序和筛选"工作组中的"排序"，打开"排序"对话框，勾选"数据包含标题"选项，排序依据选择"部门"，排序依据选择"单元格值"，次序选择"降序"，然后单击"添加条件"，次要关键字选择"性别"，排序依据选择"单元格值"，次序选择"降序"，单击"确定"按钮，完成排序设置。

步骤二　分类汇总

按"部门"字段分类汇总。在"数据"选项卡中选择"分级显示"工作组中的"分类汇总"，打开"分类汇总"对话框。"分类字段"选择"部门"，"汇总方式"选择"求和"，"选定汇总项"选择"实发工资"，勾选"每组数据分页"，如图2-21所示。

图2-21　"分类汇总"对话框

按"性别"字段分类汇总。参照上面的方法操作，"分类字段"选择"性别"，"汇总方式"选择"求和"，"选定汇总项"选择"实发工资"，取消选中"每组数据分页"复选框，单击"确定"按钮，完成分类汇总设置。

查看分组级别。在工作表左侧的"分组级别"任务窗格中，单击相应的级别按钮，可以显示该级别的数据，以及隐藏下一级别的数据。单击级别"2"，显示为如图2-22所示的效果。

图2-22　分组级别效果图

步骤三　打印设置

查看打印效果。在"文件"选项卡中选择"打印"，在打印预览区域可以看到文档按"部门"分成7页，各个部门分别在不同的页。

标题行重复设置。在"页面布局"选项卡中选择"页面设置"工作组中的"打印标题",打开"页面设置"对话框,在"工作表"选项卡中,"打印标题"中的"顶端标题行"中选择第1、2行,单击"确定"按钮,如图2-23所示。

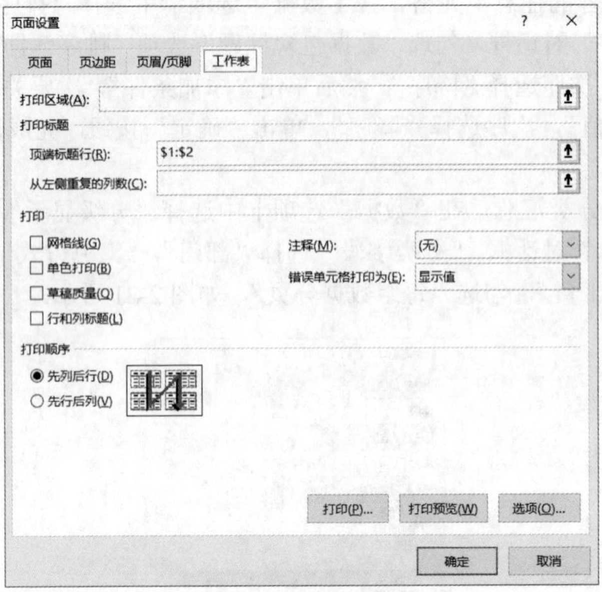

图2-23 "页面设置"对话框

步骤四 删除多级分类汇总

在"数据"选项卡中选择"分级显示"工作组中的"分类汇总",打开"分类汇总"对话框,单击"全部删除",即可删除分类汇总。

任务自评:

任务名称	Excel 分类汇总					任务编号	2-6
任务描述	按部门、性别进行分类汇总,并按部门进行分类打印,各部门的数据打印在不同页					微课讲解	Excel分类汇总
任务评价	任务中各步骤完成度/%					综合素养	
	步骤	100	99~90	89~80	79~70	69~60	59~0	A	B	C	D
	步骤一										
	步骤二										
	步骤三										
	步骤四										
	填表说明:1. 请在对应单元格打√;2. 综合素养包括学习态度、学习能力、沟通能力、团队协作等										

📂 **总结与思考:**

任务 4 动态数据透视表制作

📂 **任务导语:**

制作学历分布和出生月份数据透视表,实现动态查看各部门职工学历分布在各岗位等级的情况,同时能动态查看每月过生日的职工信息。

📂 **任务单:**

任务名称	动态数据透视表制作		任务编号	2-7
任务描述	分别创建学历分布和出生月份的数据透视表;通过切片器实现动态查看各部门员工的学历分布和出生月份;插入图表,以便更形象地呈现数据透视表中的数据,方便查看、对比和分析数据			
任务效果				
任务分析	本任务中需要先创建数据透视表、数据透视表字段设置、数据透视表美化,然后插入切片器,最后插入数据透视图并进行美化			

知识要点：

> 数据透视表

数据透视表是一种可以快速汇总、分析大量数据表格的交互式分析工具。使用数据透视表可以按照数据表格的不同字段从多个角度进行透视，并建立交叉表格，以查看数据表格不同层面的汇总信息、分析结果以及摘要数据。使用数据透视表可以深入分析数值数据，以帮助用户发现关键数据，并做出有关企业中关键数据的决策。

> 动态数据透视表

创建数据透视表是通过选择一个已知的区域来进行的，即数据透视表选定的数据源区域是固定的。而动态数据透视表则可以实现数据源的动态扩展。

动态数据表的创建方法主要有两种，即定义名称法和列表法。

定义名称法就是使用公式定义数据透视表的数据源。

列表法就是将数据源创建为表格，从而自动扩展数据透视表的数据源。

> 数据透视表术语

数据透视表术语如表 2-2 所示。

表 2-2　数据透视表术语

术语	术语说明
数据源	创建数据透视表所需要的数据区域，可以是 Excel 的数据列表、其他数据的透视表，也可以是外部的数据源
字段	描述字段内容的标志。一般为数据源中的标题行内容。可以通过拖动字段对数据透视表进行透视
项	组成字段的成员，即字段中的内容
行	在数据透视表中用于放置分类字段，决定数据透视表中数据的行方向布局
列	信息的种类，等价于数据列表中的列
筛选器	基于数据透视表中进行分页的字段，可对整个透视表进行筛选
组合	一组项目的集合，可以自动或手动进行组合
汇总方式	Excel 计算表格中数据值的统计方式 数据型字段的默认汇总方式为求和，文本型字段的默认汇总方式为计数
刷新	重新计算数据透视表，反映最新数据源的状态
透视	通过改变一个或多个字段的位置来重新安排数据透视表

> 数据源

数据源是指用于创建数据透视表的数据来源，可以是 Excel 的数据列表、其他数据的透视表，也可以是外部的数据源。数据源需要满足以下几点原则。

（1）每列数据的第一行包含该列的标题。

（2）数据源中不能包含空行和空列。

（3）数据源中不能包含空单元格。

（4）数据源中不能包含合并单元格。

（5）数据源中不能包含同类字段（即既能当标题也能当数据内容）。

➢ 数据透视表的结构

从结构上看,数据透视表分为 4 个部分。

(1)筛选器区域。筛选器区域中的字段将作为数据透视表的报表筛选字段。

(2)列区域。列区域中的字段将作为数据透视表的列标签显示。

(3)行区域。行区域中的字段将作为数据透视表的行标签显示。

(4)值区域。值区域中的字段将作为数据透视表显示汇总的数据。

➢ 切片器

切片器是 Excel 中的一个数据透视表工具,可以用来过滤数据透视表中的数据。通过切片器,用户可以轻松实现对数据透视表的操作,只需单击切片器中的选项,就可以快速地过滤数据,实现数据动态展示效果。

➢ 数据透视图

数据透视图是数据透视表的图形展示,其有助于制作者更形象地呈现数据透视表中的汇总数据,方便查看、对比和分析数据趋势。

📂 实施方案:

步骤一　创建数据透视表

(1)打开数据源表"任务 4 数据源",然后选中源表格中任意单元格,在"插入"选项卡中,单击"数据透视表"按钮。打开"来自表格或区域的数据透视表"对话框,如图 2-24 所示。保持对话框内默认的设置不变,单击"确定"按钮。此时,系统在新的工作表中创建一个空白数据透视表,并弹出一个"数据透视表字段"窗格。

(2)不同学历职工的岗位等级分布情况。在"数据透视表字段"窗格中,勾选或拖拽需要的字段,如图 2-25 所示。

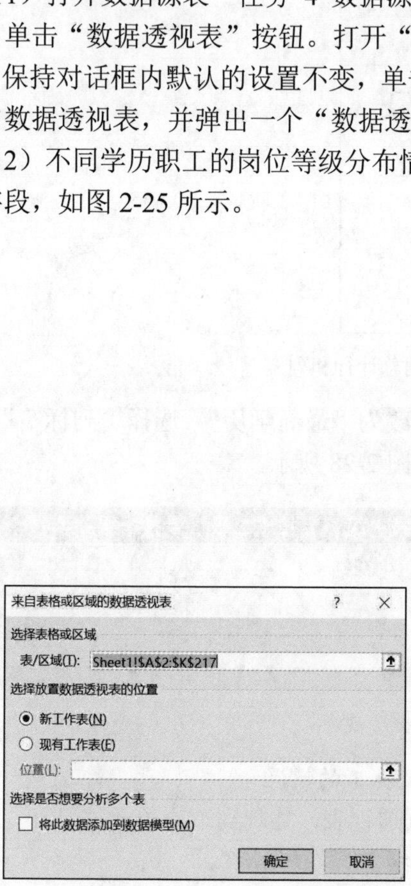

图 2-24　"来自表格或区域的数据透视表"对话框 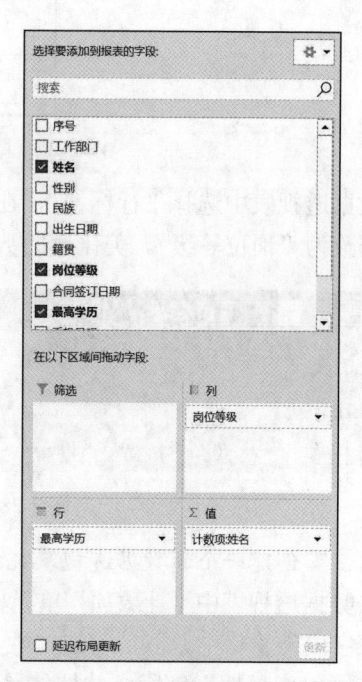　　图 2-25　"数据透视表字段"窗格

在"数据透视表字段"窗格中,单击"最高学历"字段,并按住鼠标左键不放,将其拖拽至"行"区域,将"岗位等级"字段拖拽至"列"区域,将"姓名"字段拖拽至"值"区域。同时,相应的字段也被添加到数据透视表中,如图2-26所示。

计数项:姓名	列标签							
行标签	专技八级	专技九级	专技六级	专技七级	专技十二级	专技十级	专技十一级	总计
大专	4	1	5	1	1	2	1	15
本科	8	26	13	8	15	34	8	112
博士			3	1		2		6
硕士	9	13	5	9	22	15	9	82
总计	21	40	26	19	38	53	18	215

图2-26 数据透视效果图1

步骤二 数据透视表美化

单击数据透视表中"计数项"单元格,选定数据透视表,选择"数据透视表工具|设计"选项卡→"数据透视表样式"工作组→"数据透视表深色6"。选择"总计"→"对行和列禁用",取消总计行和列,如图2-27所示。单击"开始"→"对齐方式",选择"垂直居中""居中"。

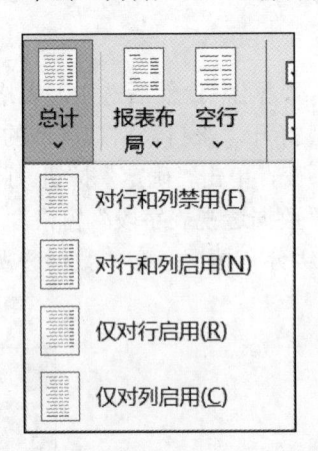

图2-27 数据透视表取消总计行和列

在数据透视表中选择"行标签",在编辑栏中修改为"最高学历",选择"列标签",在编辑栏中修改为"岗位等级"。美化后的数据透视表如图2-28所示。

最高学历	专技八级	专技九级	专技六级	专技七级	专技十二级	专技十级	专技十一级
本科	8	26	13	8	15	34	8
博士			3	1		2	
大专	4	1	5	1	1	2	1
硕士	9	13	5	9	22	15	9

图2-28 美化后的数据透视表

步骤三 创建一个新数据透视表统计每月过生日员工的情况

单击数据透视表中"计数项"单元格,选定数据透视表,复制到下方单元格A10,在"数据透视表字段"窗格中,取消勾选"姓名""岗位等级""最高学历"。

单击"出生日期"字段,并按住鼠标左键不放,将其拖至"行"区域,选择数据透视表中的出生日期所在的任意一个单元格，右击，在弹出的快捷菜单中选择"组合"，打开"组合"对话框，在"步长"中选择"月"，单击"确定"按钮，如图 2-29 所示。

将"性别"字段拖拽至"列"区域，将"姓名"字段拖拽至"值"区域，相应的字段也被添加到数据透视表中，把"行标签"修改为"月份"，把"列标签"修改为"性别"，如图 2-30 所示。

计数项:姓名	性别		
月份	男	女	总计
1月	4	20	24
2月	5	10	15
3月	4	15	19
4月	4	11	15
5月	8	8	16
6月	7	8	15
7月	6	9	15
8月	3	12	15
9月	6	18	24
10月	8	9	17
11月	6	14	20
12月	5	15	20

图 2-29　"组合"对话框　　　　　　　图 2-30　数据透视效果图 2

步骤四　查看每月过生日的员工名单

选定数据透视表，选择"总计"→"仅对行启用"，显示每月出生的员工人数"总计"。查看 1 月出生的员工信息，双击数据透视表"1月"行对应的"总计"列数据所在单元格，打开 1 月出生的员工信息统计工作表，如图 2-31 所示。

工作部门	姓名	性别	民族	出生日期	籍贯	岗位等级	合同签订日期	最高学历
销售部		男	汉	1985-1-14	四川	专技六级	20211001	硕士
销售部		男	汉	1964-1-23	四川	专技八级	20100930	大专
销售部		男	汉	1989-1-2	四川	专技十级	20211228	本科
业务部		男	汉	1990-1-3	四川	专技十二级	20220630	本科
销售部		女	汉	1982-1-3	四川	专技七级	20211228	大专
销售部		女	汉	1990-1-2	四川	专技十级	20211228	本科
销售部		女	汉	1990-1-1	四川	专技十级	20201224	硕士
销售部		女	汉	1991-1-21	四川	专技十级	20201224	本科
销售部		女	汉	1991-1-23	四川	专技十级	20191225	本科
销售部		女	汉	1991-1-31	四川	专技九级	20211001	硕士
销售部		女	汉	1988-1-6	四川	专技八级	20211001	本科
销售部		女	汉	1969-1-6	四川	专技六级	20161001	本科
销售部		女	汉	1989-1-28	四川	专技十一级	20201001	硕士
人力资源部		女	汉	1984-1-5	四川	专技七级	20211228	本科
销售部		女	汉	1988-1-3	四川	专技十级	20211228	本科
业务部		女	汉	1965-1-19	四川	专技六级	20220512	本科
业务部		女	汉	1990-1-28	四川	专技十一级	20201001	本科
业务部		女	汉	1986-1-19	四川	专技十二级	20200609	硕士
业务部		女	汉	1986-1-4	四川	专技十级	20230101	本科
业务部		女	汉	1994-1-29	四川	专技十二级	20220630	本科
业务部		女	汉	1976-1-16	四川	专技六级	20201001	博士
业务部		女	汉	1985-1-13	重庆	专技九级	20191001	本科
采购部		女	汉	1981-1-19	四川	专技八级	20231001	硕士
采购部		女	汉	1988-1-8	重庆	专技十级	20181213	硕士

图 2-31　1 月出生员工信息统计工作表

参照上述方法，可以分别得到每月出生的员工信息统计工作表。

步骤五 插入切片器

选定数据透视表,选择"数据透视表工具|数据透视表分析"选项卡→"插入切片器",打开"插入切片器"对话框,勾选"工作部门",如图2-32所示。

图2-32 "插入切片器"对话框

单击"工作部门"切片器,在"切片器工具|切片器"选项卡中分别设置"按钮""大小"工作组中的数值,如图2-33所示。

图2-33 "切片器"设置

在"切片器工具|切片器"选项卡中打开"切片器设置"对话框,取消勾选"显示页眉",单击"确定"按钮。

选择"切片器工具|切片器"选项卡→"切片器样式"工作组→"切片器样式深色2"。单击切片器中的部门,可以动态查看各部门员工的学历和每月出生职工分布情况。

步骤六 插入数据透视图

选定出生月份分布数据透视表,选择"数据透视表工具|数据透视表分析"选项卡→"工具"→"数据透视图",打开"插入图表"对话框,选择"柱形图",单击"确定"按钮。

调整"数据透视图"显示样式,选择"数据透视图工具|设计"选项卡→"图表样式",选择"样式1"。选择"图表布局"→"添加图表元素",选择"数据标签外""图例底部"。

在数据透视图上的"计数项:姓名"上右击,在弹出的快捷菜单中选择"隐藏图表上的所有字段按钮",完成数据透视图的设置,如图2-34所示。完成动态数据透视表的制作,实现动态查看数据信息。

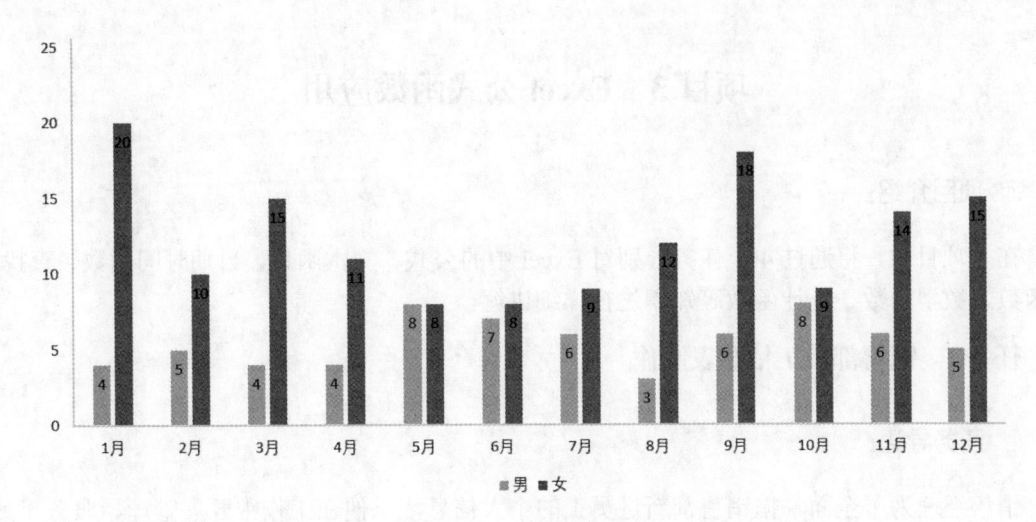

图 2-34 数据透视图表

📁 **任务自评：**

任务名称	动态数据透视表制作					任务编号			2-7	
任务描述	分别创建学历分布和出生月份的数据透视表；通过切片器实现动态查看各部门员工的学历分布和出生月份；插入图表，以便更形象地呈现数据透视表中的数据，方便查看、对比和分析数据					微课讲解			动态数据透视表制作	
任务评价	步骤	\multicolumn{5}{c}{任务中各步骤完成度/%}		\multicolumn{4}{c}{综合素养}	
		100	99~90	89~80	79~70	69~60	59~0	A	B	C	D
	步骤一										
	步骤二										
	步骤三										
	步骤四										
	步骤五										
	步骤六										
	填表说明：1. 请在对应单元格打√；2. 综合素养包括学习态度、学习能力、沟通能力、团队协作等										

📁 **总结与思考：**

项目 3 Excel 公式函数应用

📂 **项目介绍：**

在本项目中，将通过 4 个任务分别对 Excel 中的公式、文本函数、日期时间函数、查找引用函数、数学函数、统计函数等知识进行详细讲解。

任务 1 销售部员工信息表制作

📂 **任务导语：**

销售经理为了全面掌握销售部新进员工的个人信息，以便在工作中开展管理、服务工作，要求销售文员对人事部发来的"新进员工信息表"按照要求进行加工完善制作。

📂 **任务单：**

任务名称	销售部员工信息表制作			任务编号	2-8
任务描述	为了加强对员工信息的管理，做好后勤工作，同时进一步减少数据的录入量，根据"新进员工信息表.xlsx"中"身份证号"，运用 LEFT、MID、RIGHT、TEXT 等相关文本函数自动获取籍贯、出生年月日、性别等数据信息，同时根据"出生年月日"自动计算"年龄"，同时为了方便给员工准备生日礼物，在表格中员工生日前 10 天内显示"生日提醒"					
任务效果	XX公司销售部新进员工信息表					
	序号 | 所在部门 | 工号 | 姓名 | 学历 | 身份证号 | 籍贯 | 出生年月日 | 性别 | 年龄 | 生日提醒					
	1 销售部 HY001 本科 四川省 1988-1-18 男 36					
	2 人事部 HY002 本科 河南省 1995-2-15 男 29					
	3 销售部 HY003 大专 上海市 1987-1-9 女 37					
	4 销售部 HY004 大专 江苏省 1996-4-6 男 27 还有4天生日					
	5 销售部 HY005 本科 河南省 1988-1-8 女 36					
	6 销售部 HY006 大专 河北省 1995-1-12 男 29					
	7 销售部 HY007 本科 福建省 1995-12-21 女 28					
	8 销售部 HY008 大专 河北省 1999-12-10 女 24					
	9 销售部 HY009 本科 四川省 1996-4-2 男 28 今天生日					
	10 销售部 HY010 本科 河北省 1998-9-19 女 25					
	11 销售部 HY011 高中 云南省 1994-9-8 男 29					
	12 销售部 HY012 本科 北京市 1997-11-5 女 26					
	13 销售部 HY013 大专 上海市 1998-8-12 男 25					
	14 销售部 HY014 本科 江苏省 2000-4-10 女 23 还有8天生日					
	15 销售部 HY015 硕士 四川省 1993-1-8 男 31					
	16 销售部 HY016 大专 辽宁省 1992-10-23 女 31					
	17 销售部 HY017 本科 福建省 1995-8-19 男 28					
	18 销售部 HY018 大专 贵州省 1988-4-8 女 35 还有6天生日					
	19 销售部 HY019 硕士 四川省 1989-10-28 女 34					
	20 销售部 HY020 本科 重庆市 1990-1-17 男 34					
任务分析	本任务中首先明确"身份证号"包含了籍贯、出生年月日、性别等信息，根据"身份证号"完善"新进员工信息表"相关空白数据列，利用 LEFT 和 VLOOKUP 函数计算"籍贯"数据列；应用 MID 函数自动获取"出生年月日"，应用 IF、MOD、MID 函数判定"性别"列数据；再通过获取到的"出生年月日"，应用 DATEDIF、TEXT、TODAY、YEAR 函数计算"年龄"和"生日提醒"数据列					

📂 知识要点：

➢ 公式的概念

公式是一种用于进行数据计算和分析的工具。公式是对工作表中的数据进行计算的有效操作。

公式以等号（=）开头，后面跟一个表达式。公式的计算结果是数据值。

➢ 公式的组成

公式中的表达式是由常量、单元格引用、函数、运算符和括号构成的。

（1）常量。常量是指直接输入到公式中的数字或文本，如数值"10"或文本"计算机"。

（2）单元格引用。引用某一个单元格或单元格区域中的数据，如 B3 或 A1:D4。

（3）函数。系统提供的函数，如求和函数 SUM(B1:B5)。

（4）运算符。运算符是指连接公式中常量、单元格引用、函数的特定计算符号。

（5）括号。括号可以控制公式中的计算顺序。

➢ 运算符及优先级

（1）算术运算符有+（加）、-（减）、*（乘）、/（除）、^（乘方）和%（百分数）。

（2）比较运算符有=（等于）、>（大于）、<（小于）、>=（大于或等于）、<=（小于或等于）和<>（不等于）。

（3）字符运算符有&。

（4）单元格引用运算符有：（冒号）和，（逗号）。

（5）常见运算符的优先级（从高到低）有-（负号）、%、^、*和/、+和-、&、(=、>、<、>=、<=、<>)。

➢ 单元格引用

Excel 在处理数据时，几乎所有公式都要引用单元格或单元格区域，引用的作用相当于链接，指明公式中使用的数据位置。公式的计算结果取决于被引用的单元格中的值，并随着其值的变化发生相应的变化。在 Excel 中，单元格的引用方式主要有三种，分别是相对引用、绝对引用和混合引用。

1. 相对引用

单元格相对引用的格式：列号行号，如 A1。

如果公式所在单元格的位置改变，引用也随之改变。如果多行或多列复制公式，引用会自动调整。默认情况下，公式中使用相对引用。

2. 绝对引用

单元格绝对引用的格式：$列号$行号，如$A$1。

绝对引用总是引用指定位置的单元格。如果公式所在单元格的位置改变，绝对引用保持不变。如果多行或多列复制公式，绝对引用将不作调整。

3. 混合引用

单元格混合引用的格式：$列号行号（绝对列和相对行）或者是列号$行号（相对列和绝对行），如$A1、A$1。

如果公式所在单元格的位置改变，则相对引用部分改变，而绝对引用部分不变。如果多行或多列复制公式，相对引用自动调整，而绝对引用不作调整。

4．跨工作表引用

如果需要引用同一工作簿中其他工作表上的单元格的数据，需要在单元格前加上工作表的名称和感叹号"！"。

引用的格式：=工作表名称!单元格引用。

例如，需要引用工作表名为 Sheet1 中 A2 单元格，则输入的公式为"= Sheet1!$A$2"。

> 使用函数计算

1．函数的组成与使用

函数一般由函数名和用括号括起来的一组参数构成，其一般格式如下：

<函数名>(参数 1,参数 2,参数 3 …)

函数名确定要执行的运算类型，参数则指定参与运算的数据。当有两个或两个以上的参数时，参数之间使用半角逗号（,）分隔，有时需要使用半角冒号（:）分隔。常见的参数有数值、字符串、逻辑值和单元格引用。函数还可嵌套使用，即一个函数可以作为另一个函数的参数。有些函数没有参数，例如返回系统当前日期的函数 TODAY()。

函数的返回值（运算结果）可以是数值、字符串、逻辑值、错误值等。

2．输入和选用函数

（1）在编辑框中手工输入函数。

（2）在"常用函数"列表框中选择函数。

（3）在"插入函数"对话框中选择函数。

3．相关函数的功能与格式

（1）LEFT 函数。

语法格式：LEFT(text,[num_chars])。

函数功能：返回文本字符串中第一个字符或前几个字符。

参数说明：text 指要提取文本的字符串；num_chars 指定从左提取字符的数量。如果省略 num_chars，则其值为 1。

（2）MID 函数。

语法格式：MID(text,start_num,num_chars)。

函数功能：返回文本字符串中从指定位置开始的指定数目的字符。

参数说明：text 指要提取的文本字符串；start_num 指文本中要提取的第一个字符的位置；num_chars 指定从文本中提取字符的个数。

（3）RIGHT 函数。

语法格式：RIGHT(text,num_chars)。

函数功能：返回文本字符串中最后一个或多个字符。

参数说明：text 指要提取的文本字符串；num_chars 指定从右提取的字符的数量，如果省略，其值为 1。

（4）MOD 函数。

语法格式：MOD(number,divisor)。

函数功能：返回两数相除的余数。

参数说明：参数 number 是被除数，divisor 为除数。结果的正负号与除数相同。如果参数 divisor 为 0，将会导致错误返回值"#DIV/0!"。

（5）VALUE 函数。

语法格式：VALUE(text)。

函数功能：将代表数字的文本字符串转换成数字。

参数说明：VALUE 函数只有一个参数 text，表示需要转换成数值格式的文本。text 参数可以用双引号直接引用文本，也可以引用其他单元格中的文本。

（6）IF 逻辑函数。

语法格式：IF(logical_test，value_if_true，value_if_false)。

函数功能：判断是否满足某个条件，如果满足返回一个值，如果不满足则返回另一个值。

参数说明：logical_test 指逻辑表达式。逻辑表达式的结果可能是 TRUE（真）或 FALSE（假）。value_if_true 指当 logical_test 逻辑表达式为 TRUE（真）时，函数的返回值。value_if_false 指当 logical_test 逻辑表达式为 FALSE（假）时，函数的返回值。

（7）TODAY 函数。

语法格式：TODAY()。

函数功能：返回当前的日期。

（8）YEAR 函数。

语法格式：YEAR(serial_number)。

函数功能：serial_number 为一个日期值，返回其中包含的年份。

（9）DATEDIF 函数。

语法格式：DATEDIF(start_date,end_date,unit)。

函数功能：计算两个日期之间相隔的天数、月数或年数。

（10）VLOOKUP 函数。

VLOOKUP 函数是个频繁使用的函数，可以进行灵活的查询操作。

语法格式：VLOOKUP(lookup_value,table_array,col_index_num,range_lookup)。

函数功能：在指定的单元格区域中查找值，返回该值同一行的指定列中所对应的值。

参数说明：lookup_value 指需要在查找范围第一列中查找的数值，这个值可以是常数也可以是单元格引用。如果这个值不在第一列中，则函数返回错误。table_array 指函数的查找范围，应该是大于两列的单元格区域。第一列中的值对应 lookup_value 要搜索的值，这些值可以是文本、数字或逻辑值。col_index_num 指查询表中待返回匹配值的列序号，是一个数字，该数字表示函数最终返回的内容在查找范围区域的第几列。range_lookup 指定是精确匹配值或是近似匹配值。如果为 TRUE 或省略，则返回近似匹配值；如果为 FALSE 或 0，则返回精确匹配值。

实施方案：

步骤一　应用 LEFT 和 VLOOKUP 函数提取"员工信息表"中"籍贯"列数据

身份证号的前两位代表的每个人出生籍贯信息，因此应用 LEFT 函数在文本单元格"身份证号"中提取前两位代表"籍贯"的文本代码，然后通过 VALUE 函数把文本代码转换为数字，最后通过 VLOOKUP 函数根据"籍贯"代码查找"行政代码参数"表中的"籍贯"信息所在列的值。步骤如下。

打开"行政代码参数"表和"员工信息表"，将光标插入点定位在单元格 G3 内，在 G3 单元格中或编辑框中输入计算公式"=VLOOKUP(VALUE(LEFT(F3,2)),行政代码参数!$A$1:$B$22,2,FALSE)"，如图 2-35 所示，然后按 Enter 键或 Tab 键确认，也可以在"编辑栏"单击✓按钮确认，最后拖动填充柄向下填充到 G20 单元格，"籍贯"列的数据就提取完毕了。

	B	C	D	E	F	G	H	I	J
1					XX公司销售部新进员工信息表				
2	所在部门	工号	姓名	学历	身份证号	籍贯	出生年月日	性别	年龄
3	销售部	HY001				=VLOOKUP(VALUE(LEFT(F3,2)),行政代码参数!$A$1:$B$22,2,FALSE)			

图 2-35　提取籍贯数据

步骤二　提取"出生年月日"

应用 MID 函数分别从"身份证信息"中分别提取代表出生"年""月""日"的代码数据，然后再应用 DATE 函数将提取文本字符转换为日期格式。步骤如下。

将光标插入点定位在单元格 H3 中，在 H3 单元格中或编辑框中输入计算公式"=DATE(MID(F3,7,4),MID(F3,11,2),MID(F3,13,2))"，然后按 Enter 键或 Tab 键确认，也可以在"编辑栏"单击✓按钮确认，最后拖动填充柄向下填充到 H20 单元格，"出生年月日"列的数据提取完毕，效果如图 2-36 所示。

	A	B	C	D	E	F	G	H
1						XX公司销售部新进员工信息表		
2	序号	所在部门	工号	姓名	学历	身份证号	籍贯	出生年月日
3	1	销售部	HY001		本科	19880118	四川省	1988-1-18
4	2	人事部	HY002		本科	19950215	河南省	1995-2-15
5	3	销售部	HY003		大专	19870109	上海市	1987-1-9
6	4	销售部	HY004		大专	19961213	江苏省	1996-12-13
7	5	销售部	HY005		本科	19880108	河南省	1988-1-8

图 2-36　提取出生年月日数据

步骤三　判定"性别"

应用 MID 函数分别从"身份证信息"中提取代表"性别"的代码数据，然后用 MOD 函数来判断"性别"代码的奇偶性，最后通过 IF 函数通过"性别"代码的奇偶性判定"性别"，奇数为返回值"男"，否则返回值"女"。步骤如下。

将光标插入点定位在单元格 I3 中，在 I3 单元格中或编辑框中输入计算公式"=IF(MOD(MID(F3,17,1),2),"男","女")"，然后按 Enter 键或 Tab 键确认，也可以在"编辑栏"单击✓按钮确认，最后拖动填充柄向下填充到 I20 单元格，"性别"列的数据提取完毕，效果如图 2-37 所示。

单元2 Excel实用技能 101

	A	B	C	D	E	F	G	H	I
1	XX公司销售部新进员工信息表									
2	序号	所在部门	工号	姓名	学历	身份证号	籍贯	出生年月日	性别
3	1	销售部	HY001		本科	57	四川省	1988-1-18	男
4	2	人事部	HY002		本科	36	河南省	1995-2-15	男
5	3	销售部	HY003		大专	26	上海市	1987-1-9	女
6	4	销售部	HY004		大专	5X	江苏省	1996-12-13	男
7	5	销售部	HY005		本科	2X	河南省	1988-1-8	女

图 2-37 提取性别数据

步骤四　计算"年龄"和"生日提醒"数据

通过前面的计算已经知道了"出生年月日"，用 DATEIF 函数计算员工的"年龄"，并且自动更新，把"出生年月日"作为"开始日期"。用 TODAY 函数获取"当前的日期"作为"结束日期"，返回参数"Y"代表一段时间内的整年份。同时，应用 DATEIF 函数可以设置生日提醒功能，生日过后自动取消。需要注意的是，出生日期必须包含月份和日期，否则不能精确到提前几天的提醒功能。直接应用 DATEIF 函数步骤如下。

（1）根据提取的"出生年月日"数据，利用 DATEDIF 函数计算"年龄"，将光标插入点定位在单元格 J3 中，在 J3 单元格中或编辑框中输入公式"=DATEDIF(H3,TODAY(),"Y")"，如图 2-38 所示，然后按 Enter 键或 Tab 键确认，也可以在"编辑栏"单击✓按钮确认，最后拖动填充柄向下填充到 J20 单元格，"年龄"列数据计算完毕。

	A	B	C	D	E	F	G	H	I	J	K
1	XX公司销售部新进员工信息表											
2	序号	所在部门	工号	姓名	学历	身份证号	籍贯	出生年月日	性别	年龄	生日提醒
3	1	销售部	HY001		本科		四川省	1988-		=DATEDIF(H3,TODAY(),"Y")	

图 2-38 自动计算年龄

（2）将光标插入点定位在单元格 K3 中，在 K3 单元格中或编辑框中输入公式"=TEXT(10-DATEDIF(H3-10,TODAY(),"yd"),"还有 0 天生日;;今天生日")"，该公式表示的意思是 DATEIF 函数的计算结果大于 0 的，显示为"还有 N 天生日"；小于 0 的不显示；等于 0 的显示为"今天生日"。TEXT 函数的作用是将结果以文本的形式显示出来。然后按 Enter 键或 Tab 键确认，也可以在"编辑栏"单击✓按钮确认，最后拖动填充柄向下填充到 K20 单元格，"生日提醒"列数据计算完毕，如图 2-39 所示。

	A	B	C	D	E	F	G	H	I	J	K
1	XX公司销售部新进员工信息表											
2	序号	所在部门	工号	姓名	学历	身份证号	籍贯	出生年月日	性别	年龄	生日提醒
3	1	销售部	HY001		本科		四川省	1988-1-18	男	36	
4	2	人事部	HY002		本科		河南省	1995-2-15	男	29	
5	3	销售部	HY003		大专		上海市	1987-1-9	女	37	
6	4	销售部	HY004		大专		江苏省	1996-12-13	男	28	
7	5	销售部	HY005		本科		河南省	1988-1-8	女	36	
8	6	销售部	HY006		大专		河北省	1995-12-14	男	29	今天生日
9	7	销售部	HY007		本科		福建省	1995-12-21	女	28	还有7天生日

图 2-39 自动计算生日提醒

📂 **任务自评：**

任务名称	销售部员工信息表制作					任务编号		2-8	
任务描述	为了加强对员工信息的管理，做好后勤工作，同时进一步减少数据的录入量，根据"新进员工信息表.xlsx"中"身份证号"，运用 LEFT、MID、RIGHT、TEXT 等相关文本函数自动获取籍贯、出生年月日、性别等数据信息，同时根据"出生年月日"自动计算"年龄"，同时为了方便给员工准备生日礼物，在表格中员工生日前 10 天内显示"生日提醒"					微课讲解		销售部员工信息表制作	
任务评价	任务中各步骤完成度/%						综合素养		
	步骤	100	99～90	89～80	79～70	69～60	59～0	A	B	C	D
	步骤一										
	步骤二										
	步骤三										
	步骤四										
	填表说明：1. 请在对应单元格打✓；2. 综合素养包括学习态度、学习能力、沟通能力、团队协作等									

📂 **总结与思考：**

_____

_____

_____

任务 2　销售产品数据处理与计算

📂 **任务导语：**

为了方便销售经理每月掌握产品的需求量及产品的销售数据，及时调整产品的采购情况及制作销售方案。按要求完善"产品销售表"，并根据"产品销售表"制作"产品销售情况分类统计"表。

📂 **任务单：**

任务名称	销售产品数据处理与计算	任务编号	2-9
任务描述	为了进一步减少数据的录入量，根据产品名称从"产品信息表.xlsx"中自动查询产品的类别、产品编号、出厂价等数据，补充完善"产品销售表.xlsx"，根据销售数据应用公式和函数完成相应数据的计算、汇总		

续表

任务效果	**XXXX年1月某销售门店产品销售记录表** 	序号	产品名称	产品编号	产品类别	出厂价/(元/件)	实际售价/(元/件)	销售数量/件	销售总价/元	销售利润/元
---	---	---	---	---	---	---	---	---
1	A0	B01	毛衣	210	278	56	15568	3808
2	A1	B02	毛衣	175	240	45	10800	2925
3	A2	B03	毛衣	135	260	80	20800	10000
4	A3	B04	毛衣	130	200	78	15600	5460
5	B0	P03	裤子	148	220	140	30800	10080
6	B1	P02	裤子	135	218	236	51448	19588
7	B2	P01	裤子	128	268	450	120600	63000
8	C0	J04	羽绒服	188	299	268	80132	29748
9	C1	J02	羽绒服	150	229	89	20381	7031
10	C2	J01	羽绒服	196	480	123	59040	34932
11	D0	R03	羊毛大衣	175	399	148	59052	33152
12	D1	R01	羊毛大衣	167	369	68	25092	13736
13	C3	J03	羽绒服	189	469	148	69412	41440
14	B1	P02	裤子	135	198	90	17820	5670
15	E0	S01	西装	225	498	378	188244	103194
16	F1	Z02	连衣裙	185	380	580	220400	113100
17	F0	Z01	连衣裙	165	320	160	51200	24800
18	F1	Z02	连衣裙	185	399	68	27132	14552
			最高值	225	498	580	220400	113100
			最低值	128	198	45	10800	2925
			平均值	168	318	178	60196	29790
			合计			3205	1083521	536216 | **产品销售情况分类统计** | 产品类别	产品数/种	销售数量/件	销售总价/元	销售利润/元
---	---	---	---	---
毛衣	4	259	62768	22193
裤子	4	916	220668	98338
羽绒服	4	628	228965	113151
羊毛大衣	2	216	84144	46888
西装	1	378	188244	103194
连衣裙	3	808	298732	152452
合计	18	3205	1083521	536216	
任务分析	本任务中完善"产品销售表"时需要根据产品名称自动查询产品类别、产品编号、出厂价等数据，应用 VLOOKUP 函数实现，应用公式计算：销售总价=销售单价*销售数量，销售利润=(销售单价-出厂价)*销售数量；利用自动求和计算出厂价、实际售价、销售数量、销售总价、销售利润的最高值、最低值、平均值与合计值（也可用 SUM、MAX、MIN）、AVERAGE 函数计算）。根据"销售产品表"完成"产品销售情况分类统计"表，可应用 COUNTIF 计算各类产品数；应用 SUMIF 函数计算分类产品的销售数量、销售总价、销售利润；应用求和函数 SUM 计算合计项值

📂 知识要点：

➤ 自动计算

Excel 中的自动计算是指通过 Excel 功能区，使数据能够自动进行计算，而不是手动输入结果。操作步骤如下。

（1）在"开始"选项卡→"编辑"工作组→"自动求和"中，可以对指定或默认区域的数据进行求和运算。

（2）单击"自动求和"下拉按钮，在弹出的下拉列表中包括多个自动计算命令，如图 2-40 所示。

常用函数的功能与格式如下。

（1）SUM 函数。

语法格式：SUM(number1,number2,...)。

函数功能：返回参数中所有数字之和。

参数说明：如果参数是一个数组或引用，则只计算其中的数

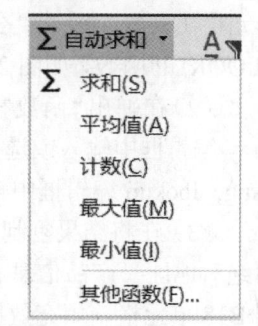

图 2-40 "自动求和"按钮

字，空白单元格、逻辑值或文本将被忽略。

（2）AVERAGE 函数。

语法格式：AVERAGE(number1,number2,...)。

函数功能：返回参数的算术平均值。

参数说明：如果参数是一个数组或引用，则只计算其中的数字，空白单元格、逻辑值或文本将被忽略。

（3）MAX 函数。

语法格式：MAX(number1,number2,...)。

函数功能：返回参数列表中的最大值。

（4）MIN 函数。

语法格式：MIN (number1,number2,...)。

函数功能：返回参数列表中的最小值。

（5）COUNTIF 函数。

语法格式：COUNTIF(range,criteria)。

函数功能：对指定区域中符合指定条件的单元格计数。

参数说明：range 指要计算其中非空单元格数目的区域；criteria 指以数字、表达式或文本形式定义的条件。

（6）SUMIF 函数。

语法格式：SUMIF(range,criteria,sum_range)。

函数功能：对指定区域中满足条件的单元格求和。

参数说明：range 为条件区域，用于条件判断的单元格区域；criteria 是求和条件，由数字、逻辑表达式等组成的判定条件；sum_range 为实际求和区域，需要求和的单元格、区域或引用。

📂 实施方案：

步骤一　应用 VLOOKUP 函数跨表查询补充完整 "产品销售表"

产品信息表中包含了产品名称、编号、类别、出厂价，产品销售表中有产品名称，因此通过 VLOOKUP 函数根据 "产品名称" 查找产品信息表中对应的产品编号、类别、出厂价，补全产品销售表数据信息。函数的输入可以通过在编辑框中手动输入，也可以通过 "插入函数" 对话框中输入编辑。本题以 "插入函数" 对话框输入为例，步骤如下。

（1）打开 "产品销售表" 和 "产品信息表"，光标定位到 "产品销售表" 要查找编号的单元格 C3 内，通过 "公式" → "插入函数"，打开 "插入函数" 对话框，选择 "全部" 类中 VLOOKUP 函数，如图 2-41 所示，"全部" 类中包含 Excel 中的所有函数，并按字母顺序排列。

（2）在弹出 "函数参数" 对话框中，在 Lookup_value 编辑框中输入或选择 "B3"，在 Table_array 编辑框中输入或选择 "产品信息表!A2:D20"，在 Col_index_num 编辑框中输入 "3"，在 Range_lookup 编辑框中输入 "FALSE" (表示精确匹配)，如图 2-42 所示，单击 "确定" 按钮。

（3）在将结果复制到其余单元格前，将上面函数中第二个参数 Table_array 的范围地址改为绝对地址 "产品信息表!$A$2:$D$20"，表示查询范围不随复制改变。拖动填充柄向下填充到 B18 单元格，填充效果如图 2-43 所示。

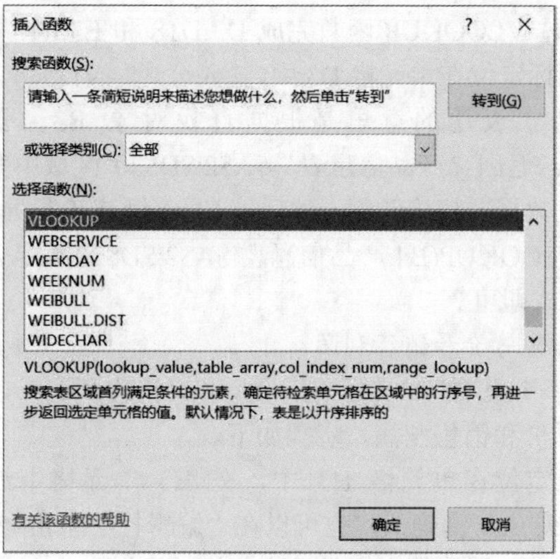

图 2-41 "插入函数"对话框

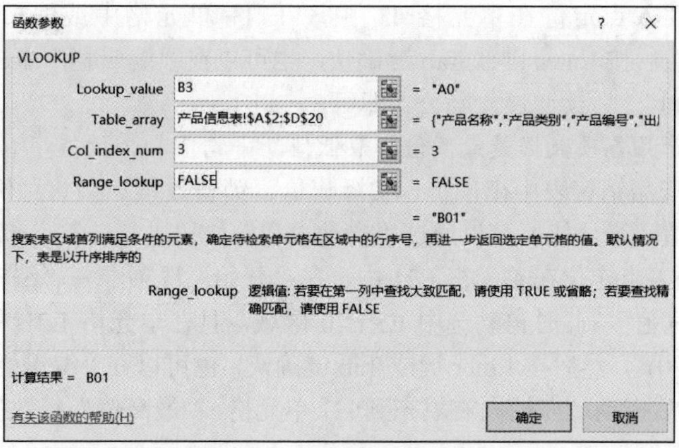

图 2-42 应用 VLOOKUP 函数

序号	产品名称	产品编号	产品类别	出厂价/(元/件)
1	A0	B01	毛衣	210
2	A1	B02	毛衣	175
3	A2	B03	毛衣	135
4	A3	B04	毛衣	130
5	B0	P03	裤子	148
6	B1	P02	裤子	135
7	B2	P01	裤子	128
8	C0	J04	羽绒服	188
9	C1	J02	羽绒服	150
10	C2	J01	羽绒服	196
11	D0	R03	羊毛大衣	175
12	D1	R01	羊毛大衣	167
13	C3	J03	羽绒服	189
14	B1	P02	裤子	135
15	E0	S01	西装	225
16	F1	Z02	连衣裙	185
17	F0	Z01	连衣裙	165
18	F1	Z02	连衣裙	185

图 2-43 填充效果

（4）以此类推，通过 VLOOKUP 函数完成 D3:D18 和 E3:E18 数据的查询填充，填充效果如图 2-43 所示。或将光标定位在单元格 D3 中，输入公式"=VLOOKUP(B3,产品信息表!$A$2:$D$20,2,FALSE)"，该公式表达的意思是根据查找对象 B3，到查询区域"产品信息表!$A$2:$D$20"中查找，返回"产品信息表" $A$2:$D$20 区域中第 2 列数据，即"产品类别"，而 FALSE 表示查找数据要精确匹配，然后按 Enter 键或 Tab 键确认；将光标定位在单元格 E3 中，输入公式"=VLOOKUP(B4,产品信息表!$A$2:$D$20,4,FALSE)"，然后按 Enter 键或 Tab 键确认。后续复制公式即可。

步骤二　计算产品销售总价和销售利润

根据公式"销售总价=销售数量*实际销售价"和"销售利润=（实际销售价-出厂价）*数量"分别计算产品销售总价和销售利润。步骤如下。

（1）将光标插入点定位在单元格 H3 中，在 H3 单元格中或编辑框中输入计算公式"=F3*G3"，按 Enter 键或 Tab 键确认，也可以在"编辑栏"单击✔按钮确认，单元格 H3 中将显示计算结果为"15176"，即计算出产品销售总价。复制公式，完成 H4:H20 的区域"销售总价"数据的计算。

（2）将光标插入点定位在单元格 I3 中，在 I3 单元格中或编辑框中输入计算公式"=(F3-E3)*G3"，然后按 Enter 键或 Tab 键确认，也可以在"编辑栏"单击✔按钮确认，即计算出产品"销售利润"。后续通过复制公式即可。

步骤三　计算产品各项数据是最高值、最低值、平均值和合计值

方法一：计算产品销售表中出厂价、实际售价、销售数量、销售总价、销售利润的最高值、最低值、平均值和合计值，可以通过"自动求和"按钮进行计算，步骤如下。

（1）将光标插入点定位在单元格 E21 中，在"开始"选项卡→"编辑"工作组→"自动求和"按钮→"最大值"，此时自动选中 E3:E20 区域，且在单元格 E21 和编辑框中显示计算公式"=MAX(E3:E20)"，然后按 Enter 键或 Tab 键确认，也可以在"编辑栏"单击✔按钮确认，如图 2-44 所示。最后拖动填充柄向右填充到 I21 单元格，"最高值"行数据计算完毕。

	A	B	C	D	E
1					XXXX年1月某银
2	序号	产品名称	产品编号	产品类别	出厂价/(元/件)
3	1	A0	B01	毛衣	210
4	2	A1	B02	毛衣	175
5	3	A2	B03	毛衣	135
6	4	A3	B04	毛衣	130
7	5	B0	P03	裤子	148
8	6	B1	P02	裤子	135
9	7	B2	P01	裤子	128
10	8	C0	J04	羽绒服	188
11	9	C1	J02	羽绒服	150
12	10	C2	J01	羽绒服	196
13	11	D0	R03	羊毛大衣	175
14	12	D1	R01	羊毛大衣	167
15	13	C3	J03	羽绒服	189
16	14	B1	P02	裤子	135
17	15	E0	S01	西装	225
18	16	F1	Z02	连衣裙	185
19	17	F0	Z01	连衣裙	165
20	18	F1	Z02	连衣裙	185
21		最高值			=MAX(E3:E20)

图 2-44　应用自动求和完成最大值计算

（2）将光标插入点定位在单元格 E22 中，单击"开始"选项卡→"编辑"工作组→"自动求和"按钮→"最小值"，此时自动选中 E3:E21 区域，调整数据区域为 E3:E20 且在单元格 E22 和编辑框中显示计算公式"=MIN(E3:E20)"，然后按 Enter 键或 Tab 键确认，也可以在"编辑栏"单击✓按钮确认，最后拖动填充柄向右填充到 I22 单元格，"最低值"行数据计算完毕。

（3）将光标插入点定位在单元格 E23 中，参照上述步骤计算"平均值"，此时自动选中 E3:E22 区域，调整数据区域为 E3:E20 且在单元格 E23 和编辑框中显示计算公式"=AVERAGE(E3:E20)"，然后按 Enter 键或 Tab 键确认，也可以在"编辑栏"单击✓按钮确认，最后拖动填充柄向右填充到 I23 单元格，"平均值"行数据计算完毕。

（4）将光标插入点定位在单元格 G24 中，单击"开始"选项卡→"编辑"工作组→"自动求和"按钮，此时自动选中 G3:G23 区域，调整数据区域为 G3:G20 且在单元格 G24 和编辑框中显示计算公式"=SUM(G3:G20)"，然后按 Enter 键或 Tab 键确认，也可以在"编辑栏"单击✓按钮确认，最后拖动填充柄向右填充到 I24 单元格，完成"销售总价"和"销售利润""合计"行数据计算。

方法二：应用 MAX、MIN、AVERAGE、SUM 函数来计算，步骤如下。

（1）将光标插入点定位在单元格 E21 中，在 E21 单元格中或编辑框中输入计算公式"=MAX(E3: E20)"，然后按 Enter 键或 Tab 键确认，也可以在"编辑栏"单击✓按钮确认，最后拖动填充柄向右填充到 I21 单元格，"最高值"行数据计算完毕。

（2）将光标插入点定位在单元格 E22 中，在 E22 单元格中或编辑框中输入计算公式"=MIN(E3: E20)"，然后按 Enter 键或 Tab 键确认，也可以在"编辑栏"单击✓按钮确认，最后拖动填充柄向右填充到 I22 单元格，"最低值"行数据计算完毕。

（3）将光标插入点定位在单元格 E23 中，在 E23 单元格中或编辑框中输入计算公式"=AVERAGE (E3:E20)"，然后按 Enter 键或 Tab 键确认，也可以在"编辑栏"单击✓按钮确认，最后拖动填充柄向右填充到 I23 单元格，"平均值"行数据计算完毕。

（4）将光标插入点定位在单元格 G24 中，在 G24 单元格中或编辑框中输入计算公式"=SUM(G3:G20)"，然后按 Enter 键或 Tab 键确认，也可以在"编辑栏"单击✓按钮确认，最后拖动填充柄向右填充到 I24 单元格，完成"销售总价""销售利润""合计"行数据计算。

步骤四　计算"产品销售情况分类统计"表相关数据值

根据"产品销售记录表"，应用单一条件计数函数 COUNTIF 和单一条件求和函数 SUNMIF，按照"产品类别"完成"产品销售情况的分类统计"表中"产品数""销售数量""销售总价""销售利润""合计值"的计算，步骤如下。

（1）将光标插入点定位在单元格 L4 中，在 L4 单元格中或编辑框中输入计算公式"=COUNTIF($D$3:$D$20,K4)"，然后按 Enter 键或 Tab 键确认，也可以在"编辑栏"单击✓按钮确认，如图 2-45 所示，最后拖动填充柄向下填充到 L9 单元格，"产品数"列数据计算完毕。该公式表示的意思是根据产品类别 K4 计算"产品销售记录表"中数据区域 D3:D20 包含 K4 这类产品的数量，在 D3:D20 行标列标前添加为绝对引用"$"符号，表示针对任何一类产品，统计计算数据的区域都是不变的，是绝对地址引用。

产品销售情况分类统计				
产品类别	产品数/种	销售数量/件	销售总价/元	销售利润/元
毛衣	=COUNTIF($D$3:$D$20,K4)			
裤子				
羽绒服				
羊毛大衣				
西装				
连衣裙				
合计				

图 2-45 应用 COUNTIF()函数完成单一条件计数

（2）将光标插入点定位在单元格 M4 中，在 M4 单元格中或编辑框中输入计算函数"=SUMIF($D$3:$D$20,K4,$G$3:$G$20)"，然后按 Enter 键或 Tab 键确认，也可以在"编辑栏"单击✓按钮确认，如图 2-46 所示，最后拖动填充柄向下填充到 M9 单元格，"销售数量"列数据计算完毕。该公式表示的意思是根据产品类别 K4 条件确定"产品销售记录表"中计算数据区域 D3:D20，返回实际求和单元格区域 G3:G20 的值，D3:D20 和 G3:G20 行标列标前添加为绝对引用"$"符号，表示针对任何一类产品，统计计算数据的区域都是不变的，实际求和单元格也是不变的，表示绝对地址引用。

产品销售情况分类统计				
产品类别	产品数/种	销售数量/件	销售总价/元	销售利润/元
毛衣		=SUMIF($D$3:$D$20,K4,$G$3:$G$20)		
裤子	4			
羽绒服	4			
羊毛大衣	2			
西装	1			
连衣裙	3			
合计				

图 2-46 应用 SUMIF 函数完成单条件求和

（3）将光标插入点定位在单元格 N4 中，在 N4 单元格中或编辑框中输入计算函数"=SUMIF ($D$3:$D$20,K4,$H$3:$H$20)"，然后按 Enter 键或 Tab 键确认，也可以在"编辑栏"单击✓按钮确认，最后拖动填充柄向下填充到 N9 单元格，"销售总价"列数据计算完毕。

（4）将光标插入点定位在单元格 O4 中，在 O4 单元格中或编辑框中输入计算函数"=SUMIF ($D$3:$D$20,K4,$I$3:$I$20)"，然后按 Enter 键或 Tab 键确认，也可以在"编辑栏"单击✓按钮确认，最后拖动填充柄向下填充到 O9 单元格，"销售利润"列数据计算完毕。

（5）将光标插入点定位在单元格 L10 中，在 L10 单元格中或编辑框中输入计算公式"=SUM(L4:L9)"，然后按 Enter 键或 Tab 键确认，也可以在"编辑栏"单击✓按钮确认，最后拖动填充柄向右填充到 O10 单元格，完成"合计"行数据计算，效果如图 2-47 所示。

产品销售情况分类统计				
产品类别	产品数/种	销售数量/件	销售总价/元	销售利润/元
毛衣	4	259	62768	22193
裤子	4	916	220668	98338
羽绒服	4	628	228965	113151
羊毛大衣	2	216	84144	46888
西装	1	378	188244	103194
连衣裙	3	808	298732	152452
合计	18	3205	1083521	536216

图 2-47 产品销售情况分类统计效果图

📂 **任务自评：**

任务名称	销售产品数据处理与计算					任务编号		2-9	
任务描述	为了进一步减少数据的录入量，根据产品名称从"产品信息表.xlsx"中自动查询产品的类别、产品编号、出厂价等数据，补充完善"产品销售表.xlsx"，根据销售数据应用公式和函数完成相应数据的计算、汇总					微课讲解		销售产品数据处理与计算	
任务评价	任务中各步骤完成度/%					综合素养			
	步骤	100	99~90	89~80	79~70	69~60	59~0	A	B	C	D
	步骤一										
	步骤二										
	步骤三										
	步骤四										
	填表说明：1. 请在对应单元格打✓；2. 综合素养包括学习态度、学习能力、沟通能力、团队协作等										

📂 **总结与思考：**

任务 3 销售业绩的统计分析

📂 **任务导语：**

为了方便销售经理掌握所辖地区每位销售人员的销售业绩，做好销售人员销售任务安排、调整，要求销售文员根据"销售订单记录表"完成"销售人员业绩完成统计分析"表。

📂 **任务单：**

任务名称	销售业绩的统计分析	任务编号	2-10
任务描述	根据"销售订单记录表"完成"销售人员业绩完成统计分析"表中销售人员在 2024 年 2 月 1—29 日中每天的"销售订单数""销售累计量""销售累计额"自动更新，同时根据"销售累计额"对销售人员进行排名，根据每位销售人员的"目标销售额"和"累计销售额"计算任务"完成比例"		

任务效果	销售人员业绩完成统计分析						
	开始日期：	2024-2-1		结束日期：	2024-2-28		
	销售员	目标销售额/元	销售订单数/次	销售累计量/件	销售累计额/元	销售累计额排名	完成比例
	赵文文	60000	12	179	62721	1	104.54%
	刘晓宇	60000	10	128	60337	2	100.56%
	魏梅	40000	11	104	38095	4	95.24%
	李海	58000	9	177	57580	3	99.28%
任务分析	本任务中在计算前先对表格样式进行调整，套用表格样式组"表样式中等深浅13"；计算"销售订单数"中应用COUNTIFS函数；计算"销售累积量""销售累计额"应用SUMIFS函数；计算"销售累计额排名"应用RANK函数；计算"完成比例=销售累计额/目标销售额"，注意公式与函数对绝对地址和相对地址的混合使用						

📂 知识要点：

➢ 函数

（1）COUNTIFS函数。

语法格式：COUNTIFS(criteria_range1,criteria1,[criteria_range2,criteria2]…)。

函数功能：计算多个区域中满足给定条件的单元格的个数。

参数说明：criteria_range1（必须）指其中计算关联条件的第一个区域；criteria1（必须）条件的形式为数字、表达式、单元格引用或文本，它定义了要计数的单元格范围；criteria_range2, criteria2, …（可选）附加的区域及其关联条件，最多允许127个区域/条件对。

（2）SUMIFS函数。

语法格式：SUMIFS(sum_range,criteria_range1,criteria1,[criteria_range2,criteria2],...)。

函数功能：用于计算其满足多个条件的全部参数的总量。

参数说明：sum_range（必须）指要求和的单元格区域；criteria_range1（必须）使用criteria1测试的区域。criteria_range1和criteria1设置用于搜索某个区域是否符合特定条件的搜索对。一旦在该区域中找到了项，将计算sum_range中的相应值的和。criteria_range2, criteria2, …（可选）附加的区域及其关联条件，最多可以输入127个区域/条件对。

（3）RANK函数。

语法格式：RANK(number,ref,[order])。

函数功能：返回一个数字在数字列表中的排位顺序。

参数说明：number指需要排位的数字或单元格；ref指数字列表数组或对数字列表的引用，是一个数组或单元格区域，用来说明排位的范围，其中的非数值型参数将被忽略。order指明排位的方式，为0或者省略时，对数字的排位是基于降序排列的列表；不为0时，对数字的排位是基于升序排列的列表。

📂 实施方案：

步骤一 设定表格样式

在Excel表格中，每列数据的计算都在首项数据应用公式后，通过手动复制公式来计算，为了能更加方便快捷地进行自动复制公式并完成计算，可以在输入公式之前利用"套用表格格式"即可实现，本任务先设置套用表格样式。步骤如下：

选定表格区域 K3:Q7，单击"开始"选项卡→"样式组"工作组→"套用表格格式"按钮，选择"表样式中等深浅 13"，即完成表格样式的套用。

步骤二　计算"销售订单数"

为了统计每位销售人员在二月份的销售订单数，应用多条件计数函数 COUNTIFS()来计算。步骤如下：将光标插入点定位在单元格 M4 中，在 M4 单元格中或编辑框中输入计算函数"=COUNTIFS($D$3:$D$44,[@销售员],$B$3:$B$44,">="&$L$2,$B$3:$B$44,"<="&$P$2)"，然后按 Enter 键或 Tab 键确认，也可以在"编辑栏"单击✔按钮确认，如图 2-48 所示，即完成单元格 M4:M7 数据区域"销售订单数"的统计。该公式表示的意思是统计满足"销售员"，且"销售日期"在 2024 年 2 月 1—29 日的销售订单数。

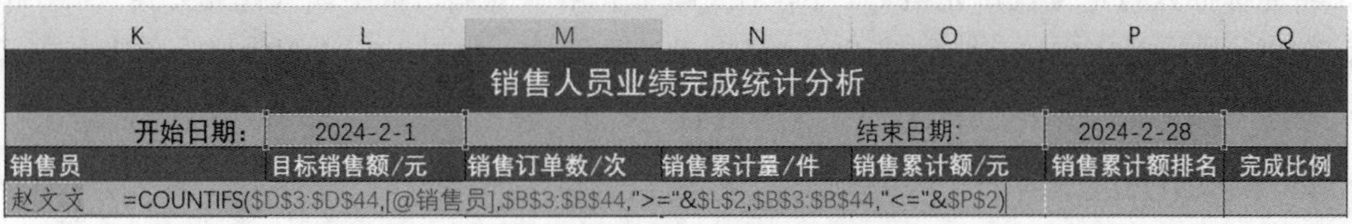

图 2-48　COUNTIFS 函数应用

步骤三　计算"销售累积量"

为了统计每位销售人员在二月份的销售累计量，应用多条件求和函数 SUMIFS 来计算。步骤如下：将光标插入点定位在单元格 N4 中，在 N4 单元格中或编辑框中输入计算函数"=SUMIFS($G$3:$G$44,$D$3:$D$44,[@销售员],$B$3:$B$44,">="&$L$2,$B$3:$B$44,"<="&$P$2)"，然后按 Enter 键或 Tab 键确认，也可以在"编辑栏"单击✔按钮确认，如图 2-49 所示，即完成单元格 N4:N7 数据区域"销售累计量"计算。该公式表示的意思是统计满足"销售员"，且"销售日期"在 2024 年 2 月 1—29 日的销售累计量。

图 2-49　SUMIFS 函数应用

步骤四　计算"销售累积额"

应用多条件求和函数 SUMIFS 来计算每位销售人员在二月份的销售累计额。步骤如下：将光标插入点定位在单元格 O4 中，在 O4 单元格中或编辑框中输入计算函数"=SUMIFS($I$3:$I$44,$D$3:$D$44,[@销售员],$B$3:$B$44,">="&$L$2,$B$3:$B$44,"<="&$P$2)"，然后按 Enter 键或 Tab 键确认，也可以在"编辑栏"单击✔按钮确认，即完成单元格 O4:O7 数据区域"销售累积额"计算。

步骤五　计算"销售累积额排名"

根据"销售累计额"对销售人员的业绩完成情况进行排名，应用 RANK 函数。步骤如下：将光标插入点定位在单元格 P4 中，在 P4 单元格中或编辑框中输入计算函数"=RANK([@销售累计额],[销售累计额],0)"，然后按 Enter 键或 Tab 键确认，也可以在"编辑栏"单击✔按钮确认，如图 2-50 所示，即完成单元格 P4:P7 数据区域"销售累计额排名"计算。

	K	L	M	N	O	P	Q	R
	\multicolumn{7}{c	}{销售人员业绩完成统计分析}	
	开始日期	2024-2-1			结束日期	2024-2-28		
	销售员	目标销售额/元	销售订单数/次	销售累计量/件	销售累计额/元	销售累计额排名	完成比例	
	赵文文	60000	12	179	=RANK([@销售累计额（元）],[销售累计额（元）],0)			
	刘晓宇	60000	10	128	60337			
	魏梅	40000	11	104	38095			
	李海	58000	9	177	57580			

图 2-50　RANK 函数应用

步骤六　计算"完成比例"

将光标插入点定位在单元格 Q4 中，在 Q4 单元格中或编辑框中输入计算公式"=[@销售累计额]/[@目标销售额]"，然后按 Enter 键或 Tab 键确认，也可以在"编辑栏"单击 ✓ 按钮确认，即完成单元格 Q4:Q7 数据区域"完成比例"计算。

任务自评：

任务名称	\multicolumn{5}{c	}{销售业绩的统计分析}	任务编号	2-10
任务描述	\multicolumn{5}{l	}{根据"销售订单记录表"完成"销售人员业绩完成统计分析"表中销售人员在 2023 年 2 月 1—29 日中每天的"销售订单数""销售累计量""销售累计额"自动更新，同时根据"销售累计额"对销售人员进行排名，根据每位销售人员的"目标销售额"和"累计销售额"计算任务"完成比例"}	微课讲解	销售业绩的统计分析
任务评价	\multicolumn{6}{c	}{任务中各步骤完成度/%}	\multicolumn{3}{c	}{综合素养}
	步骤	100	99~90	89~80	79~70	69~60	59~0	A	B	C	D
	步骤一										
	步骤二										
	步骤三										
	步骤四										
	步骤五										
	步骤六										
\multicolumn{12}{	l	}{填表说明：1. 请在对应单元格打 ✓；2. 综合素养包括学习态度、学习能力、沟通能力、团队协作等}

总结与思考：

任务4 工资计算与工资条制作

任务导语：

为方便销售员工了解每月工资构成及各项福利扣除具体情况，请销售文员按照要求完善"销售部员工工资表"并制作工资条。

任务单：

任务名称	工资计算与工资条制作	任务编号	2-11
任务描述	打开文件"工资计算与工资条制作.xlsx"，根据"个人所得税税率"分别计算"工资表"中每位职工的应发工资、应缴纳的个人所得税和实发工资，其次统计计算实发工资总额、最高实发工资、最低实发工资和平均实发工资，保留两位小数。同时，按要求给每位员工制作工资条		
任务效果	<p>**销售部员工工资表**</p><p>单位：元</p><table><tr><th>序号</th><th>工号</th><th>姓名</th><th>基本工资</th><th>提成</th><th>医社保</th><th>公积金</th><th>请假扣款</th><th>应发工资</th><th>扣税</th><th>实发工资</th></tr><tr><td>1</td><td>DBN001</td><td>李海</td><td>3500</td><td>5800</td><td>280</td><td>175</td><td>50</td><td>8795</td><td>169.50</td><td>8625.50</td></tr><tr><td>2</td><td>DBN002</td><td>张冰</td><td>3000</td><td>1500</td><td>240</td><td>150</td><td>0</td><td>4110</td><td>0.00</td><td>4110.00</td></tr><tr><td>3</td><td>DBN003</td><td>刘波</td><td>4000</td><td>3500</td><td>320</td><td>200</td><td>0</td><td>6980</td><td>59.40</td><td>6920.60</td></tr><tr><td>4</td><td>DBN004</td><td>刘磊</td><td>3800</td><td>8500</td><td>304</td><td>190</td><td>80</td><td>11726</td><td>462.60</td><td>11263.40</td></tr><tr><td>5</td><td>DBN005</td><td>黄飞</td><td>5000</td><td>7800</td><td>400</td><td>250</td><td>0</td><td>12150</td><td>505.00</td><td>11645.00</td></tr><tr><td>6</td><td>DBN006</td><td>杨萌</td><td>3500</td><td>7600</td><td>280</td><td>175</td><td>50</td><td>10595</td><td>349.50</td><td>10245.50</td></tr><tr><td>7</td><td>DBN007</td><td>张浩</td><td>4200</td><td>8000</td><td>336</td><td>210</td><td>120</td><td>11534</td><td>443.40</td><td>11090.60</td></tr><tr><td>8</td><td>DBN008</td><td>赵文文</td><td>3500</td><td>3600</td><td>280</td><td>175</td><td>50</td><td>6595</td><td>47.85</td><td>6547.15</td></tr><tr><td>9</td><td>DBN009</td><td>刘晓宇</td><td>4500</td><td>4900</td><td>360</td><td>225</td><td>50</td><td>8765</td><td>166.50</td><td>8598.50</td></tr><tr><td>10</td><td>DBN010</td><td>魏梅</td><td>5000</td><td>7500</td><td>400</td><td>250</td><td>0</td><td>11850</td><td>475.00</td><td>11375.00</td></tr><tr><td>11</td><td>DBN011</td><td>李海</td><td>3800</td><td>6200</td><td>304</td><td>190</td><td>80</td><td>9426</td><td>232.60</td><td>9193.40</td></tr><tr><td>12</td><td>DBN012</td><td>王鹏</td><td>4200</td><td>5500</td><td>336</td><td>210</td><td>200</td><td>8954</td><td>185.40</td><td>8768.60</td></tr><tr><td>13</td><td>DBN013</td><td>张平</td><td>4000</td><td>8500</td><td>320</td><td>200</td><td>0</td><td>11980</td><td>488.00</td><td>11492.00</td></tr><tr><td colspan="9">合计实发工资</td><td colspan="2">119875.25</td></tr><tr><td colspan="9">最高实发工资</td><td colspan="2">11645.00</td></tr><tr><td colspan="9">最低实发工资</td><td colspan="2">4110.00</td></tr><tr><td colspan="9">平均实发工资</td><td colspan="2">9221.17</td></tr></table><p>工资条样式：</p><table><tr><th></th><th>A</th><th>B</th><th>C</th><th>D</th><th>E</th><th>F</th><th>G</th><th>H</th><th>I</th><th>J</th><th>K</th></tr><tr><td>1</td><td colspan="11">工资条</td></tr><tr><td>2</td><td>序号</td><td>工号</td><td>姓名</td><td>基本工资</td><td>提成</td><td>医社保</td><td>公积金</td><td>请假扣款</td><td>应发工资</td><td>扣税</td><td>实发工资</td></tr><tr><td>3</td><td>1</td><td>DBN001</td><td>李海</td><td>3500</td><td>5800</td><td>280</td><td>175</td><td>50</td><td>8795</td><td>169.5</td><td>8625.5</td></tr><tr><td>4</td></tr><tr><td>5</td><td colspan="11">工资条</td></tr><tr><td>6</td><td>序号</td><td>工号</td><td>姓名</td><td>基本工资</td><td>提成</td><td>医社保</td><td>公积金</td><td>请假扣款</td><td>应发工资</td><td>扣税</td><td>实发工资</td></tr><tr><td>7</td><td>2</td><td>DBN002</td><td>张冰</td><td>3000</td><td>1500</td><td>240</td><td>150</td><td>0</td><td>4110</td><td>0</td><td>4110</td></tr><tr><td>8</td></tr><tr><td>9</td><td colspan="11">工资条</td></tr><tr><td>10</td><td>序号</td><td>工号</td><td>姓名</td><td>基本工资</td><td>提成</td><td>医社保</td><td>公积金</td><td>请假扣款</td><td>应发工资</td><td>扣税</td><td>实发工资</td></tr><tr><td>11</td><td>3</td><td>DBN003</td><td>刘波</td><td>4000</td><td>3500</td><td>320</td><td>200</td><td>0</td><td>6980</td><td>59.4</td><td>6920.6</td></tr><tr><td>12</td></tr></table>	
任务分析	本任务中根据"工资表"中计算"应发工资=基本工资+提成-医社保-公积金-请假扣款"；根据"个人所得税率表"计算"扣税=(应发工资-5000)*税率-速算扣除数"，应用 IF 函数嵌套或 ROUND 函数和 MAX 函数嵌套数组集合求得。其次，在统计实发工资总额、最高实发工资、最低实发工资、平均实发工资时分别应用 SUM、MAX、MIN、AVERAGE 函数；制作工资条时应用到 VLOOKUP、ROUND、CHOOSE、ROW、OFFSET 等函数功能，注意公式与函数的嵌套使用		

📂 **知识要点：**

➢ 数组公式

在 Excel 函数和公式中，数组是指一行、一列或多行、多列的一组数据元素的集合。

1. 数组的类型

常见的数组可以分为常数数组、区域数组等。

（1）常数数组。常数数组是指包含在大括号"{}"内的常量数值。如果是文本类常量必须用英文双引号引起来。例如，{0,60,70,80,90}和{"不及格","及格","中等","良好","优秀"}。

（2）区域数组。区域数组就是单元格区域引用形式。例如，函数 AVERAGE(F2:F5)中的 F2:F5 是区域数组。

2. 数组公式

数组公式需要按下 Ctrl+Shift+Enter 快捷键来完成编辑，系统会自动在数组公式的首尾添加大括号"{}"。可以使用数组公式返回运算结果。

➢ 函数的嵌套输入

当处理的问题比较复杂时，计算数据的公式往往需要使用函数嵌套。嵌套函数是指在函数中使用另一个函数作为参数。

（1）单击编辑栏上的"插入函数"按钮。

（2）在"函数参数"对话框中，将函数作为参数输入。

➢ 常用函数

（1）ROUND 函数。

语法格式：ROUND (number,num_digits)。

函数功能：返回数值四舍五入的结果。

参数说明：参数 number 为要四舍五入的数值；num_digits 为指定保留的小数位数。如果 num_digits 为 0，则取整到最接近的整数。

（2）CHOOSE 函数。

语法格式：CHOOSE(index_num,value1,value2,…)。

函数功能：按照索引值从一组数据中，返回相应位置的数值。

参数说明：index_number 必须在 1～254，可以在公式中直接输入，也可以是公式或单元格引用，若为分数，则在使用之前小数部分会被直接截断；value 参数可以是数字、单元格引用、定义的名称、公式、函数或文本。

（3）ROW 函数。

语法格式：ROW(reference)。

函数功能：返回一个引用的行号。

参数说明：reference 可选，需要得到行号的单元格或单元格区域。如果省略 reference，则默认返回 ROW 函数所在单元格的行数。

（4）OFFSET 函数。

语法格式：OFFSET(reference,rows,cols,height,width)。

函数功能：以指定的参照点，给定行列的偏移量，返回新的引用单元格或区域。

参数说明：reference 是作为参照系的引用区域，reference 必须为对单元格或相连单元格区域的引用，其左上角单元格是偏移量的起始位置。

rows 是相对于引用参照系的左上角单元格要上（下）偏移的行数，该参数为正数代表向下偏移，为负数代表向上偏移。

cols 是相对于引用参照系的左上角单元格要左（右）偏移的列数，该参数为正数代表向右偏移，为负数代表向左偏移。

height 为要返回的新引用区域的行数，该参数为正数代表当前行向下多少行，为负数代表当前行向上多少行。

width 为要返回的新引用区域的列数，该参数为正数代表当前列向右多少列，为负数代表当前列向左多少列。

如果省略 height 或 width，则假定新引用区域的行数或列数与 reference 相同。

实施方案：

步骤一　应用公式计算应发工资

（1）为了方便后续函数公式的自动复制计算，先给"销售部员工工资表"套用表格格式。步骤如下：选定表格区域 A2:K15，单击"开始"选项卡→"样式组"工作组→"套用表格格式"按钮，选择"表样式中等深浅 2"，设置完成表格样式。

（2）根据公式"应发工资=（基本工资+提成）-医社保-公积金-请假扣款"计算"应发工资"，步骤如下。将光标插入点定位在单元格 I3 中，在 I3 单元格中或编辑框中输入计算公式"=(D3+E3)-F3-G3-H3"，然后按 Enter 键或 Tab 键确认，也可以在"编辑栏"单击✓按钮确认，即完成单元格 I3:I15 数据区域计算。

步骤二　应用函数计算扣税额

根据公式"扣税额=（应发工资-5000）*税率-速算扣除数"计算扣税，因为每个人的"应发工资"收入的不同，对应的税率和速算扣除数都是不同的。

方法一：应用 IF 嵌套函数来判定税率和速算扣除数的情况，嵌套 MAX 函数求最大值，以防"应发工资<5000"时"扣税额"是负数情况，返回值"0"，ROUND 函数是对最后取值四舍五入，保留两位小数。步骤如下。

将光标插入点定位在单元格 J3 中，在 J3 单元格中或编辑框中输入函数"=ROUND(MAX(IF((I4-5000)<=3000,(I4-5000)*3%-0,IF((I4-5000)))<=12000, (I4-5000)*10%-210,IF((4-5000)<=25000,(I4-5000)*20%-1410,))),0),2)"然后按 Enter 键或 Tab 键确认，也可以在"编辑栏"单击✓按钮确认，即完成单元格 J3:J15 数据区域"扣税"的计算。此处涉及"税率"在 20%以下，因此 IF 嵌套函数只列举到此，实际工作中可以根据数据情况继续加入 IF 嵌套函数。

方法二：应用数组公式来处理税率和速算扣除数，分别把不同收入对应的"税率"和"速算扣除数"作为一组数组应用到公式计算中，步骤如下。

将光标插入点定位在单元格 J3 中，在 J3 单元格中或编辑框中输入函数"=ROUND(MAX((I3-5000)*{3,10,20,25,30,35,45}*0.01- {0,210,1410,2660,4410,7160,15160},0),2)"，然后按 Enter 键或 Tab 键确认，也可以在"编辑栏"单击✓按钮确认，即完成单元格 J3:J15 数据区域计算。如图 2-51 所示，或输入函数"=ROUND(MAX((I3-5000)*($O$3:$O$9)-$P$3:$P$9,0),2)"，然后按 Ctrl+Shift+Enter 快捷键确认，即完成单元格 J3:J15 数据区域计算。按 Ctrl+Shift+Enter 快捷键，识别$O$3:$O$9 和 $P$3:$P$9 为数据集合。

	A	B	C	D	E	F	G	H	I	J	K	L	M
1					销售部员工工资表						单位：元		
2	序号	工号	姓名	基本工资	提成	医社保	公积金	请假扣款	应发工资	扣税	实发工资		
3	1	DBN001	李海	3500	5800				=ROUND(MAX((I3-5000)*{3,10,20,25,30,35,45}*0.01-{0,210,1410,2660,4410,7160,15160},0),2)				

图 2-51　数据集合在函数中的应用

步骤三　应用公式计算实发工资，统计汇总工资总和

（1）根据公式"实发工资=应发工资-扣税"计算实发工资额：将光标插入点定位在单元格 K3 中，在 K3 单元格中或编辑框中输入计算公式"=I3-J3"，然后按 Enter 键或 Tab 键确认，也可以在"编辑栏"单击✓按钮确认，即完成单元格 K3:K15 数据区域计算。前面套用了表格格式，因此 K3:K15 数据区域公式自动复制计算。

（2）应用求和函数 SUM 计算实发工资总和：将光标插入点定位在单元格 K16 中，在 K16 单元格中或编辑框中输入计算公式"=SUM(K3:K15)"，然后按 Enter 键或 Tab 键确认，也可以在"编辑栏"单击✓按钮确认即计算出"合计实发工资"。

（3）应用求最大值函数 MAX 计算出最高实发工资：将光标插入点定位在单元格 K17 中，在 K16 单元格中或编辑框中输入计算公式"=MAX(K3:K15)"，然后按 Enter 键或 Tab 键确认，也可以在"编辑栏"单击✓按钮确认即计算出"最高实发工资"。

（4）应用求最小值函数 MIN 计算最低实发工资：将光标插入点定位在单元格 K18 中，在 K18 单元格中或编辑框中输入计算公式"=MIN(K3:K15)"，然后按 Enter 键或 Tab 键确认，也可以在"编辑栏"单击✓按钮确认即计算出"最低实发工资"。

（5）应用求平均值函数 AVERGEA 计算平均实发工资：将光标插入点定位在单元格 K19 中，在 K19 单元格中或编辑框中输入计算公式"=AVERGEA(K3:K15)"，然后按 Enter 键或 Tab 键确认，也可以在"编辑栏"单击✓按钮确认即计算出"平均实发工资"。

步骤四　制作工资条

工资条包括工号、姓名、与薪酬有关的各项数据，并且为了方便裁剪，在每个员工的工资条数据之后添加一行。现有的数据表格样式不方便查看，因此根据"销售部员工工资表"制作员工工资条，步骤如下。

方法一：

（1）新建"工资条"工作表。在"工资表"标签右侧单击"+"新建一张工作表，命名为"工资条"，将"工资表"中标题行 A2:K2 复制到"工资条"表格内。插入一行，合并单元格并居中，输入标题"工资条"，在"工资条"工作表中的 A3 单元格输入序号"1"。

（2）用 VLOOKUP 函数查阅"销售部员工工资表"的数据。在"工资条"表格的 B3 单元格中，输入函数"=VLOOKUP(A3,工资表!$A$2:$K$15,2,TRUE)"，接着，在 C3、D3…单元格中分别输入公式，获取姓名、基本工资、提成等数据。

（3）设置第一个员工的工资条样式。在"工资条"工资数据后插入一空行，设置为"无边框"样式，并将第 2 行和第 3 行数据区域设置为"所有框线"样式。选中"工资条"A2:K2，填充颜色"橙色，个性色 2，淡色 60%"。

（4）设置自动填充。选中"工资条"表格的第 1~4 行，将鼠标置于选中区域的右下角位置，当鼠标变为"+"号形状时，按住鼠标不放，向下拖动可填充所有数据行，如图 2-52 所示。

	A	B	C	D	E	F	G	H	I	J	K
1						工资条					
2	序号	工号	姓名	基本工资	提成	医社保	公积金	请假扣款	应发工资	扣税	实发工资
3	1	DBN001	李海	3500	5800	280	175	50	8795	169.5	8625.5
4											

当鼠标在此变成"+"形状时，按住鼠标向下拖动，将按每个员工4行数据自动填充

图 2-52 工资条数据自动填充

方法二：前文应用 VLOOKUP 函数制作工资条，有些数据还需手动复制粘贴才可以，因此可应用 CHOOSE、MOD、ROW、OFFSET 几个函数进行嵌套，从"销售部员工工资表"中完成"工资条"相关数据的查找引用，步骤如下。

（1）新建"工资条"工作表，在"工资表"标签右侧单击"+"新建一张工作表，命名为"工资条"。

（2）将光标插入点定位"工资条"工作表 A1 单元格中，在 A1 单元格中或编辑框中输入计算公式"=CHOOSE(MOD(ROW()3)+1,"",工资表!A$2,OFFSET(工资表!A$2，ROW()/3+1,)，工资表!K$2,OFFSET(工资表!K$2,ROW()/3+1))"。该公式表示的意思是使用 MOD(ROW()3)+1，得到 1 2 3 1 2 3…这样循环的序列号。然后使用 CHOOSE 函数，以此为索引值，依次返回空文本""（空白行）、工资表!A$2（标题起点）、OFFSET(工资表!A$2,ROW()/3+1,)的计算结果、工资表!K$2（标题末尾）和 OFFSET(工资表!K$2,ROW()/3+1)的计算结果。其中 OFFSET(工资表!A$2,ROW()/3+1,)表示以 A2 为基点，公式每下拉三行，引用的行数向下偏移一行，就是引用工资条的具体数据。然后按 Enter 键或 Tab 键确认，也可以在"编辑栏"单击✓按钮确认，在 A1 单元格中出现"序号"，然后按住鼠标左键横向拖动鼠标至 K2 单元格，如图 2-53 所示。

=CHOOSE(MOD(ROW(),3)+1,"",工资表!A$2,OFFSET(工资表!A$2,ROW()/3+1,),工资表!K$2,OFFSET(工资表!K$2,ROW()/3+1,))	工号	姓名	基本工资	提成	医社保	公积金	请假扣款	应发工资	扣税	实发工资
	DBN001	李海	3500	5800	280	175	50	8795	169.5	8625.5

图 2-53 用 OFFSET 函数制作工资条

（3）设置工资条样式。在工资数据后插入一空行，设置为"无边框"样式，并将第一行和第二行数据区域设置为"所有框线"样式。选中 A1:K1，填充颜色"橙色，个性色2，淡色60%"。

（4）选中 A1:K3，按住鼠标左键纵向拖动鼠标至出现最后一位员工的工资数据即可，如图 2-54 所示。

序号	工号	姓名	基本工资	提成	医社保	公积金	请假扣款	应发工资	扣税	实发工资
1	DBN001	李海	3500	5800	280	175	50	8795	169.5	8625.5

序号	工号	姓名	基本工资	提成	医社保	公积金	请假扣款	应发工资	扣税	实发工资
2	DBN002	张冰	3000	1500	240	150	0	4110	0	4110

序号	工号	姓名	基本工资	提成	医社保	公积金	请假扣款	应发工资	扣税	实发工资
3	DBN003	刘波	4000	3500	320	200	0	6980	59.4	6920.6

序号	工号	姓名	基本工资	提成	医社保	公积金	请假扣款	应发工资	扣税	实发工资
4	DBN004	刘磊	3800	8500	304	190	80	11726	462.6	11263.4

序号	工号	姓名	基本工资	提成	医社保	公积金	请假扣款	应发工资	扣税	实发工资
5	DBN005	黄飞	5000	7800	400	250	0	12150	505	11645

序号	工号	姓名	基本工资	提成	医社保	公积金	请假扣款	应发工资	扣税	实发工资
6	DBN006	杨萌	3500	7600	280	175	50	10595	349.5	10245.5

图 2-54 工资条效果图

📂 **任务自评：**

任务名称	工资计算与工资条制作					任务编号	2-11		
任务描述	打开文件"工资计算与工资条制作.xlsx"，根据"个人所得税税率"分别计算"工资表"中每位职工的应发工资、应缴纳的个人所得税和实发工资，其次统计计算实发工资总额、最高实发工资、最低实发工资和平均实发工资，保留两位小数。同时，按要求给每位员工制作工资条					微课讲解			工资计算与工资条制作
任务评价		任务中各步骤完成度/%					综合素养			
	步骤	100	99～90	89～80	79～70	69～60	59～0	A	B	C	D
	步骤一										
	步骤二										
	步骤三										
	步骤四										
	填表说明：1. 请在对应单元格打✓；2. 综合素养包括学习态度、学习能力、沟通能力、团队协作等									

📂 **总结与思考：**

项目 4　Excel 图 表

📂 **项目介绍：**

在本项目中，将通过两个任务分别对 Excel 中静态图表和动态图表的制作及运用知识点进行详细讲解。使大家能根据数据选择恰当的图表类型来直观地表达数据的变化规律，展示数据，用数据说话。

任务 1　销售业绩分析图表制作

📂 **任务导语：**

在半年度工作总结汇报中，为直观展示销售业绩情况，根据"××公司2024年上半年各部门销售业绩统计"表制作相应图表，直观、形象地展现销售业绩数据。

📂 **任务单：**

任务名称	销售业绩分析图表制作	任务编号	2-12
任务描述	根据"××公司2024年上半年各部门销售业绩统计"表制作"每月销售业绩"饼图、"各部门上半年每月销售业绩分析"条形图及"上半年各部门销售业绩统计"柱状图和折线图的组合图，同时按相关要求编辑图表相关元素			
任务效果	（见下方数据及图表）			
任务分析	本任务中首先明确对应图表的数据系列，选中数据区域 B2:G2 和 B7:G7，插入图表"二维饼图"；选中数据区域 A2:G7，插入图表"条形图"和"簇状柱形图与折线图组合图"，并根据要求编辑图表标题、数据标签、图例、数据表、网格线、数据系列、图表区颜色等			

XX公司XXXX年上半年各部门销售业绩统计　单位：元

部门	一月	二月	三月	四月	五月	六月	合计
销售部1	4500	4680	2600	4380	4400	4680	25240
销售部2	3500	3250	2800	3200	3450	3700	19900
销售部3	2800	4800	3000	2500	2850	3400	19350
销售部4	3800	3650	2700	3560	3400	3800	20910
小计	14600	16380	11100	13640	14100	15580	85400

📁 **知识要点：**

➢ 认识图表

图表以图形的形式来显示数据，使人更直观地理解大量数据以及不同数据系列之间的关系。

➢ 图表类型

Excel 提供了标准的图表类型，每一种图表类型又分为各种子类型，可以根据需要选择不同的图表类型来表示数据。常用的图表类型有柱形图、条形图、折线图、饼图、面积图、XY 散点图、股价图、曲面图、气泡图、雷达图、旭日图等。

➢ 图表的构成

图表通常由图表区、绘图区、标题、数据系列、坐标轴、图例、网格线等部分组成。

（1）图表区。图表区是指图表的全部区域，包含所有的数据信息。选中图表区时，将显示图表元素的边框和用于调整图表区大小的控制点。

（2）绘图区。绘图区是指图表区域，是以两个坐标轴为边的矩形区域。选中绘图区时，将显示绘图区的边框和用于调整绘图区大小的控制点。

（3）标题。图表标题显示于绘图区的上方，用于说明图表要表达的主题内容。

（4）数据系列。数据系列是由数据点构成的，每个数据点对应工作表中某个单元格的数据。每个数据系列对应工作表中的一行或一列数据。

（5）坐标轴。坐标轴按照位置分为纵坐标轴和横坐标轴，显示在左侧的是纵坐标轴，显示在底部的是横坐标轴。

（6）图例。图例是用来表示图表中各数据系列的名称，由图例项和图例项标识组成，默认情况下显示在绘图区的右侧。

（7）网格线。网格线是表示坐标轴的刻度线段，方便用户查看数据的具体数值。

➢ 创建图表

（1）"嵌入式图表"与"独立图表"的创建操作基本相同，主要区别在于存放的位置不同。

1）嵌入式图表。图表作为一个对象与其相关的工作表数据存放在同一工作表中。

2）独立图表。它是以工作表的形式插入到工作簿中，与其相关的工作表数据不在同一工作表中。

（2）创建步骤如下所示。

1）选定数据源区域，单击并拖动鼠标选择要包含在图表中的数据范围。确保选择的数据包括列和行标题。数据源可以是连续的，也可以是不连续的。

2）选择"插入"选项卡，在"图表"工作组选择适合数据的图表类型，单击下拉列表，单击所需类型，图表自动插入至在当前工作表的中心位置。

➢ 图表的编辑

生成图表以后，根据实际需要可以对图表中的内容或格式进行修改或调整。Excel 对生成的图表提供了图表工具，包含"设计"和"格式"两个选项卡供用户对生成的图表进行编辑。

（1）图表工具"设计"选项卡下各工作组提供了对图表布局、图表样式、数据、类型及位置修改的选项，如图 2-55 所示。

图 2-55 图表工具"设计"选项卡

1)"图表布局"工作组。添加图表元素:设置"图表标题""坐标轴标题""图例""数据标签"等图表对象是否显示、显示时的位置及格式。快速布局:用于选择模板快速设置图表各元素,如标题、图表、图例等的位置布局。

2)"图表样式"工作组。用于快速从模板中选择图表样式。

3)"数据"工作组。切换行/列:切换图表数据系列产生在行还是列。选择数据:更改图表中包含的数据区域。

4)"类型"工作组。提供了对当前所选图表类型的"更改图表类型"功能。

5)"位置"工作组。通过"移动图表"按钮将图表移动到其他工作表。

(2)"格式"选项卡用于设置图表中的所有对象,如文字、边框、填充背景等的格式、排列方式与尺寸等,如图 2-56 所示。

图 2-56 图表工具"格式"选项卡

操作方法如下:单击选定图表所需设置的对象后,单击"格式"选项卡中对应的按钮选定相应格式与效果。

(3)图表的缩放、移动、复制和删除。创建图表后,用户还可以按自己的需求对整个图表进行移动和改变尺寸。操作步骤如下。

1)将鼠标移动到图表区域内,在任意位置上单击选中图表,此时图表边界上出现了立体边框,表明该图表被选定。

2)在图表边框控制块上拖动鼠标,可以使图表缩小或放大;在图表区域内单击拖动图表可使图表在工作表上移动;使用"开始""编辑""复制""粘贴"命令,可将图表复制到工作表的其他地方或其他工作表上;按 Delete 键可将选定的图表从工作表中删除。

📂 实施方案:

步骤一 制作"每月销售业绩"饼图

1. 创建饼图

选择数据区域,先选择 B2:G2,再按住 Ctrl 键,选择 B7:G7,选定图表所需数据如图 2-57 所示。在"插入"选项卡的"图表"工作组中选择"饼图"→"二维饼图"选项,如图 2-58 所示。

部门	一月	二月	三月	四月	五月	六月
销售部1	4500	4680	2600	4380	4400	4680
销售部2	3500	3250	2800	3200	3450	3700
销售部3	2800	4800	3000	2500	2850	3400
销售部4	3800	3650	2700	3560	3400	3800
小计	14600	16380	11100	13640	14100	15580

图 2-57 选择不连续的数据区域

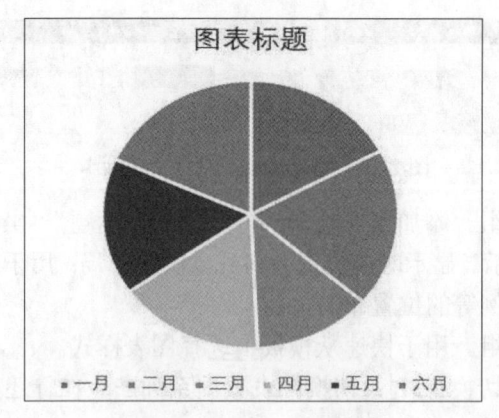

图 2-58 插入"二维饼图"

2. 图表编辑

（1）图表样式设计。选中图表，单击"图表工具|设计"选项卡→"图表样式"工作组"样式 5"。

（2）修改图表标题。选中"图表标题"修改为"每月销售业绩图"。

（3）设置数据系列格式。选中数据系列每个扇区，"系列选项"→"填充"→勾选"按扇区着色"，对应效果图如图 2-59 所示，给每个数据系列扇区着色。

图 2-59 "每月销售业绩图"效果图

（4）设置数据标签格式。"标签选项"→勾选"类别名称""值""百分比"选项，文本选项：加粗，颜色填充和数据系列扇区一样的颜色。

（5）删除图例。"图表元素"→"图例"删除勾选框"√"。

（6）设置图表区格式。"图表选项"→"填充"→纯色填充"蓝色，个性色 5，淡色 80%"。

（7）缩放和移动图表到 A8:D18 区域。效果图如图 2-59 所示。

步骤二 制作"各部门上半年每月销售业绩分析"条形图

1. 创建条形图

选择数据区域 A2:G7，在"插入"选项卡的"图表"工作组中选择"条形图"中"堆积条形图"，如图 2-60 所示，单击"确定"按钮即可完成图表创建。

2. 图表编辑

（1）修改图表标题。选中"图表标题"修改为"各部门上半年每月销售业绩分析图"。

（2）设置数据系列格式。选中每个数据系列→"系列选项"→"填充"→勾选"纯色填充"，对应效果图如图 2-61 所示，给每个数据系列着色。

图 2-60 插入"堆积条形图"

(3) 删除网格线。选中图表→"图表元素"→"网格线"→删除勾选框"√"。
(4) 设置图表区格式。"图表选项"→"填充"→纯色填充"蓝色，个性色 5，淡色 80%"。
(5) 缩放和移动图表到 E8:H18 区域，效果如图 2-61 所示。

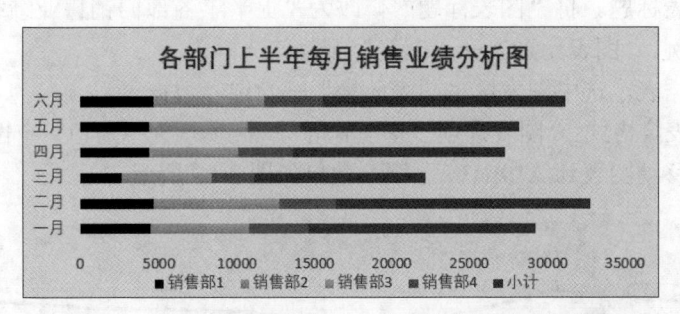

图 2-61 "各部门上半年每月销售业绩分析图"的效果图

步骤三 制作"上半年各部门销售业绩统计图"柱状、折线组合图
1. 创建组合图
选择数据区域 A2:G7，在"插入"选项卡的"图表"工作组中选择"组合图"中"自定义组合"→"为您的数据系列选中图表类型"→"销售部 1-4"→"图表类型"选择"簇状柱形图"，"小计"选择"折线图"→勾选"次坐标轴"，如图 2-62 所示，单击"确定"按钮即可完成图表创建。

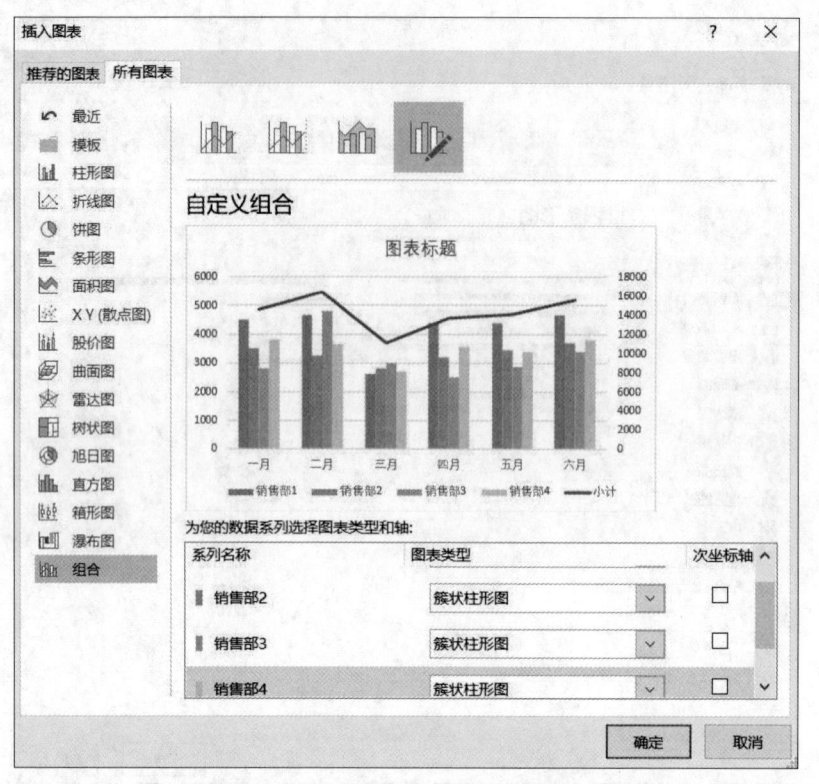

图 2-62　插入"自定义组合图"

2. 图表编辑

（1）设置数据系列格式。选中每个数据系列→"系列选项"→"填充"→勾选"纯色填充"，对应效果图如图 2-63 所示，给每个数据系列着色。

（2）修改图表标题。将"图表标题"修改为"上半年各部门销售业绩统计图"。

（3）删除图例。"图表元素"→"图例"删除勾选框"√"；

（4）添加数据表。选中图表区"图表元素"→勾选"数据表"。

（5）设置图表区格式。"图表选项"→"填充"→纯色填充"蓝色，个性色 5，淡色 80%"

（6）缩放和移动图表到 A19:H34 区域，效果如图 2-63 所示。

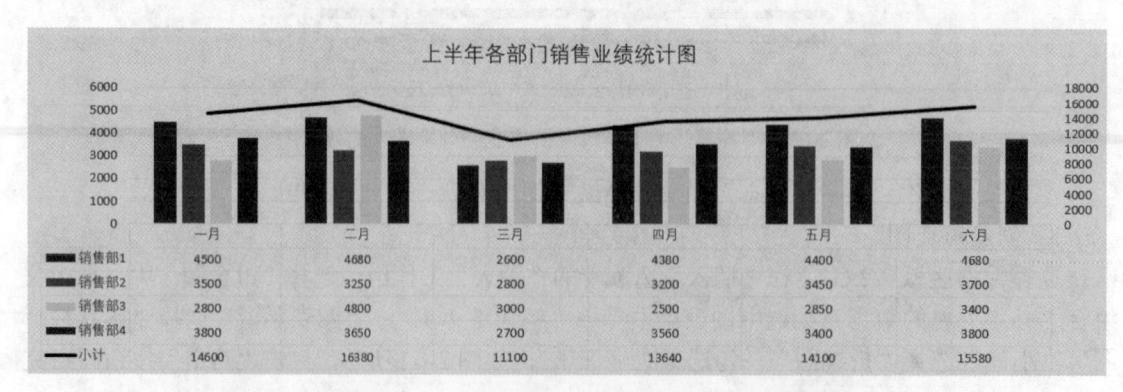

图 2-63　"上半年各部门业绩统计图"的效果图

📂 **任务自评：**

任务名称	销售业绩图表制作					任务编号		2-12	
任务描述	根据"××公司2024年上半年各部门销售业绩表"制作"每月销售业绩"饼图、"各部门上半年每月销售业绩分析"条形图及"上半年各部门销售业绩统计"柱状图和折线图的组合图，同时按相关要求编辑图表相关元素					微课讲解		销售业绩图表制作	
任务评价	\multicolumn{6}{c|}{任务中各步骤完成度/%}	\multicolumn{4}{c|}{综合素养}
	步骤	100	99~90	89~80	79~70	69~60	59~0	A	B	C	D
	步骤一										
	步骤二										
	步骤三										
	填表说明：1. 请在对应单元格打√；2. 综合素养包括学习态度、学习能力、沟通能力、团队协作等										

📂 **总结与思考：**

____

____

____

任务2　动态图表制作

📂 **任务导语：**

Excel 中的图表可以是静态图表，也可以动态图表，根据逐月产生的销售数据，制作动态图表，图表随数据的变动自动更新，更加形象、直观展示数据。

📂 **任务单：**

任务名称	制作动态图表	任务编号	2-13
任务描述	销量随着时间的推移，每个月都会增加，根据"月份"对每月的销售量生成"簇状柱形图"，要求每个月随着"月份"和"销售数据"的变化，"簇状柱形图"自动更新图表数据		

续表

任务效果		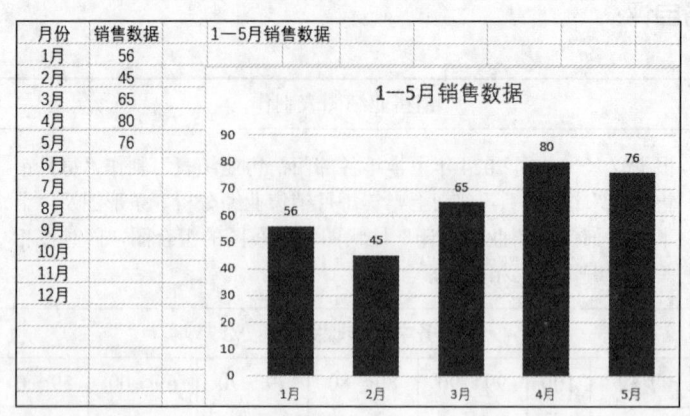 月份 销售数据　1—5月销售数据 1月　56 2月　45 3月　65 4月　80 5月　76 6月 7月 8月 9月 10月 11月 12月 1—5月销售数据柱形图（1月56，2月45，3月65，4月80，5月76） 月份 销售数据　1—8月销售数据 1月　56 2月　45 3月　65 4月　80 5月　76 6月　95 7月　64 8月　40 9月 10月 11月 12月 1—8月销售数据柱形图（1月56，2月45，3月65，4月80，5月76，6月95，7月64，8月40）
任务分析		本任务中首先明确 OFFSET 函数的功能，知道如何定义公式名称，定义"日期"和"数据"，应用 OFFSET 函数和 COUNT 函数设置"引用位置"，插入"簇状柱形图"，修改数据行、列数据。美化图表，应用 TEXT、COUNT 函数设置动态标题

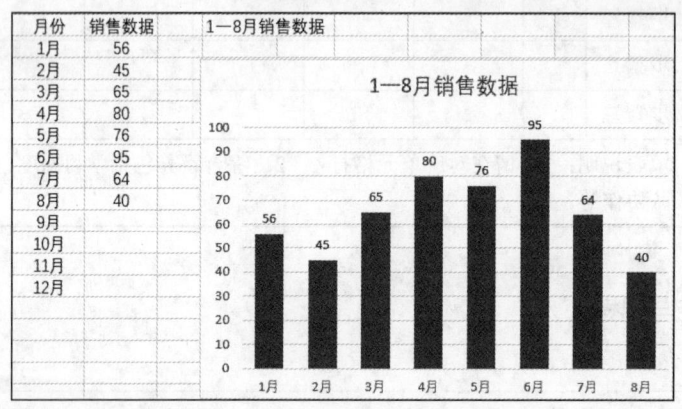

📂 **知识要点：**

➢ 名称

单元格名称默认情况下是用列号和行号来命名的，如 B5 单元格。用户还可以对单元格或单元格区域重新命名，并在其后的公式中使用名称进行计算，使得计算公式更加易于理解。

名称可以由字母、汉字、数字和特殊字符（下划线、圆点、反斜线、问号）组成，但是不能以数字开头，也不能与单元格地址相同（如 B3）。

➢ 名称定义

1. 使用名称框定义名称

（1）选中单元格或单元格区域。

（2）将鼠标定位到"名称"框中，输入自定义的名称，然后按 Enter 键完成名称的定义。

2. 使用"定义名称"命令创建名称

（1）单击"公式"选项卡中"定义的名称"工作组中的"定义名称"按钮。

（2）在打开的"新建名称"对话框中，在"名称"框中输入自定义名称，在"引用位置"

框中设置单元格区域，单击"确定"按钮完成名称定义。

3．使用名称管理器新建名称

（1）单击"公式"选项卡"定义的名称"工作组中的"名称管理器"按钮。

（2）在打开的"名称管理器"对话框中，单击"新建"按钮。

（3）在打开的"新建名称"对话框中，在"名称"框中输入自定义名称，在"引用位置"框中设置单元格区域，单击"确定"按钮完成名称定义。

➢ 在公式中使用名称

定义名称后就可以直接在公式中使用名称了，操作步骤如下。

（1）选中输入公式的单元格。

（2）单击"公式"选项卡"定义的名称"工作组中的"用于公式"按钮，将显示出已经定义的名称。

（3）逐个选择需要的名称，手动输入运算符"+"，按 Enter 键完成公式的输入；也可以直接在公式中输入名称和运算符。这样比较直观反映了计算结果的由来。

➢ 名称编辑和删除

用户可以对已经定义名称的引用范围进行修改，也可以删除不需要的名称。

1．编辑名称

（1）单击"公式"选项卡"定义的名称"工作组中的"名称管理器"按钮。

（2）在打开的"名称管理器"对话框中，选中需要编辑的名称，单击"编辑"按钮，重新设置单元格区域的名称。

2．删除名称

（1）单击"公式"选项卡"定义的名称"工作组中的"名称管理器"按钮。

（2）在打开的"名称管理器"对话框中，选中需要删除的名称，单击"删除"按钮，在弹出的对话框中单击"确定"按钮即可完成名称的删除。

📂**实施方案：**

步骤一　定义名称

（1）使用"定义名称"命令定义名称"日期"：选中 A1 单元格，单击"公式"选项卡→"定义的名称"工作组→"定义名称"命令，打开"新建名称"对话框，在"名称"框输入"日期"，在"引用位置"框输入"=OFFSET(图表!$A$2,0,0,COUNT(图表!$B:$B))"，如图 2-64 所示，单击"确定"按钮。

图 2-64　"新建名称"对话框

（2）使用"定义名称"命令定义名称"数据"：选中 B1 单元格，定义名称"数据"，在"引用位置"框输入"=OFFSET(图表!$B$2,0,0,COUNT(图表!$B:$B))"，单击"确定"按钮。

步骤二　插入柱形图

单击数据区域任意单元格，单击"插入"选项卡→"图表"工作组→插入"柱形图"→"二维柱形图"→"簇状柱形图"。

步骤三　修改图表数据源

在图表数据区右击→快捷菜单"选择数据"→打开"选择数据源"对话框→单击左侧的"编辑"按钮打开"编辑数据系列"→"系列值"修改为"=图表!数据"→单击"确定"按钮，单击右侧的"编辑"按钮打开"编辑数据系列"→"系列值"修改为"=图表!日期"→单击"确定"按钮→返回单击"确定"按钮。修改图表数据源如图 2-65 所示。

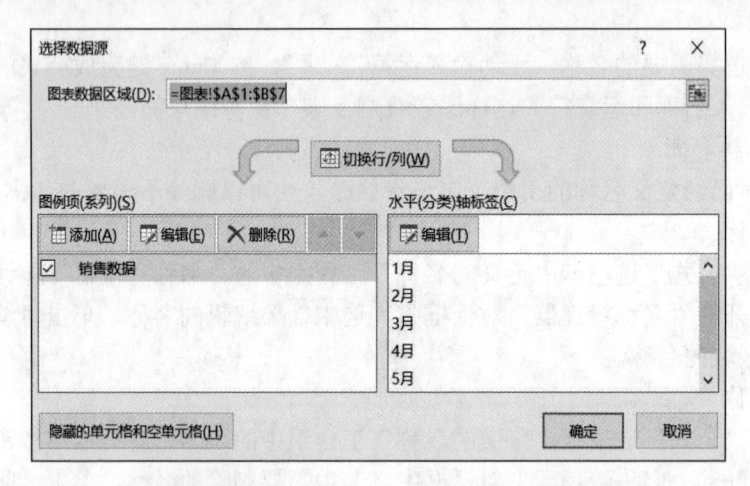

图 2-65　修改图表数据源

步骤四　美化图表

选定图表中的柱子，设置数据系列格式，将"分类间距"调整为"85%"，系列颜色填充"纯色填充-蓝色"，添加图表元素"数据标签"，标签位置"数据标签外"。

步骤五　制作动态标题

（1）在空白单元格 D1 中输入公式"=TEXT(COUNT(B:B),"1-X 月销售数据")"，该公式中，COUNT 函数计算数据区域 B 列中有几个月的数据，TEXT 函数将 COUNT 函数的计算结果以文本形式返回"1-X 月销售数据"实现动态标题的呈现。

（2）单击图表标题的边框位置，在编辑栏中输入"=图表!$D$1"，然后单击公式单元格，按 Enter 键。

📂 **任务自评：**

任务名称	制作动态图表						任务编号		2-13	
任务描述	销量随着时间的推移，每个月都会增加，根据"月份"对每月的销售量生成"簇状柱形图"，要求每个月随着"月份"和"销售数据"的变化，"簇状柱形图"自动更新图表数据						微课讲解		制作动态图表	
任务评价		任务中各步骤完成度/%					综合素养			
	步骤	100	99～90	89～80	79～70	69～60	59～0	A	B	C	D
	步骤一										
	步骤二										
	步骤三										
	步骤四										
	步骤五										
	填表说明：1. 请在对应单元格打√；2. 综合素养包括学习态度、学习能力、沟通能力、团队协作等									

📂 **总结与思考：**

_____

_____

_____

单元 3　PowerPiont 实用技能

📺 单元导读：

无论是中小学课堂，还是公司业务培训、介绍产品、总结汇报，PowerPoint 都已成为必不可少的工具。在现代办公中，人们利用 PowerPiont 软件制作出包括文字、图片、声音、视频、表格，甚至是图表的动态演示文稿，广泛应用于产品宣传、课件制作和公益宣传等领域。制作完成的演示文稿不仅可以在投影仪和计算机上进行演示，还可以将其打印出来，制作成胶片，以便应用到更广泛的领域。使用 PowerPoint，在为幻灯片中的对象添加动画效果后，不仅可以吸引观众的注意力，而且可以激发学习热情。另外，在教育和培训过程中，使用 PowerPoint 可以制作交互式问答题，从而帮助学生快速掌握所学知识。

本单元将通过 6 个项目对以上知识点进行讲解，并通过 13 个任务对这些知识点的实际应用进行综合展示，以便从实践工作中去学习知识、掌握技能。

📺 学习目标：

- 熟练掌握 PowerPiont 中文字的处理和排版
- 掌握 PowerPiont 中图形绘制与图片的美化
- 熟练掌握 PowerPiont 中动画的添加与设置
- 掌握在 PowerPiont 中如何实现交互
- 熟练掌握幻灯片母版的应用
- 掌握幻灯片的放映设置

📺 单元导图：

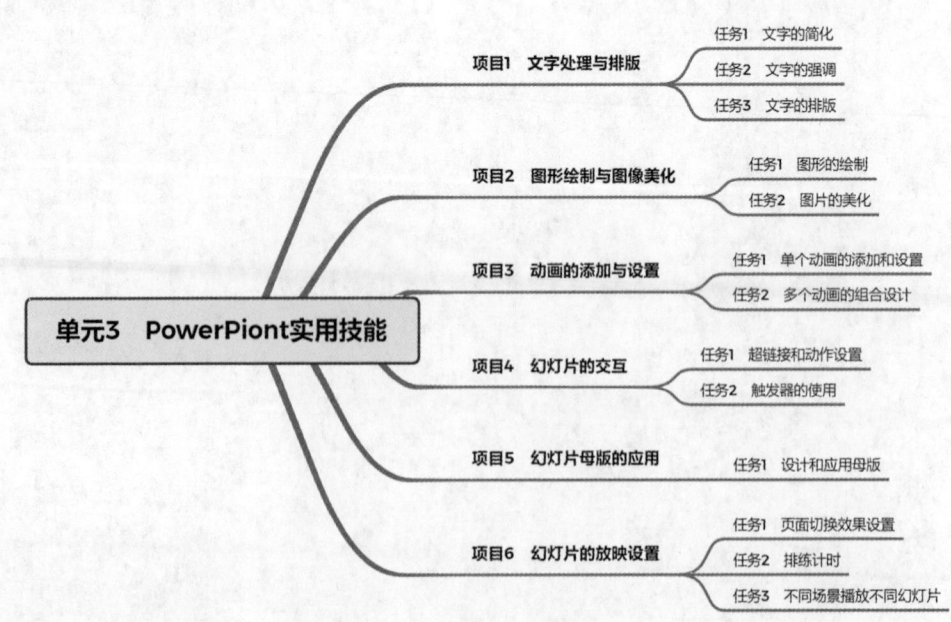

单元3　PowerPiont实用技能
- 项目1　文字处理与排版
  - 任务1　文字的简化
  - 任务2　文字的强调
  - 任务3　文字的排版
- 项目2　图形绘制与图像美化
  - 任务1　图形的绘制
  - 任务2　图片的美化
- 项目3　动画的添加与设置
  - 任务1　单个动画的添加和设置
  - 任务2　多个动画的组合设计
- 项目4　幻灯片的交互
  - 任务1　超链接和动作设置
  - 任务2　触发器的使用
- 项目5　幻灯片母版的应用
  - 任务1　设计和应用母版
- 项目6　幻灯片的放映设置
  - 任务1　页面切换效果设置
  - 任务2　排练计时
  - 任务3　不同场景播放不同幻灯片

项目 1　文字处理与排版

📂 **项目介绍:**

在本项目中,将通过 3 个任务对 PowerPoint 中文字的简化、强调和排版等知识进行详细讲解。

任务 1　文字的简化

📂 **任务导语:**

制作 PPT 的时候,经常会用到 Word 素材。因素材中的文字较多,此时需要将 Word 素材中的文字进行简化处理,做成逻辑清晰、简单明了又精美的演示文稿,培养学生的逻辑思维能力,提升学生的综合能力。

📂 **任务单:**

任务名称	文字简化处理	任务编号	3-1
任务描述	将 Word 素材进行文字简化处理,提炼信息,需要对内容进行分析理解,确定核心信息,再进行提炼,形成逻辑清晰的演示文稿			
任务效果	![任务效果图]			
任务分析	本任务中需要对文字进行简化处理,如选择字号、字体和对齐方式等;插入文本框,设置文本框边框、填充;插入形状,进行形状填充设置等操作			

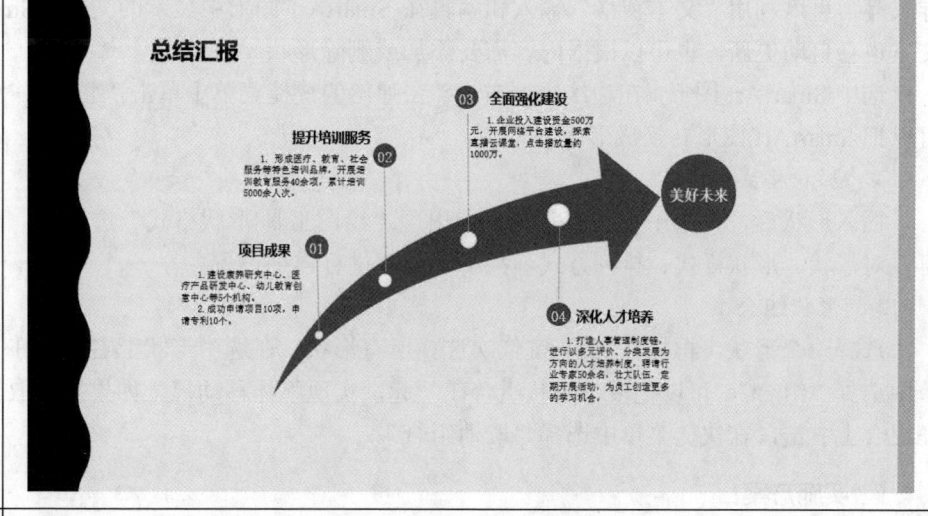

📂 **知识要点:**

➢ 内容提炼

Word 素材内容非常多,在做演示文稿时,不能把全部内容直接放在演示文稿上,要对

Word 素材进行简化。首先要对 Word 素材进行分析，根据内容划分层次，并给不同层次的内容增加概括性标题，最后整体对内容进行分类。

➢ 字体设置

单击"开始"选项卡→"字体"工作组，在该工作组中可以对字体、字号、字体样式、字体效果、字体颜色等字体属性进行设置，也可单击该工作组右下角的启动按钮，打开"字体"对话框进行详细设置。一个演示文稿字体、字号等设置尽量统一。

➢ 段落设置

单击"开始"选项卡→"段落"工作组，在该工作组中可以对项目符号、段落对齐方式、段落间距等段落属性进行设置。也可单击该工作组右下角的启动按钮，打开"段落"对话框进行详细设置。

➢ 文本框设置

单击"插入"选项卡→"文本"工作组→"文本框"按钮，可以绘制横排或竖排的文本框，插入文本框后自动生成"绘图工具|形状格式"选项卡，选中文本框可以设置文本框的形状填充、形状轮廓、形状效果、文本框大小和位置等。

➢ SmartArt 图形

利用 SmartArt 图形，能够有效节省制作时间，插入 SmartArt 图形时会提示选择一种类型，如"流程""循环"和"关系"等，每种类型包含几种不同版式。

插入 SmartArt 图形后，自动生成"SmartArt 工具|SmartArt 设计"选项卡，在选中 SmartArt 图形的状态下，单击"SmartArt 工具|SmartArt 设计"选项卡，可以更改 SmartArt 图形的颜色、样式等，可以利用"文本窗格"输入和编辑在 SmartArt 图形中显示的文本，SmartArt 图形的文本也会自动更新，也可以根据内容需要添加或删除形状。

选中 SmartArt 图形，在边线区域右击，在弹出的快捷菜单中单击"组合"→"取消组合"，可以把 SmartArt 图形转换成形状。

➢ 形状格式设置

插入形状后，在选中形状的状态下会出现"绘图工具|形状格式"选项卡，在该选项卡下可以对形状、形状样式、排列方式、大小等要素进行详细设置。

➢ 形状组合

选择一个形状，再按住 Ctrl 键依次选择所有形状，在选中形状上右击，在弹出的快捷菜单中选择"组合"，可以把多个形状组合在一起，实现整体移动等。如果需要取消组合，可以在组合上右击，在快捷菜单中选择"取消组合"。

📁实施方案：

步骤一　素材分析

（1）打开 Word 素材中的"文字的简化.docx"。

（2）内容提炼。

首先要对文字内容进行提炼简化、分析内容、确定核心、划分层次，给不同层次的内容增加概括性标题，整体对内容进行分类，如图 3-1 所示。

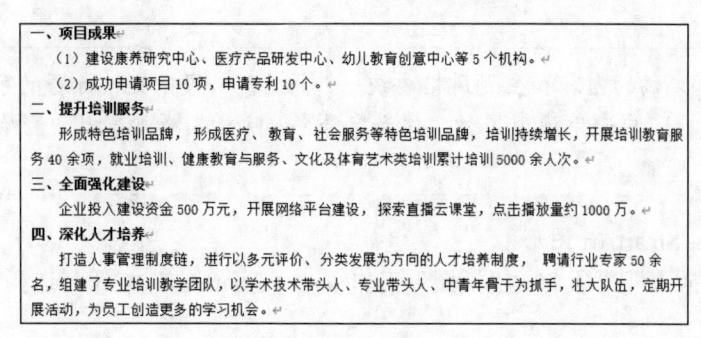

> 一、项目成果
> （1）建设康养研究中心、医疗产品研发中心、幼儿教育创意中心等5个机构。
> （2）成功申请项目10项，申请专利10个。
> 二、提升培训服务
> 形成特色培训品牌，形成医疗、教育、社会服务等特色培训品牌，培训持续增长，开展培训教育服务40余项，就业培训、健康教育与服务、文化及体育艺术类培训累计培训5000余人次。
> 三、全面强化建设
> 企业投入建设资金500万元，开展网络平台建设，探索直播云课堂，点击播放量约1000万。
> 四、深化人才培养
> 打造人事管理制度链，进行以多元评价、分类发展为方向的人才培养制度，聘请行业专家50余名，组建了专业培训教学团队，以学术技术带头人、专业带头人、中青年骨干为抓手，壮大队伍，定期开展活动，为员工创造更多的学习机会。

图 3-1　文字提炼

步骤二　新建幻灯片

（1）新建空白 PowerPiont 文档，在幻灯片缩略图窗口选择第一张幻灯片右击，在弹出快捷菜单中，"版式"选择为"空白"，如图 3-2 所示。

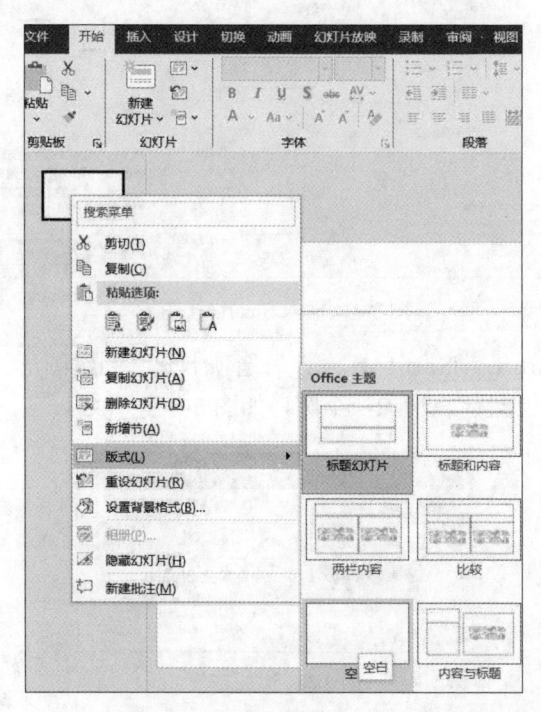

图 3-2　新建空白版式幻灯片

（2）单击"设计"选项卡→"主题"工作组→"徽章"主题。

步骤三　插入文本框

（1）单击"插入"选项卡→"文本"工作组→"文本框"按钮→绘制横排文本框，在空白幻灯片拖动鼠标绘制一个矩形文本框。

（2）在文本框输入文字"总结汇报"，单击"开始"选项卡→"字体"工作组，单击该工作组右下角的启动按钮，打开"字体"对话框，字体设为"微软雅黑"、24 磅、加粗，颜色"黑色，文字 1"，如图 3-3 所示。

图 3-3　插入文本框

> **提示**
>
> 同一个演示文稿的内容和主题风格要统一、简洁。一般情况，标题的字体、字号比正文的字体、字号大，应避免使用多种字体和字号，以防让人感觉混乱，影响整体演示文稿的效果。

步骤四　插入 SmartArt 图形

（1）单击"插入"选项卡→"插图"工作组→"SmartArt"按钮，选择"向上箭头"，如图 3-4 所示。

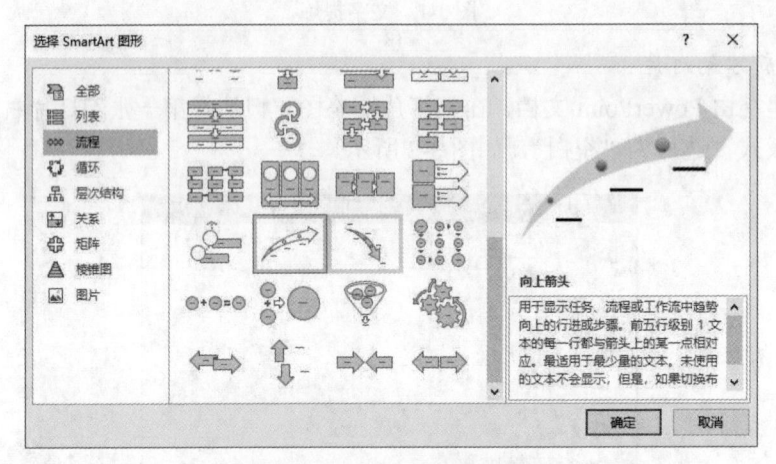

图 3-4　插入 SmartArt 图形

（2）单击"SmartArt 工具|SmartArt 设计"选项卡→"创建图形"工作组→"添加形状"按钮，选择"在前面添加形状"，增加一个圆，如图 3-5 所示。

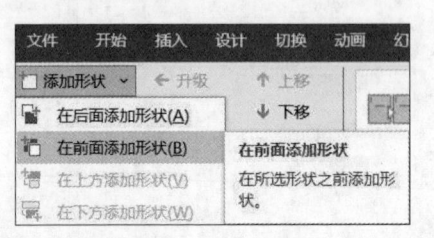

图 3-5　添加形状

（3）选中 SmartArt 图形，在边线区域右击，弹出快捷菜单，单击"组合"→"取消组合"，把 SmartArt 图形转换成形状。

步骤五　形状设置

（1）选中箭头形状，单击"绘图工具|形状格式"选项卡→"形状样式"工作组→"形状填充"按钮，设置填充颜色为"标准色：蓝色"。

（2）选中 4 个圆，单击"绘图工具|形状格式"选项卡→"形状样式"工作组→"形状填充"按钮，设置填充颜色为"白色，背景 1"，再按住 Shift 键调整 4 个圆的大小。

（3）按照以上插入形状的方法，依次增加"标准色：蓝色"填充颜色的 5 个圆，插入 4 条直线，选择一个形状，再按住 Ctrl 键依次选择所有形状，在选中形状上右击，弹出的快捷菜单选择组合。如图 3-6 所示。

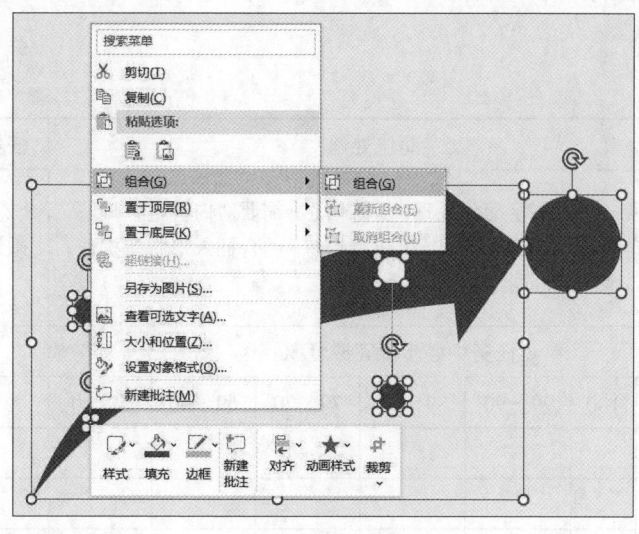

图 3-6　组合形状

步骤六　文字、段落设置

（1）依次选中形状圆，输入文字 01、02、03、04、美好未来，并单击"开始"选项卡→"字体"工作组，字体设置为"宋体"、16 磅、颜色"白色，背景 1"。

（2）单击"开始"选项卡→"段落"工作组→"对齐文本"按钮→"中部对齐"，对齐方式设置为"居中"。

（3）单击"插入"选项卡→"文本"工作组→"文本框"按钮→"绘制横排文本框"，在空白幻灯片拖动鼠标绘制一个矩形文本框，复制素材文本"项目成果"，粘贴在文本框，设置字体为"微软雅黑"、14 磅、加粗，颜色"黑色，文字 1"。

（4）再绘制一个矩形文本框，复制素材文本"项目成果"的具体内容，粘贴在文本框，并进行简化，选择字体设为"宋体"、10 磅、颜色"黑色，文字 1"。

（5）将绘制的两个文本框均复制三个，移动到合适位置，依次复制素材文本并适当简化，如图 3-7 所示。

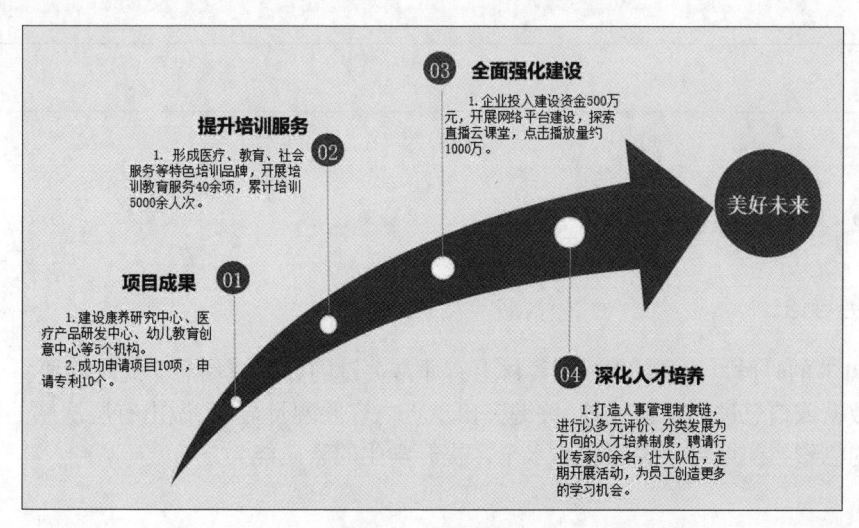

图 3-7　效果展示

📁 **任务自评：**

任务名称	文字简化处理					任务编号		3-1	
任务描述	将 Word 素材进行文字简化处理，提炼信息，需要对内容进行理解、分析，确定要传达的核心信息，再进行提炼。结合插入形状等操作，形成清晰、简洁的演示文稿					微课讲解		文字简化处理	
任务评价	任务中各步骤完成度/%					综合素养			
	步骤	100	99～90	89～80	79～70	69～60	59～0	A	B	C	D
	步骤一										
	步骤二										
	步骤三										
	步骤四										
	步骤五										
	步骤六										
	填表说明：1. 请在对应单元格打✓；2. 综合素养包括学习态度、学习能力、沟通能力、团队协作等										

📁 **总结与思考：**

_____

_____

_____

_____

任务 2　文字的强调

📁 **任务导语：**

制作 PPT 的时候，用到的 Word 素材上有非常关键的数据或信息。此时需要将 Word 素材中的关键数据或信息进行强调处理，关键突出重点内容并醒目显示，做出有层次感的演示文稿，通过文字的色彩搭配培养学生的艺术水平，提升学生的素质能力。

📁 任务单：

任务名称	文字强调处理	任务编号	3-2
任务描述	将 Word 素材上的关键数据或者信息进行强调处理，需要对重点信息进行突出显示，重点展现核心内容，形成有层次感的、整体效果非常醒目的演示文稿。		
任务效果				
任务分析	本任务中需要对文字进行强调处理，如选择不同的字号、字体和对齐方式等进行突出设置，可以加"特效"强调，例如加边框、背景等。		

📁 知识要点：

➢ 文字强调

针对 Word 素材上非常关键的数据或信息，在制作演示文稿时，需要强调处理，可以对关键内容通过加大字号、改变字体颜色、加边框、加阴影等方式进行文字强调。单击"开始"选项卡→"字体"工作组，在该工作组中可以对文字的字体颜色、大小、样式等进行设置。也可以通过插入形状，填充不同的颜色、图片，利用色块反衬等方式加强文字的强调效果。

➢ 设置背景格式

单击"设计"选项卡→"自定义"工作组，在该工作组中可以对幻灯片背景格式等进行设置，打开"设置背景格式"窗格，可以选择"纯色填充""渐变填充""图片或纹理填充""图案填充"等，丰富幻灯片的背景效果。

➢ 项目符号和编号

插入文本段落后，在选中的状态下，单击"开始"选项卡→"段落"工作组，在该工作组中可以对项目符号和编号等进行设置，可以选择系统提供的项目符号或项目编号，也可以在"项目符号和编号"对话框中单击"图片"按钮，选择要保存的图片作为项目符号，也可以单击"自定义"，选择"符号"对话框提供的符号。

➢ 叠放层次

当插入了多个形状，需要重叠放置时，需要根据情况设置形状叠放的层次，在形状上右击，在弹出的快捷菜单中选择置于底层、置于顶层等，可以改变叠放层次。

📂 **实施方案：**

步骤一　素材分析和新建幻灯片

（1）打开 Word 素材文件"文字的强调.docx"。

（2）新建空白 PowerPoint 文档，幻灯片版式改为"内容与标题"。

（3）单击"设计"选项卡→"自定义"工作组→"设置背景格式"，打开"设置背景格式"窗格，选择"图片或纹理填充"，单击图片源下的"插入"，弹出"插入图片"对话框，找到素材文件夹下的"背景.jpg"，单击"插入"。

步骤二　标题和内容设置

（1）单击"标题占位符"，输入标题"特色与发展前景"。

（2）选中标题，单击"开始"选项卡→"字体"工作组，单击该工作组右下角的启动按钮，打开"字体"对话框，字体设为"隶书"、36 磅、加粗，调整标题位置。

（3）单击"插入"选项卡→"插图"工作组→"形状"→"对话气泡：圆角矩形"，在标题占位符下面拖出一个形状，调整大小，形状填充为"标准色：蓝色"，输入文本"发展"，字体设为"隶书"、18 磅、加粗，颜色"白色，背景 1"，具体如图 3-8 所示。

图 3-8　形状和文字设置

（4）单击左侧"文本占位符"，输入"新增 3 个机构"，选中文本，单击"开始"选项卡→"字体"工作组，依次设置字体"微软雅黑"、20 磅、加粗，颜色"标准色：蓝色"；数字"3"的字体设置为"微软雅黑"、28 磅、加粗，颜色"标准色：红色"。

（5）绘制一个"矩形：圆角"形状，形状填充为"无"，形状轮廓为"标准色：蓝色"，再复制两个圆角矩形形状，依次输入素材文本，字体设为"楷体"、12 磅、加粗，颜色"黑色，文字 1"，根据文字调整形状大小，具体效果如图 3-9 所示。

图 3-9　字体效果

（6）复制"对话气泡：圆角矩形"，修改"发展"文本为"特色"。

（7）单击"插入"选项卡→"文本"工作组→"文本框"按钮→"绘制横排文本框"，在幻灯片上拖出一个文本框，输入素材内容，字体设置为"微软雅黑"、14 磅、加粗，颜色"标准色：蓝色"，选中数字"40"和"5000"，字体设置为"微软雅黑"、20 磅、加粗，颜色"标准色：红色"，具体效果如图 3-10 所示。

图 3-10 插入文本框和字体设置效果

> **提示**
> 文字的强调，可以放大字体突出，对于重点数据或信息，可以加大字号、加边框、加阴影，字体颜色更改为具有强烈对比的颜色等，这些方法都能更好达到视觉刺激的效果。

步骤三　添加项目符号

（1）在幻灯片上绘制一个横排文本框，输入素材内容"医疗""教育""社会服务"三个段落，字体设置为"微软雅黑"、20 磅。

（2）选中文本段落，单击"开始"选项卡→"段落"工作组→"项目符号"按钮→"项目符号和编号"，弹出"项目符号和编号"对话框，具体如图 3-11 所示。

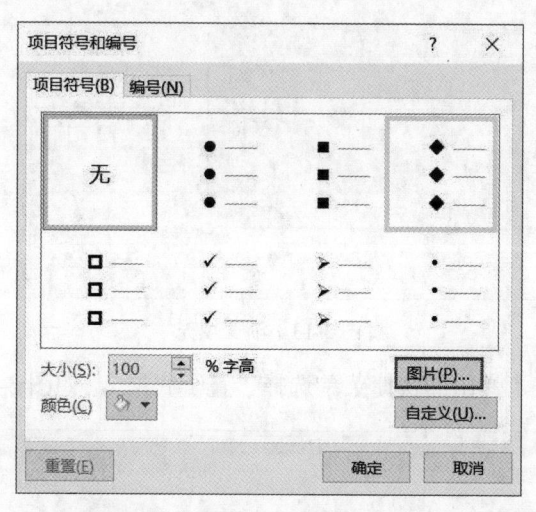

图 3-11 "项目符号和编号"对话框

（3）单击"图片"→从文件浏览，找到素材图片"项目符号.png"插入，具体如图 3-12 所示。

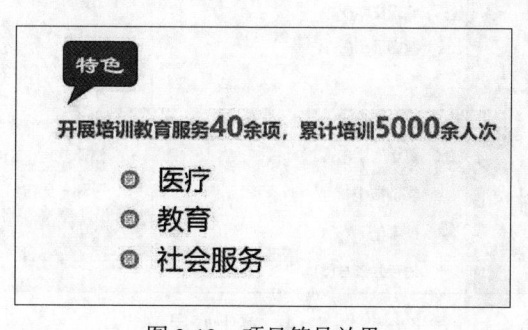

图 3-12 项目符号效果

步骤四　插入形状，利用色块反衬强调

（1）单击"插入"选项卡→"插图"工作组→"形状"按钮→"矩形"，在幻灯片拖动鼠标绘制一个矩形分隔线，形状填充为"标准色：浅绿"。

（2）单击"插入"选项卡→"插图"工作组→"形状"按钮→"矩形"，在幻灯片拖动鼠标绘制一个矩形，形状填充选择"渐变"→"其他渐变"，打开"设置形状格式"窗格，选择"渐变填充"，"预设渐变"设为"顶部聚光灯-个性色5"，"透明度"设为"50%"，具体参数如图3-13所示。

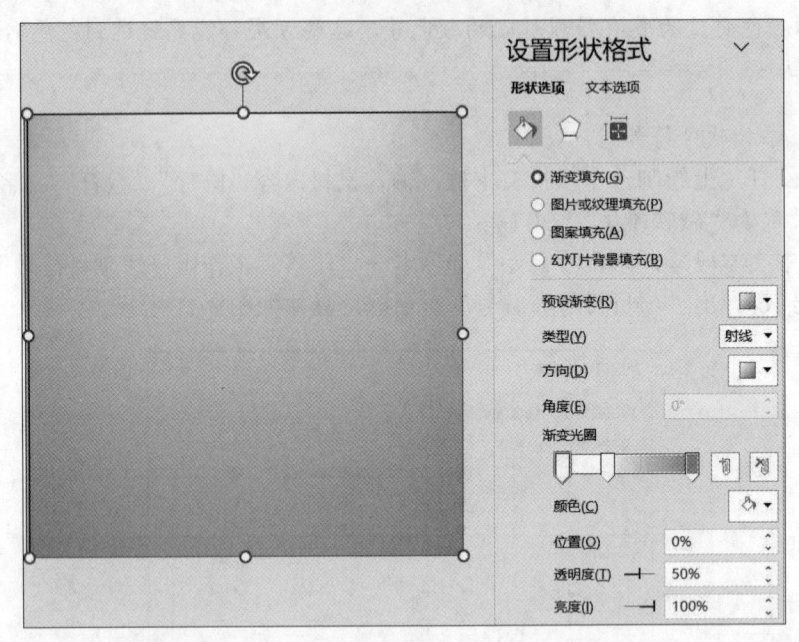

图3-13　渐变填充

（3）在形状上右击，弹出的快捷菜单选择"置于底层"，如图3-14所示。

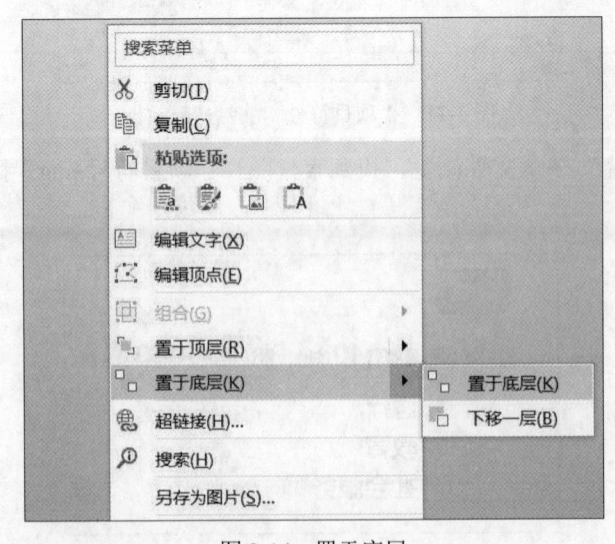

图3-14　置于底层

（4）单击右侧的"文本占位符"，输入素材内容"企业多元化发展"，选中文本，单击"开始"选项卡→"字体"工作组，设置字体为"微软雅黑"、20磅、加粗，颜色"蓝色，个性色1，深色50%"，段落"居中"，具体参数如图3-15所示。

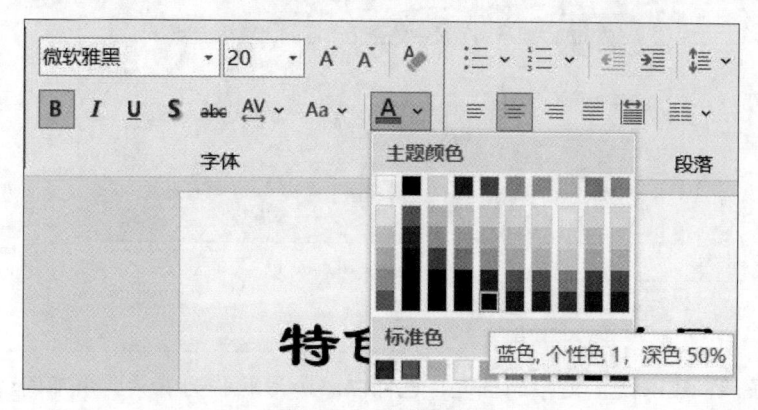

图3-15　字体参数

（5）单击"插入"选项卡→"插图"工作组→"形状"按钮→"直线"，在幻灯片按住Shift键拖动鼠标绘制一条水平分隔线，形状轮廓粗细设为"1.5磅"，调整位置，如图3-16所示。

图3-16　插入直线

（6）单击"插入"选项卡→"插图"工作组→"形状"按钮→"矩形：圆角"，在幻灯片拖动鼠标绘制一个圆角矩形，形状填充选择"蓝色，个性色1"，输入"2030年"，复制两个圆角矩形，调整位置，依次输入"2024年"，如图3-17和图3-18所示。

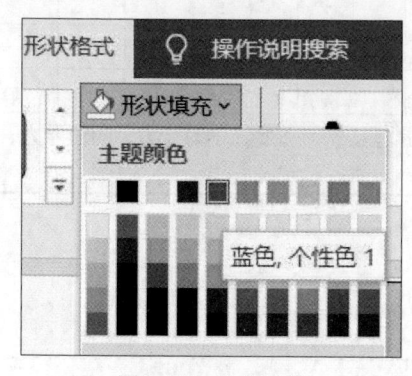

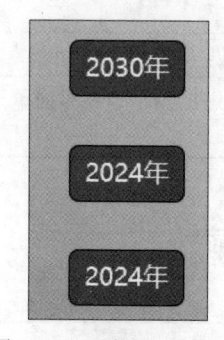

图3-17　形状填充　　　　图3-18　圆角矩形效果图

（7）插入三个横排文本框，依次输入素材内容，字体设为"微软雅黑"、16磅，选中"75%""500""1000"，字体颜色设为"标准色：红色"，选中所有圆角矩形和文本框，右击，在快捷菜单中选择"组合"，调整位置，效果如图3-19所示。

企业多元化发展

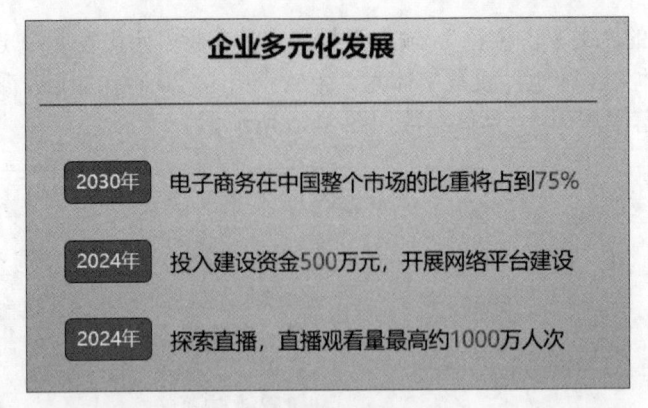

2030年　电子商务在中国整个市场的比重将占到75%

2024年　投入建设资金500万元，开展网络平台建设

2024年　探索直播，直播观看量最高约1000万人次

图 3-19　字体设置效果

> **提示**
> 文字的强调，可以改变文字的位置，也可以添加形状作为背景，用不同的色块来反衬主要信息，还可以单独设置强调动画，使整体效果非常醒目。

📁 **任务自评：**

任务名称	文字强调处理						任务编号	3-2		
任务描述	将 Word 素材上的关键数据或信息进行强调处理，需要对重点信息进行突出显示，重点展现核心内容，通过给文字放大突出，插入形状衬托等方式形成有层次感的、整体效果非常醒目的演示文稿						微课讲解	文字强调处理		
任务评价	任务中各步骤完成度/%						综合素养			
^^	步骤	100	99～90	89～80	79～70	69～60	59～0	A	B	C	D
^^	步骤一										
^^	步骤二										
^^	步骤三										
^^	步骤四										
^^	填表说明：1. 请在对应单元格打√；2. 综合素养包括学习态度、学习能力、沟通能力、团队协作等										

📁 **总结与思考：**

任务 3 文字的排版

📂 **任务导语：**

制作 PPT 时用到的 Word 素材大多数是文字，此时需要将文字进行排版，经过排版，形成逻辑清晰、艺术性高的精美演示文稿，以培养学生的审美能力，提升学生的素质修养。

📂 **任务单：**

任务名称	文字的排版设计	任务编号	3-3
任务描述	将文字进行排版处理，让信息的呈现具有清晰、逻辑强、美观的特点，可以培养学生的审美能力，达到和谐美观的视觉刺激效果，形成精美的演示文稿			
任务效果				
任务分析	本任务需要对文字进行排版设计，也需要插入表格，对比和汇总数据，让数据更直观；插入图表，让重点更突出、数据更清晰明了			

📂 **知识要点：**

➢ 文字排版

Word 素材经过文字简化处理后，在制作演示文稿时，信息的呈现若要清晰、高级、美观并有序，就需要进行合理的排版设计，例如卡片式排版、扇形排版、环绕式排版等。

➢ 插入表格

人们经常利用表格进行内容的排版，在演示文稿中插入表格不仅可以用于数据的对比和统计，还能提升幻灯片的视觉效果，一目了然，提高内容的可读性。利用表格进行内容的排版时非常方便，例如对齐排版处理。

单击"插入"选项卡→"表格"工作组→"插入表格"，在弹出的对话框中可以设置插入一个几行几列的表格。

➢ 表格样式设置

插入表格后，选中表格，单击"表格工具|表设计"选项卡，可以根据内容应用不同的表格样式，也可以自由选择行、列、单元格，设置不同的底纹等，实现填充反衬对比、增加数据的可读性和对比性的效果。

➤ 单元格内容对齐方式等设置

插入表格后，选中表格，单击"表格工具|布局"选项卡，可以对表格行和列、单元格大小、单元格内容对齐方式等要素进行设置。

➤ 插入图表

单击"插入"选项卡→"插图"工作组→"图表"，可以选择不同类型的图表插入。

图表类型的选择，应该根据内容的主题确定，插入图表后，会自动出现"图表工具|图表设计"选项卡。

➤ 图表元素设置

插入图表后，在选中图表的状态下会出现"图表工具|图表设计"选项卡，在该选项卡下可以对图表布局等要素进行详细设置，根据需求添加数据标签、网格线等。

➤ 数据源设置

根据需求可以输入电子表格数据源数据，单击"图表工具|图表设计"选项卡→"数据"工作组，可以切换行/列，也可以编辑数据等。

📁 **实施方案：**

步骤一 新建幻灯片

（1）打开 Word 素材中的"文字的排版.docx"。

（2）新建空白 PowerPoint 文档，幻灯片版式改为"仅标题"。

步骤二 背景设置

（1）选择素材文件"背景.jpg"图片，设置为幻灯片的背景格式图。

（2）选中标题占位符，输入素材内容"企业的生命力，离不开创新，并拥有自己的文化理念"，选择字体，单击"开始"选项卡→"字体"工作组→"表格"按钮→"插入表格"，单击该工作组右下角的启动按钮，打开"字体"对话框，设置字体为"微软雅黑"、24 磅、加粗。

步骤三 插入形状，卡片式排版

（1）在幻灯片上绘制一个"矩形：圆角"形状，再复制出两个圆角矩形，调整三个圆角矩形的位置。

（2）第一个圆角矩形形状填充设为"渐变填充"→"预设渐变"→"中等渐变，个性色 5"，后两个圆角矩形形状填充设为"无填充"，具体如图 3-20 所示。

图 3-20 插入形状

步骤四　第一个圆角矩形内容设置

（1）在幻灯片上绘制一个横排文本框，输入素材内容"特色培训品牌"，字体设置为"微软雅黑"、20磅、加粗，颜色"白色，背景1"。

（2）绘制一条水平分隔线，形状轮廓颜色设为"标准色：橙色"，粗细设为"1.5磅"，调整位置。

（3）在幻灯片上绘制三个"矩形：圆角"形状，形状填充"无填充"，形状轮廓颜色设为"白色，背景1"，粗细设为"1磅"，分别输入素材内容"医疗""教育""社会服务"，字体设置为"宋体"、18磅、加粗，颜色"白色，背景1"，如图3-21所示。

图3-21　圆角矩形内容设置

步骤五　插入图表

（1）单击"插入"选项卡→"插图"工作组→"图表"按钮，弹出"插入图表"对话框，选择饼图，单击"确定"按钮，具体如图3-22所示。

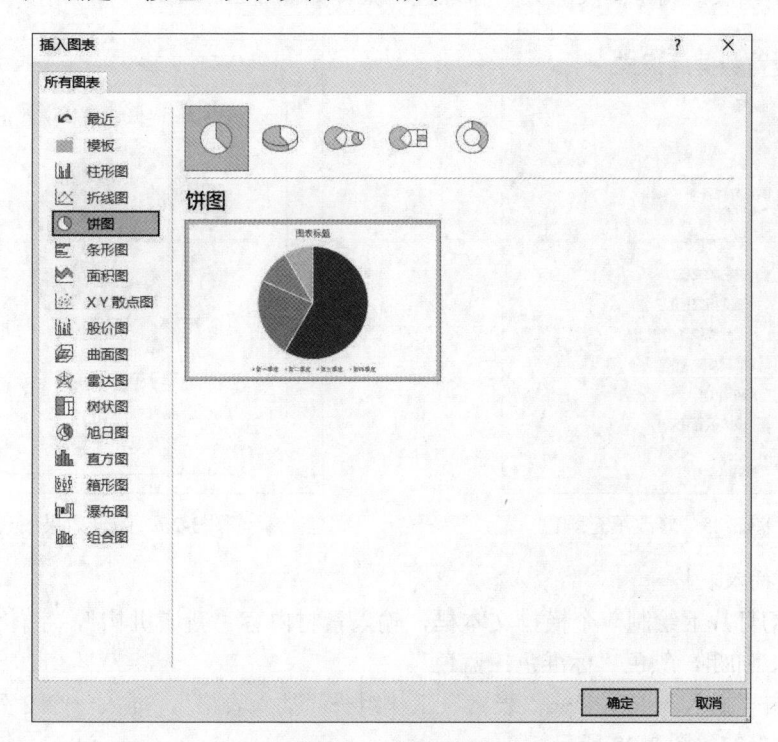

图3-22　插入图表

（2）根据素材输入电子表格数据源数据，具体参数如图 3-23 所示。

（3）选择图表标题，修改为"2024 年培训人数对比"，字体设置为"微软雅黑"、18 磅、加粗，颜色"标准色：绿色"。

（4）选中图表，单击"图表工具|图表设计"选项卡→"图表布局"工作组→"添加图表元素"按钮→"数据标签"→"居中"，选中数据标签，字体设为"微软雅黑"、12 磅，颜色"黑色，文字 1"，具体参数如图 3-24 所示。

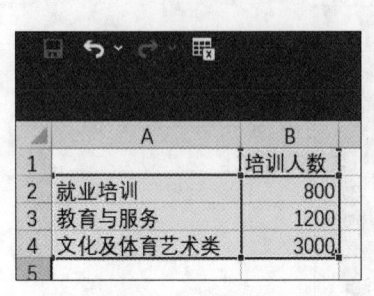

图 3-23　数据源数据

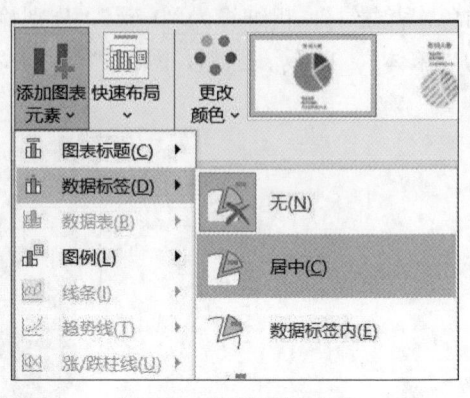

图 3-24　添加数据标签

（5）双击图表绘图区，打开"设置数据点格式"窗格，选中"文化及体育艺术类"数据系列，单击"填充与线条"，选择"纯色填充"，填充颜色设为"标准色：绿色"，具体如图 3-25 所示。

（6）选中图表，调整图表的大小和位置，具体如图 3-26 所示。

图 3-25　修改填充颜色

图 3-26　图表效果图

步骤六　插入表格

（1）在幻灯片上绘制一个横排文本框，输入素材内容"新增机构"，字体设置为"微软雅黑"、20 磅、加粗，颜色"标准色：蓝色"。

（2）单击"插入"选项卡→"表格"工作组→"插入表格"，插入一个 2 列 4 行的表格，具体参数如图 3-27、图 3-28 所示。

图 3-27　插入表格 1

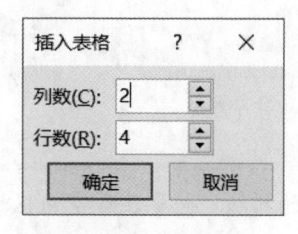

图 3-28　插入表格 2

（3）选中表格，单击"表格工具|表设计"选项卡→"表格样式"工作组→"中度样式 2-强调 1"，具体参数如图 3-29 所示。

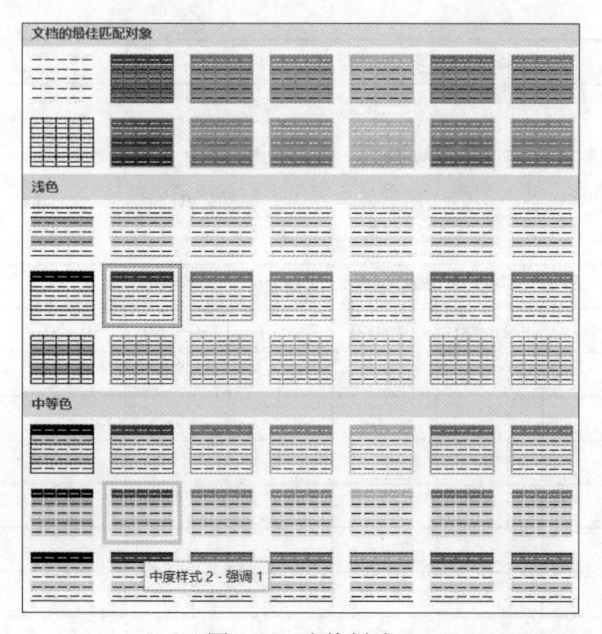

图 3-29　表格样式

（4）选中表格，单击"表格工具|布局"选项卡→"对齐方式"工作组，选择"水平居中"和"垂直居中"，如图 3-30 所示。

（5）选择表格，单元格依次输入素材内容，选择表格第一行内容，字体设置"微软雅黑"、12 磅、加粗，颜色"标准色：黄色"。将其他表格内容的字体设置为"微软雅黑"、12 磅，颜色"黑色，文字 1"。

（6）选中表格，单击"表格工具|表设计"选项卡→"表格样式"工作组→"效果"按钮→"阴影"→"外部"→"偏移：右下"，具体参数如图 3-31 所示。

（7）选中表格，调整表格大小，效果如图 3-32 所示。

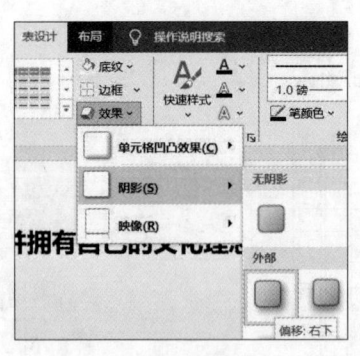

图 3-30　对齐方式　　　　图 3-31　表格阴影　　　　图 3-32　表格效果

> **提示**
> 　　文字的排版，也要注意空白区域的预留，适当的空白区域可以使演示文稿看起来更协调、更舒适，所有内容在视觉上才会达到平衡。

📁 **任务自评：**

任务名称	文字的排版设计					任务编号	3-3		
任务描述	对 Word 素材的文字进行排版设计，插入表格，对比和汇总数据，让数据更直观；插入图表，让重点更突出、数据更清晰明了					微课讲解	文字的排版设计		
任务评价	\	任务中各步骤完成度/%					综合素养		
	步骤	100	99～90	89～80	79～70	69～60	59～0	A	B	C	D
	步骤一										
	步骤二										
	步骤三										
	步骤四										
	步骤五										
	步骤六										
	填表说明：1. 请在对应单元格打√；2. 综合素养包括学习态度、学习能力、沟通能力、团队协作等									

📁 **总结与思考：**

项目 2　图形绘制与图像美化

📂 项目介绍：

在本项目中，将通过两个任务分别对 PowerPiont 中的图形绘制、图像的美化和排版等知识进行详细讲解。

任务 1　图形的绘制

📂 任务导语：

根据学习的内容，利用 PPT 绘制一幅仿古风格的国风图片。

📂 任务单：

任务名称	绘制古风场景	任务编号	3-4
任务描述	利用基本图形和图形的布尔运算、顶点编辑等功能绘制一幅仿古风格的国风图片，达到和谐美观的效果，体现出优美典雅的国风风格		
任务效果			
任务分析	本任务中需要插入新图形，然后使用图形的布尔运算对图形进行调整，再利用编辑顶点完成对图形的调整		

📂 知识要点：

> 绘制"正"的图形

单击"插入"选项卡→"插图"工作组→"形状"按钮，在下拉列表中，选中某一图形可绘制图形。在绘制图形的时候，按住 Shift 键，可以画出"正"（比例为 1:1）的图形。当选择"线条"图形时，可以绘制出三种特殊位置的直线："水平""垂直""斜向 45°角"的直线。

> 修改"线条"图形样式

绘制任意一个"线条"图形。线条绘制完成以后，单击"绘图工具|形状格式"选项卡→"形状样式"工作组→右下角的对话框启动器，可以启动"设置形状格式"窗格。在该窗格可

以设置图形的"填充"和"线条"两大属性。在"线条"标签下可以对线条的首尾箭头样式、箭头大小进行设置。

> 锁定绘图模式

单击"插入"选项卡→"插图"工作组→"形状"按钮，可以使用图形工具绘制图形，也可以右击图形，选择"锁定绘图模式"，可以连续、无限制使用该图形工具绘制图形。

> 设置为默认线条

绘制完线条后，可以根据需要设置线条的属性，如"线条"粗细和"线条"颜色等，右击→"设置为默认线条"，在后期再进行线条绘制时，可复用其属性。

> 设置为默认形状

绘制完成图形后，可以根据需要设置图形的属性，如"线条"粗细、样式和"填充"颜色等，右击→"设置为默认形状"，在后期再进行图形绘制时，可复用其属性。

> 合并形状

可以通过"合并形状"的方法来获得其他图形。例如，在 PPT 幻灯片里面插入两个圆，选中这两个圆，单击"绘图工具|形状格式"选项卡→"插入形状"工作组→"合并形状"按钮，下拉列表中有 5 种形状合并的方式：结合、组合、拆分、相交、剪除，如图 3-33 所示。

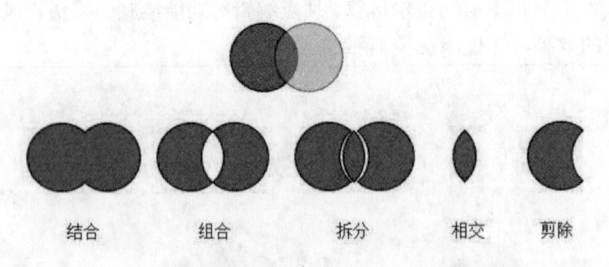

图 3-33　5 种"合并形状"效果

> 编辑图形顶点

在 PPT 里插入形状后，可以通过单击"绘图工具|形状格式"选项卡→"插入形状"工作组→"编辑顶点"按钮，进入编辑顶点的模式来改变图形的外形。编辑顶点可以将图形进行适当变形，以制作出符合自己需要的特殊图形。

在编辑顶点模式下，右击可以弹出快捷菜单，可以"添加顶点""删除顶点"，也可以"开放路径""关闭路径"。编辑顶点模式如图 3-34 所示。

图 3-34　编辑顶点模式

PowerPiont 中图形的顶点有下列三种，这三种顶点可以互相切换改变图像外形，如图 3-5 所示。

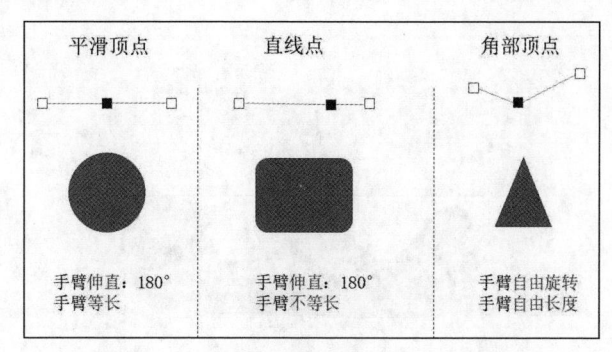

图 3-35　PowerPiont 中的三种顶点样式

📂 实施方案：

步骤一　页面设置

新建一张大小为宽屏（16:9）的幻灯片，右击幻灯片缩略图，在弹出的快捷菜单中选择"版式"→"空白"，删除文本占位符。

步骤二　绘制各种古风图形元素

（1）在设计页面右击→"设置背景格式"，在"设置背景格式"窗格中，选择"填充"→"渐变填充"→"线性"，调整渐变光圈的位置到 0%、30%、60%、100%，并设置对应的颜色分别为 0%（RGB：198、210、188）、30%（RGB：215、217、193）、60%（RGB：236、226、198）、100%（RGB：255、234、203），如图 3-36 所示。

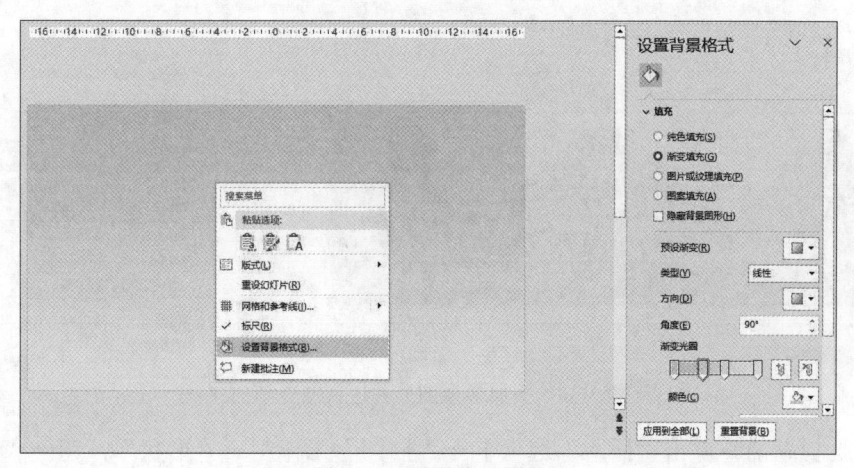

图 3-36　设置背景颜色

（2）绘制太阳。单击"插入"选项卡→"插图"工作组→"形状"按钮→"椭圆"，同时按住 Shift 键，绘制一个正圆。选中圆形，单击"绘图工具|形状格式"选项卡→"形状样式"工作组的右下角的对话框启动器，启动"设置形状格式"窗格，将图形"线条"设为"无线条"，"填充"设为"渐变填充"→"线性"→调整光圈左（15%）、右（100%）两个光圈，颜色都为白色，调整右侧光圈透明度为 85%。

（3）绘制山脉。单击"插入"选项卡→"插图"工作组→"形状"按钮→"曲线"，鼠标单击绘制山脉形状，为了减掉多余的部分，分别绘制三个矩形（左边、下边、右边），如图 3-37 所示。

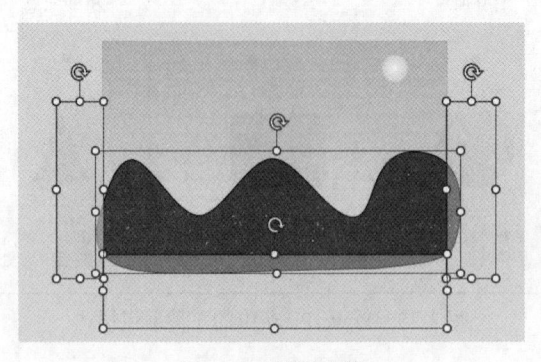

图 3-37　绘制山脉

先选中曲线绘制的山脉形状，按住 Shift 键，再分别选中三个矩形（这里要注意选中的顺序），单击"绘图工具|形状格式"→"插入形状"→"合并形状"→"剪除"。接下来和设置背景一样，给"山脉"进行渐变填充，具体步骤如下：选中山脉形状，设置线条为无线条，填充为"渐变填充"→"线性"→调整渐变光圈位置（0%、100%），分别选中左右两个光圈，调整颜色 RGB 值：0%（RGB：59、110、133）、100%（RGB：116、129、174），如图 3-38 所示。

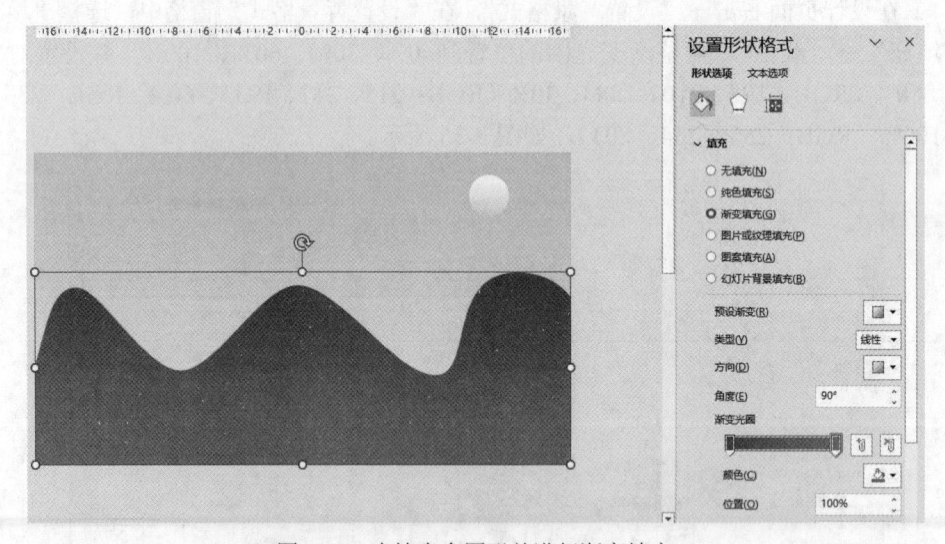

图 3-38　去掉多余图形并进行渐变填充

（4）绘制湖泊。单击"插入"选项卡→"插图"工作组→"形状"按钮→"矩形"，绘制一个矩形，选中形状，右击→"设置形状格式"→"渐变填充"→"线性"→"调整渐变光圈位置（0%、100%）"，分别选中左右两个光圈，调整颜色 RGB 值：0%（RGB：114、173、213）、100%（RGB：91、105、155），如图 3-39 所示。

（5）绘制树木。用绘制山脉的方法绘制树木形状，多余部分利用矩形剪除，选中树木形状，右击→"设置形状格式"→"渐变填充"→"线性"→"调整渐变光圈位置（0%、100%）"，分别选中渐变光圈设置 RGB 值：0%（RGB：96、173、149）、100%（RGB：255、229、192）。

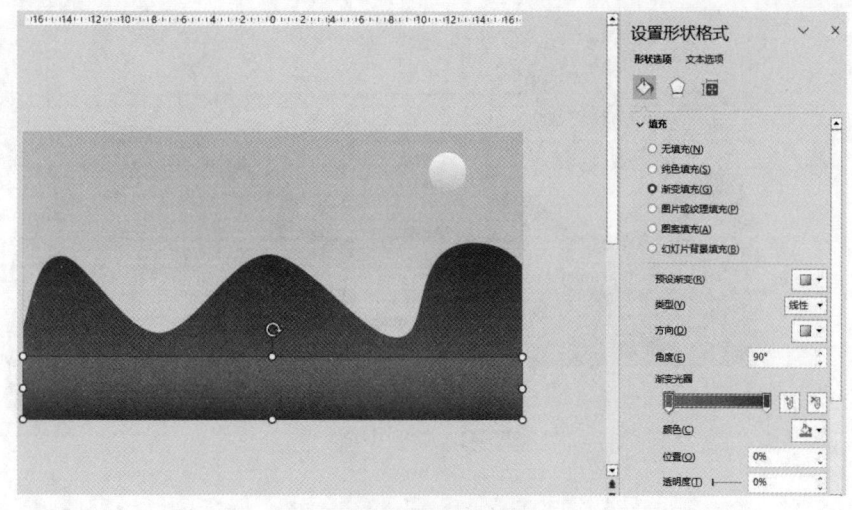

图 3-39　插入湖面

复制一份树木，选中，单击"绘图工具|形状格式"选项卡→"排列"工作组→"旋转"按钮→"垂直翻转"，调整此形状的高度，适当压扁，调整此图形的填充的透明度，形成倒影效果，如图 3-40 所示。

图 3-40　绘制树木及其倒影

（6）绘制水中的鱼。单击"插入"选项卡→"插图"工作组→"形状"按钮→"任意多边形"，单击绘制形状，选中"鱼"→右击→编辑顶点，适度调整一些顶点→将中间一些顶点转化为平滑顶点，使之更像鱼的形状，选中"鱼"→右击→"设置形状格式"→"渐变填充"→"线性"→调整渐变光圈位置→分别选中渐变光圈（0%、50%、100%）→调整颜色 RGB 值（都为 255，透明度分别为 25%、50%、100%）。还可以再画上鱼眼睛，然后复制，如图 3-41 和图 3-42 所示。

（7）绘制古风建筑及倒影，分别插入一些圆角矩形（根据需要调整圆角弧度）、椭圆形。将这些图形组合在一起：①全选形状→"对齐"→"水平居中"；②全选形状→"绘图工具|形状格式"→"合并形状"→"联合"；③右击→"边框"→"无轮廓"，如图 3-43 和图 3-44 所示。

绘制两个圆形（用于剪除），全选形状→"对齐"→"水平居中"，如图 3-45 所示。然后先选中已经联合的形状，按住 Shift 键再选中两个黄色圆形，单击"绘图工具|形状格式"→"合并形状"→"剪除"，如图 3-46 所示。

图 3-41 绘制小鱼

图 3-42 绘制小鱼效果图

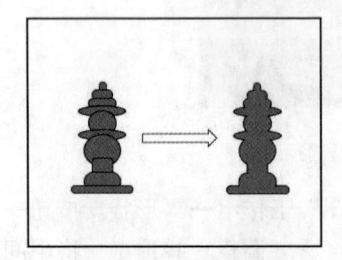

图 3-43 绘制古风建筑

图 3-44 设置古风建筑为无边框

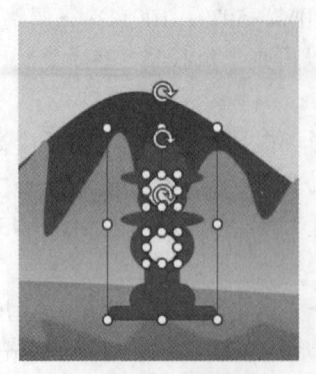

图 3-45 对齐图形

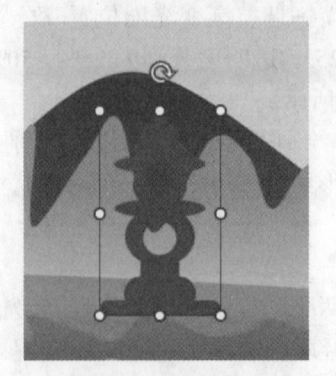

图 3-46 剪除图形

选中形状，右击→"设置形状格式"→"填充"→"渐变填充"→"线性"→调整渐变光圈位置，分别选中左右渐变光圈，调整颜色 RGB 值：左渐变光圈（RGB：115、83、120）、右渐变光圈（RGB：81、60、94）。然后将左右光圈都移到中间 50%位置，这时形状中间将出现明确的深浅界线。参照上面树木倒影的方法绘制它的倒影，具体参数可以适当调整。将古风建筑和倒影组合，复制并调整大小和位置，如图 3-47 所示。

图 3-47 完成古风建筑的倒影和复制

（8）绘制桥及倒影。单击"插入"选项卡→"插图"工作组→"形状"按钮，绘制梯形和圆形，全选梯形和圆形→"对齐"→"水平居中"，先选中梯形→按住 Shift 键选中圆形，单击"绘图工具|形状格式"→"插入形状"→"合并形状"→"剪除"。绘制等腰图形和正圆如图 3-48 所示，利用"剪除"绘制桥如图 3-49 所示。

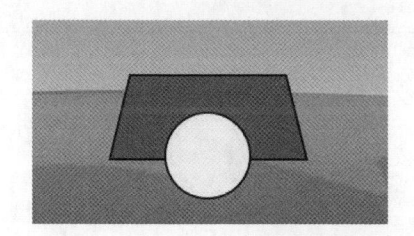

图 3-48 绘制等腰图形和正圆　　　　图 3-49 利用"剪除"绘制桥

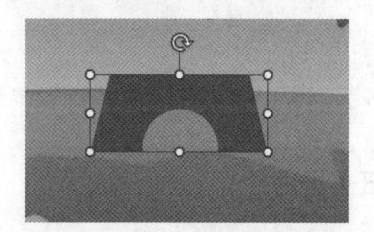

右击"桥"，在弹出的快捷菜单中选择"设置形状格式"→"填充"→"图案填充"→"横向砖形"，颜色选择橙色（RGB：132、60、12）。桥倒影的绘制可参考上面倒影绘制的方法，颜色可以根据喜好来调整，这里不再展示。

最后，可以制作太阳的倒影、旁边小岛的倒影，最终效果如图 3-50 所示。

图 3-50 古风图形最终效果图

📁 **任务自评：**

任务名称	绘制古风场景					任务编号		3-4	
任务描述	利用基本图形和图形的布尔运算、顶点编辑等功能绘制一幅仿古风格的国风图片，达到和谐美观的效果，体现出优美典雅的国风风格					微课讲解		绘制古风场景	
任务评价	任务中各步骤完成度/%						综合素养		
	步骤	100	99~90	89~80	79~70	69~60	59~0	A	B	C	D
	步骤一										
	步骤二										
	填表说明：1. 请在对应单元格打√；2. 综合素养包括学习态度、学习能力、沟通能力、团队协作等										

📁 **总结与思考：**

任务 2　图片的美化

📁 **任务导语：**

制作 PPT 时，经常会用到图片素材，因为不管是用于介绍还是当作背景，图片的视觉效果要比文字好很多。当图片不能满足需求时，可以利用 PowerPiont 对图片进行适当的美化。

📁 **任务单：**

任务名称	利用图片美化功能完成图片的排版	任务编号	3-5
任务描述	根据需求处理图片，并完成如下图的图片排版		
任务效果			
任务分析	在本任务中需要用到裁剪，按比例（1:1）或图形（椭圆）进行裁剪、对齐等，再按照需求进行排版操作		

知识导入：

> 裁剪

在 PowerPiont 中，如果对一张图片不满意，用屏幕截图效果过于单一，其他方法又很麻烦，此时可以用 PowerPiont 中的"裁剪"工具，根据编辑的需要对图片进行裁剪处理。

单击"图片工具|图片格式"选项卡→"大小"工作组→"裁剪"，可以对图片进行 5 种方式的裁剪：裁剪为需要的矩形、将图片裁剪为基本的 PPT 形状、按一定"纵横比"进行裁剪、按照填充和适合方式裁剪，如图 3-51 所示。

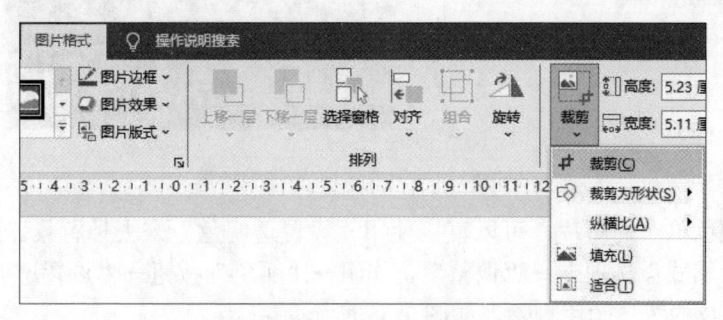

图 3-51 PowerPiont 中的裁剪方式

利用"裁剪为形状"，可将插入的图片裁剪为基本的 PPT 形状。如将图片裁剪为"椭圆"形状，如图 3-52 所示。

图 3-52 将图片裁剪为"椭圆"形状

> 删除背景

常规的、固定形状的图片裁剪带来的视觉效果比较有限。在一些背景比较杂乱，或不需要背景的图片中，需要去掉图片中的背景，突出图片的主题。

选中图片，单击"图片工具|图片格式"选项卡→"调整"工作组→"删除背景"，图片上出现一个有 8 个控制点的矩形。用鼠标拖拽控制点，确保裁剪的主体在矩形内，将要裁剪掉的部分控制到最小，如图 3-53 所示。

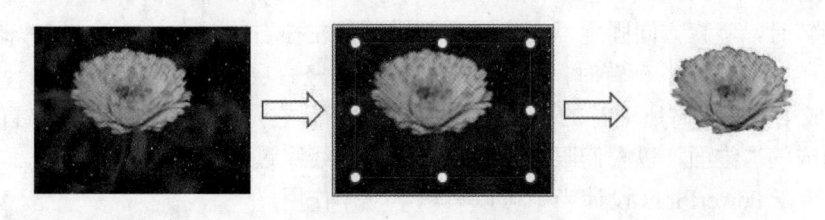

图 3-53 删除背景效果

在没有识别到但需要保留的区域上可使用"标记要保留的区域"功能，单击该选项后，在图片上要保留的区域单击，直到变色。在没有识别到但需要删除的区域上使用"标记要删除的区域"功能，单击该选项后，在图片上要删除的区域单击，直到变色，如图3-54所示。

图3-54　标记要保留/删除的区域

对于背景颜色单一的图片，可以直接使用"设置透明色"来去掉背景。选中图片，单击"图片工具|图片格式"选项卡→"调整"工作组→"颜色"按钮→"设置透明色"，可以将背景颜色单一的图片的背景颜色删除，如图3-55所示。

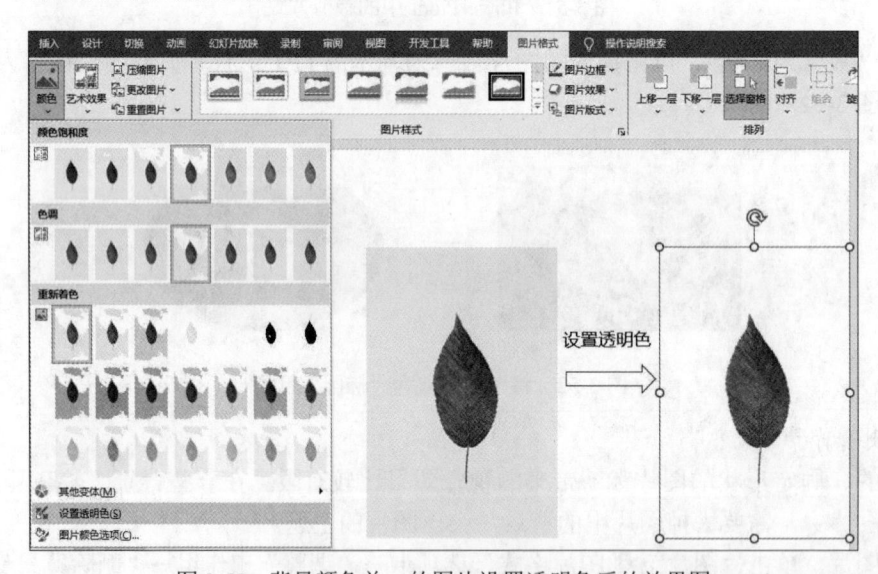

图3-55　背景颜色单一的图片设置透明色后的效果图

> 三维旋转

PowerPiont中的三维旋转由三个轴构成，分别是X、Y、Z轴。X轴位于左右水平线上，物体绕X旋转时，竖直方向固定，在水平层面进行从左往右的转动。Y轴与X轴刚好相反，位于竖直线上，物体绕Y旋转时，水平方向固定，在竖直层面进行自下而上的转动。X轴和Y轴刚好构成了人们平时所理解的平面。Z轴最难理解，它是远近方向上的轴，直接突破了X轴和Y轴构成的二维面，以人们眼睛为起点，沿着视线穿过电脑一直到远方。

三维旋转在PowerPiont设计当中可以有以下几个作用。

（1）改变图片展示方式。

（2）制作新颖的排版效果。
（3）营造空间感。
（4）制作高端三维素材。

先绘制一个矩形，选中矩形，右击→"设置形状格式"→"效果"→"三维旋转"→先选中"右透视"预设效果，再来进行进一步设置，如图3-56所示。

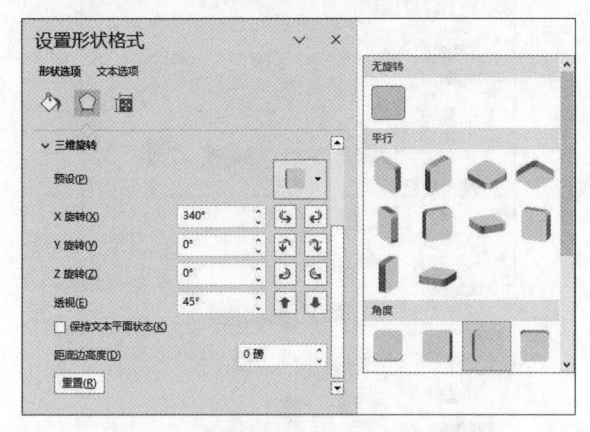

图3-56　设置图形"三维旋转"效果

对图形的"三维旋转"进行进一步设置，设置X旋转：330°，透视：120°，效果如图3-57所示。

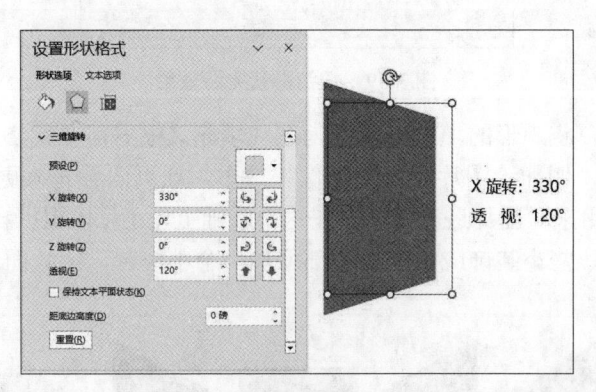

图3-57　设置X旋转和透视

利用同样的操作，调整X旋转和透视可制作如图3-58所示的效果。

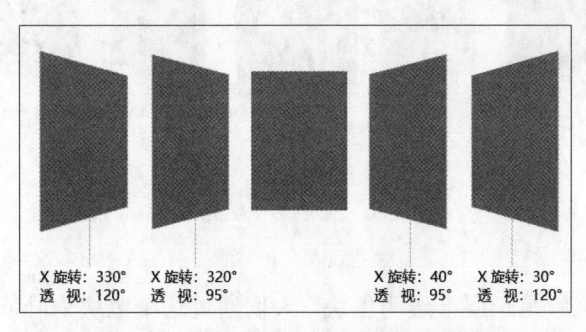

图3-58　四个三维旋转参数设置效果图

此处有一个细节要注意，矩形设置三维旋转后，多了一层空间光的属性，可以在"三维格式"中把它去掉，不然会影响后期添加图片。单击"三维格式"→"光源"→"特殊格式"→"发光"即可。取消形状光源效果如图3-59所示。

图3-59 取消形状光源效果

矩形设置完成后，将矩形的填充方式改为图片填充，根据需要找5张图片放进去即可。还可以完善一些细节，例如给图片添加"映像"效果，让页面看起来更有层次感，如图3-60所示，此种处理可以用来对图片进行排版。在这个基础上，还可以根据自己的制作需求，添加一些细节，比如添加一些小装饰或者是在底部增加一个小棱台，让版面更具空间感。

图3-60 在矩形中填充图片

➢ 蒙版

PowerPiont中的蒙版是一层半透明色块，人们通过这个色块来降低图片对于文字信息的干扰，除此之外，给图片加一个半透明色块还能够提高PPT的质感。

首先插入图片，然后单击"插入"选项卡→"形状"工作组→"矩形"按钮，根据需要绘制一定大小的矩形，在右边的"设置形状格式"窗格中，调整矩形填充：纯色填充（白色，背景），"透明度"设置为"34%"，"线条"设置为"无线条"。设置"透明图层"属性如图 3-61 所示，透明图层效果如图 3-62 所示。

图 3-61　设置"透明图层"属性　　　　　　图 3-62　透明图层效果

📂 **实施方案：**

步骤一　页面设置
新建幻灯片文件，将"版式"设置为"空白"。

步骤二　完成图片美化
（1）插入图片，拖放右下角的控制点，调整至合适大小。
（2）选中图片，单击"图片工具|图片格式"选项卡→"大小"工作组→"裁剪"按钮→"纵横比"→"1:1"，将图片裁剪成正方形，如图 3-63 所示。

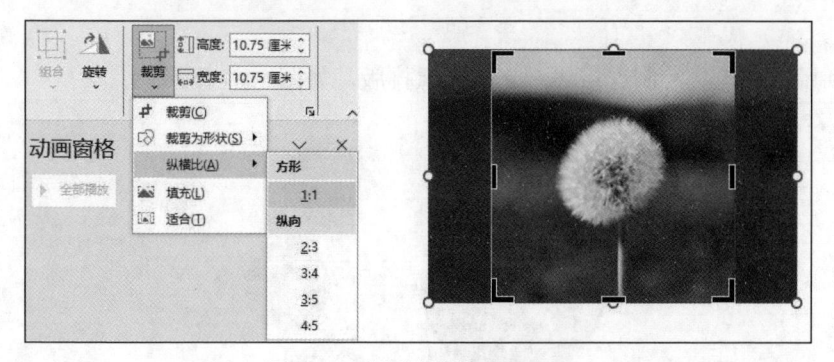

图 3-63　将图片裁剪成正方形

（3）再次选中图片，单击"图片工具|图片格式"选项卡→"大小"工作组→"裁剪"按钮→"椭圆"，可将图片裁剪成正圆形，如图 3-64 所示。

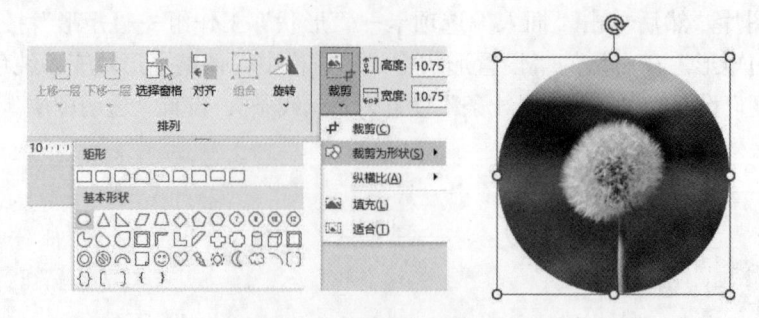

图 3-64　将图片裁剪成圆形

（4）对插入的其他图片，可以进行相类似的处理，在不拉伸变形图片的情况下，将图片裁剪成圆形，如图 3-65 所示。

图 3-65　裁剪剩余图片为圆形

步骤三　根据需要完成图片排版

（1）先利用对齐工具将图形对齐，如图 3-66 所示。

图 3-66　对齐图片

（2）利用绘图工具绘制连接线，完成图像排版，如图 3-67 所示。

图 3-67　完成图像排版

📁 **任务自评：**

任务名称	利用图片美化功能完成图片的排版		任务编号	3-5			
任务描述	根据需求处理图片，并完成图片排版		微课讲解	利用图片美化功能完成图片的排版			
任务评价	任务中各步骤完成度/%					综合素养	
	步骤	100	99~90	89~80	79~70	69~60	59~0	A	B	C	D
	步骤一										
	步骤二										
	步骤三										
	填表说明：1. 请在对应单元格打✓；2. 综合素养包括学习态度、学习能力、沟通能力、团队协作等

📁 **总结与思考：**

_____

_____

_____

项目 3　动画的添加与设置

📁 **项目介绍：**

人们经常会用到 PPT 汇报工作，为了在汇报时更加吸引听众的注意力，会设置图片、文本框等对象的动画效果，让 PPT 变得生动起来。PowerPiont 动画的主要作用体现在三个方面：设置逻辑顺序、强调表达重点、彰显流畅之美。

在本项目中，将通过两个任务分别对 PowerPiont 中单个对象的添加一个动画的设置，以及在单个对象上添加多个动画的组合设置进行详细讲解。

任务 1　单个动画的添加和设置

📁 **任务导语：**

一个简单的动画通过效果选项的设置可以实现丰富多样的动画效果。在本任务中将以"基本缩放"动画为例，通过设置动画的效果，实现多个动画效果。

📁 任务单：

任务名称	利用基本缩放动画制作多种文字进入效果	任务编号	3-6
任务描述	利用"进入"动画中的"基本缩放"动画，通过设置"效果""计时""文本动画"，实现更加丰富的文字进入效果			
任务效果	基本缩放 ①——缩小的动画效果展示 ②——从屏幕中心放大动画效果展示 ③——从屏幕底部缩小动画效果展示			
任务分析	本任务中需要先对文本对象添加动画，然后对动画的设置和增强的相关属性进行修改以实现不同的效果			

📁 知识要点：

➢ PowerPiont 中的动画类型

PowerPiont 的动画里面有"进入""强调""退出"和"动作路径"4 种基本的动画效果，如图 3-68 所示。

"进入"动画效果是指对象从无到有，进入 PPT 的动态效果，它可以使得对象以多种方式进入到画面中，在"动画窗格"中用绿色的★显示。

"强调"动画效果是指对象已经在 PPT 页面上的二次动画，目的是吸引注意力，包括使对象缩小、放大、更改颜色、旋转等，在"动画窗格"中用橙色的★显示。

"退出"动画效果是指对象从页面上消失的动画过程，使对象飞出、转出或消失在画面中，在"动画窗格"中用红色的★显示。

"动作路径"动画效果中是指对象根据设定的路径进行运动的一个过程，可以使用默认的路径，也可自定义更改路径，在"动画窗格"中用无填充的☆显示。

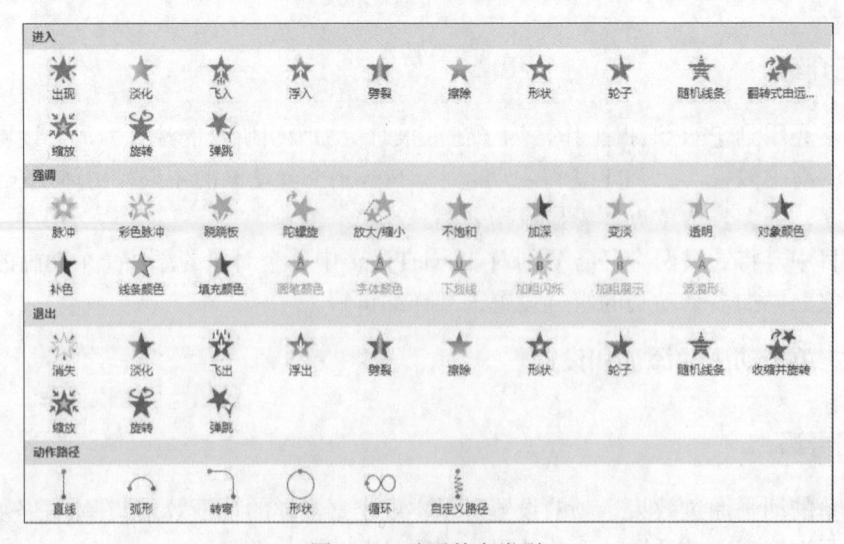

图 3-68 动画基本类型

➢ 动画窗格

单击"动画"选项卡→"高级动画"工作组→"动画窗格"按钮,就会在 PowerPiont 的右边显示"动画窗格",列出当前幻灯片的所有动画,如图 3-69 所示。

图 3-69 动画窗格

"动画窗格"有以下几大功能。
(1)查看本张幻灯片是否有动画、动画顺序等。
(2)可视化调整动画的出现顺序。
(3)为对象添加一个或多个动画。
(4)删除或更改动画。
(5)设置动画属性。
(6)无须播放幻灯片,预览动画播放效果。

➢ 动画刷

在 PowerPiont 中,"格式刷"可以复制对象的各类格式,而在动画领域中也有一把和"格式刷"功能类似的刷子——"动画刷"。"动画刷"位于"动画"选项卡的"高级动画"工作组中,它能把添加在某一个对象上的动画,原封不动地复制给另外一个对象。当需要对多个对象应用动画时,需要双击"动画刷"。"动画刷"工具如图 3-70 所示。

图 3-70 "动画刷"工具

📂 实施方案:

步骤一 页面设置

新建幻灯片文件,在幻灯片中插入三个文本框,并输入文字,如"缩小的动画效果展示""从屏幕中心放大动画效果展示""从屏幕底部缩小动画效果展示"。

步骤二 为文字添加动画

选中"缩小的动画效果展示"文本框对象,单击"动画"选项卡→"高级动画"工作组→"添加动画"按钮,在下拉列表中选择"更多进入动画"→"基本缩放",即可成功添加动画,如图3-71所示。

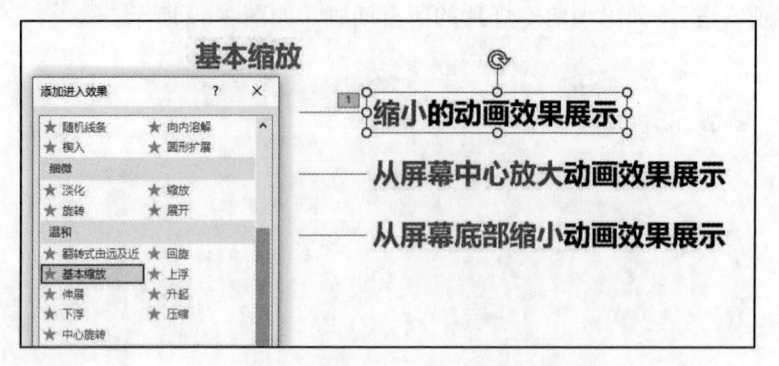

图3-71 为文字添加"基本缩放"动画

利用同样的方法为"从屏幕中心放大动画效果展示"和"从屏幕底部缩小动画效果展示"两个文本框对象都添加"基本缩放"动画效果。

也可以利用"动画刷"完成动画的复制:选中"缩小的动画效果展示"文本框对象后,在"动画"选项卡"高级动画"工作组中找到"动画刷"按钮,双击"动画刷",再依次单击"从屏幕中心放大动画效果展示"和"从屏幕底部缩小动画效果展示"可以完成两个文本框对象复制动画。

步骤三 设置"从屏幕中心放大"动画效果选项

选中"从屏幕中心放大动画效果展示"文本框,在"动画窗格"中双击此对象的"基本缩放"动画,进入"基本缩放"对话框。在"效果"选项卡中,将"缩放"设置为"从屏幕中心放大",如图3-72所示。

步骤四 设置"从屏幕底部缩小"动画效果选项

选中"从屏幕底部缩小动画效果展示"文本框,在"动画窗格"双击此对象的"基本缩放"动画,进入"基本缩放"对话框。在"效果"选项卡中,将"缩放"设置为"从屏幕底部缩小","动画文本"设置为"按字母顺序",如图3-73所示。

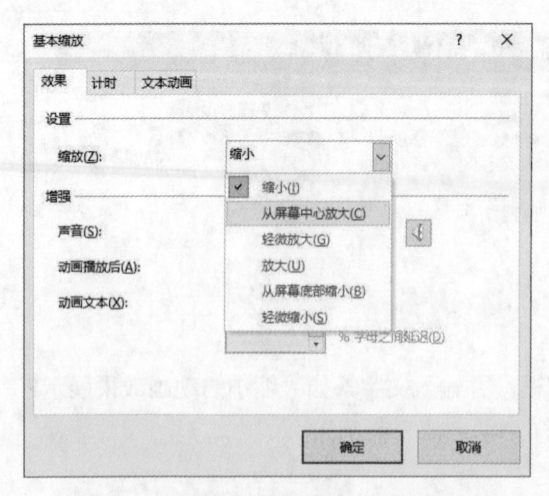

图3-72 设置"基本缩放"效果选项 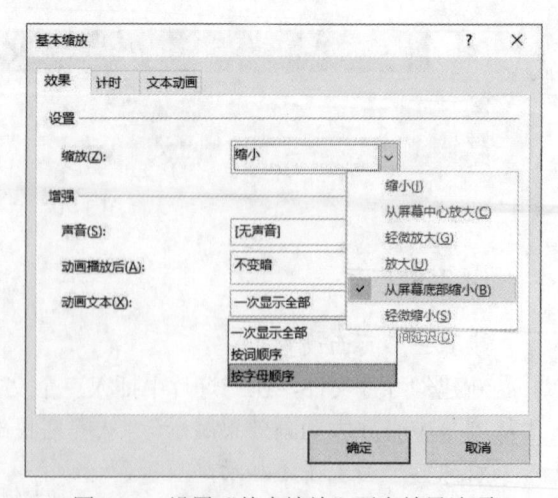　　　图3-73 设置"基本缩放"更多效果选项

步骤五 放映查看动画效果

按 F5 键从第一张幻灯片或按 Shift+F5 快捷键从当前幻灯片开始放映,单击依次观看幻灯片放映效果。

📁 **任务自评:**

任务名称	利用基本缩放动画制作多种文字进入效果					任务编号		3-6	
任务描述	制作至少三种动画效果:缩小、从屏幕中心放大、从屏幕底部缩小					微课讲解		利用基本缩放动画制作多种文字进入效果	
任务评价	任务中各步骤完成度/%					综合素养			
	步骤	100	99~90	89~80	79~70	69~60	59~0	A	B	C	D
	步骤一										
	步骤二										
	步骤三										
	步骤四										
	步骤五										
	填表说明:1. 请在对应单元格打√;2. 综合素养包括学习态度、学习能力、沟通能力、团队协作等										

📁 **总结与思考:**

_____

_____

_____

任务 2 多个动画的组合设计

📁 **任务导语:**

制作一个跳动的心脏动画,利用多个动画时间的相互配合实现形象生动的动画效果。

📁 任务单：

任务名称	制作一个跳动的心脏	任务编号	3-7
任务描述	绘制"心形"图形，为其添加"基本缩放"和"放大/缩小"动画，通过对两个动画的组合设置，实现图片模拟心脏跳动的动画		
任务效果			
任务分析	本任务中为一个对象添加多个动画，然后对动画的开始时间、持续时间、执行先后、有没有延迟等要素进行调整，可以制作出许多绚烂多姿的动画效果		

📁 知识导入：

> 效果选项设置

在幻灯片中选中某一对象，双击其在"动画窗格"里的某一个动画，会弹出设置该动画效果的对话框，该对话框有两个选项卡（如果选中的对象是文本框，动画的效果选项对话框会有三个选项卡），在对话框中可以对动画效果进行进一步的设置。以"基本缩放"动画为例。

（1）"效果"选项卡。可以个性化地设置动画的不同效果，包括动画播放时有没有声音，动画播放后对象颜色有没有变化。如果选中操作的对象是文本框，还可以修改动画中文本的出现方式，如图 3-74 所示。

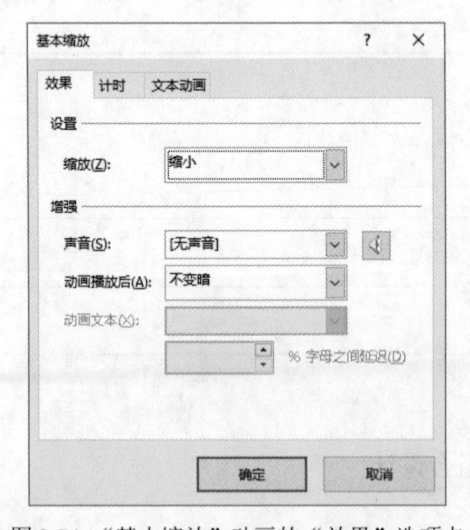

图 3-74 "基本缩放"动画的"效果"选项卡

（2）"计时"选项卡，可以设置动画的开始方式。单击时、从上一项开始、上一项之后。延迟：动画开始后延迟动画的时间。期间：动画的持续时间。动画要不要重复出现等，如图 3-75 所示。

（3）"文本动画"选项卡。当对象是文本框时，设置文本出现的方式，如图 3-76 所示。

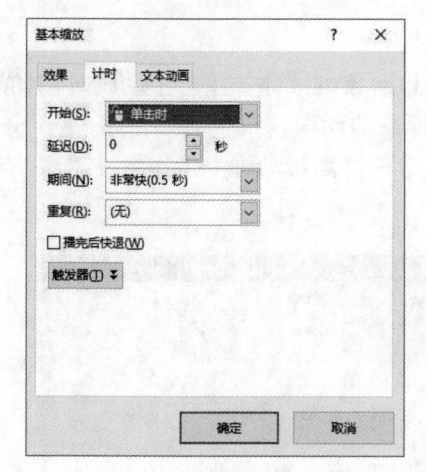

图 3-75 "基本缩放"动画的"计时"选项卡 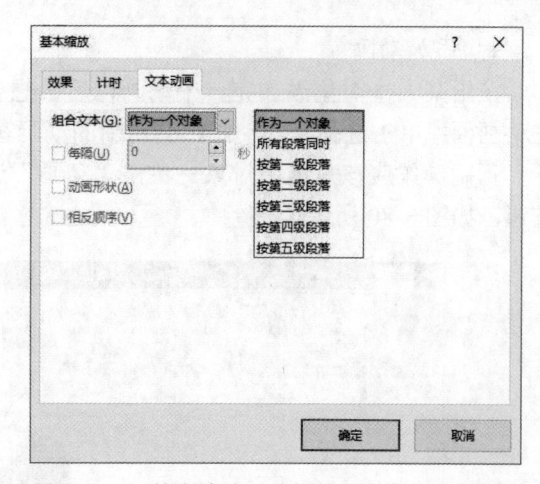　　图 3-76 "基本缩放"动画的"文本动画"设置

不同动画的效果对话框的设置内容不尽相同，如图 3-77 至图 3-79 所示，分别是"劈裂""出现""基本缩放"三种动画的"效果"选项卡展示，在具体设计动画效果时，应根据需求灵活地进行设置以达到理想效果。

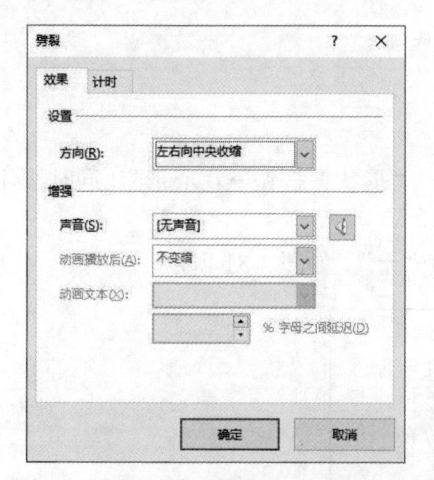

图 3-77 "劈裂"动画的"效果"选项卡 　　图 3-78 "出现"动画的"效果"选项卡

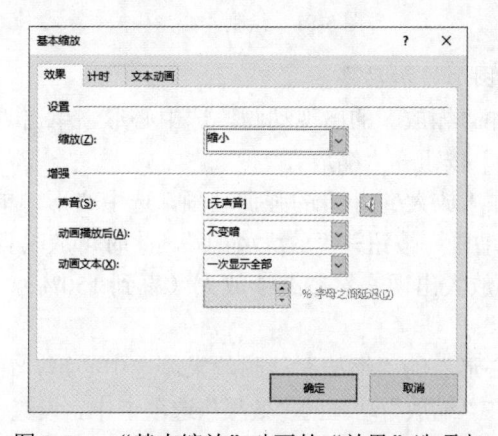

图 3-79 "基本缩放"动画的"效果"选项卡

➢ 添加动画

在给某一个对象添加完一个动画以后,想要为该对象继续添加下一个动画时,如果直接在动画框中单击选择新的动画,会用新的动画替代原来的动画。

正确操作应该是选中对象→单击"动画"选项卡→"高级动画"工作组→"添加动画"按钮,如图 3-80 所示。

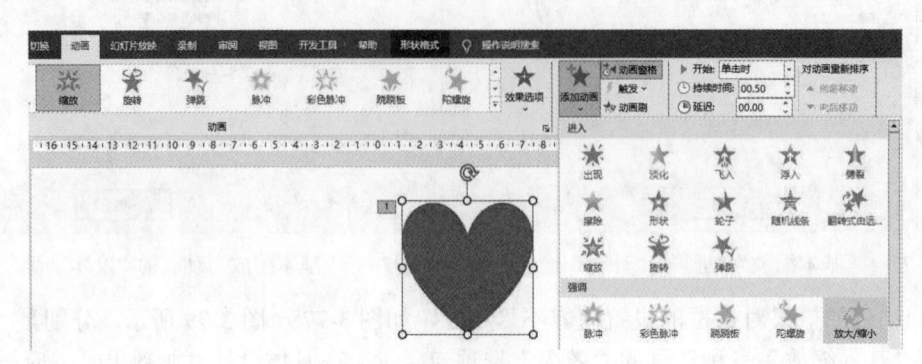

图 3-80 为同一个对象添加多个动画

📂 **实施方案:**

步骤一 绘制一个心形的图形

(1)新建幻灯片文档。

(2)单击"插入"选项卡→"插图"工作组→"形状"按钮→"心形",同时按住 Shift 键,绘制出一个"正"的"心形"。

(3)设置心形的填充颜色为"红色",线条为"无"。如图 3-81 所示。

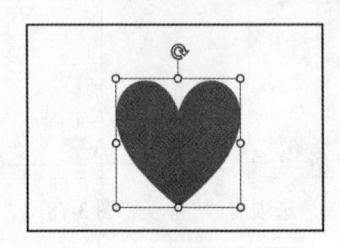

图 3-81 绘制"心形"

步骤二 为"心形"图形添加动画

(1)为"心形"添加"缩放"的出现动画。选中心形,单击"动画"选项卡→"高级动画"工作组→"添加动画"按钮→"缩放"。

(2)为"心形"添加"放大/缩小"的强调动画。选中心形,单击"动画"选项卡→"高级动画"工作组→"添加动画"按钮→"放大/缩小"。此时可放映查看动画效果,可以看到心形的动画效果是,先由小放大出现,然后继续放大(直到150%),并不能呈现心脏跳动般的收缩效果,如图 3-82 所示。

(3)进一步设置"心形"的"缩放"动画效果。选中心形,在"动画窗格"双击第一个动画("缩放"的动画),在"缩放"动画的"效果"选项卡中,设置"消失点"为"对象中心",如图 3-83 所示。

图 3-82 心形的两个动画

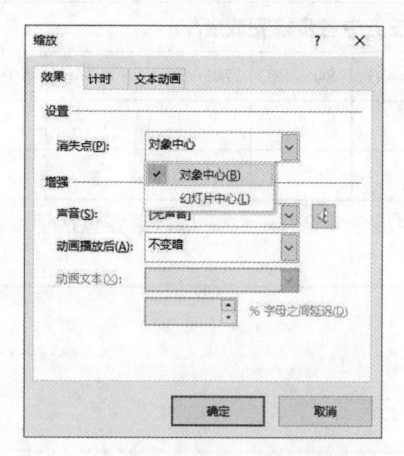

图 3-83 设置"缩放"的动画效果

（4）进一步设置"心形"的"放大/缩小"动画效果。选中心形，在"动画窗格"双击第二个动画（"放大/缩小"的动画），在"效果"标签中设置"尺寸"为"较小""两者"；勾选"自动翻转"，按 Enter 键确认设置，如图 3-84 所示；在"计时"标签设置"开始"为"上一动画之后"；"期间"为"非常快"；"重复"为"直到幻灯片结尾"，单击"确定"按钮。

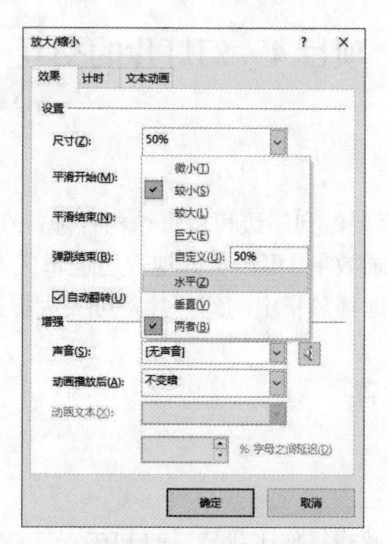

图 3-84 设置"放大/缩小"动画效果

（5）放映查看动画效果。放映当前幻灯片，观看动画效果。

📁 **任务自评：**

任务名称	制作跳动的心脏动画效果					任务编号		3-7	
任务描述	绘制心形图形，利用"进入"动画中的"基本缩放"和"强调"动画中的"放大/缩小"组合动画进行设置，实现图片模拟心脏跳动的动画					微课讲解		制作跳动的心脏动画效果	
任务评价	任务中各步骤完成度/%						综合素养		
	步骤	100	99~90	89~80	79~70	69~60	59~0	A	B	C	D
	步骤一										
	步骤二										
	填表说明：1. 请在对应单元格打√；2. 综合素养包括学习态度、学习能力、沟通能力、团队协作等										

📁 **总结与思考：**

_____

_____

_____

项目 4　幻灯片的交互

📁 **项目介绍：**

一份优秀的 PPT 除了内容要做到层级和逻辑结构合理，在表达上也要有技巧，配合演讲内容来给页面中的元素添加动画效果，可以更好地表达逻辑关系和展示动态内容。在播放 PPT 时，如根据内容安排，跳跃性地播放指定的幻灯片，可大大提高观众的参与度与积极性。

任务 1　超链接和动作设置

📁 **任务导语：**

利用超链接制作一个年会游戏《你比我猜》的 PPT。

📁 任务单：

任务名称	制作《你比我猜》游戏 PPT	任务编号	3-8
任务描述	利用链接、动作按钮、动作等实现超链接，制作《你比我猜》游戏的 PPT		
任务效果			
任务分析	本任务中理解超链接的功能，在制作时需要思路清晰、逻辑结构合理。幻灯片之间的跳转和返回要符合逻辑		

📁 知识导入：

➢ PowerPiont 中的超链接

PowerPiont 提供了功能强大的超链接功能，使用它可以在幻灯片与幻灯片之间、幻灯片与其他外界文件或程序之间以及幻灯片与网络之间自由地切换、跳转。在 PowerPiont 中，文字、图片、形状等对象可以插入超链接。

➢ 利用"链接"创建超链接

利用"插入"选项卡→"链接"工作组→"链接"按钮来设置超链接是常用的一种方法，它能创建通过单击方式激活的超链接。在超链接的创建过程中不仅可以方便地选择所要跳转的目的地文件，同时还可以清楚地了解到所创建的超链接路径。

单击用于创建超链接的对象，使之高亮度显示。单击"插入"选项卡→"链接"工作组→"链接"按钮，系统将会弹出"插入超链接"对话框。插入"链接"如图 3-85 所示。

图 3-85　插入"链接"

如果链接的目标是计算机中的其他文件或是在互联网上的某个网页上或是一个电子邮件的地址，便在"链接到："选项中，单击"现有文件或网页"进行相关的设置即可。

　　如果链接的目标是此文稿中的其他幻灯片，就在对话框左侧的"链接到："选项中单击"本文档中的位置"图标，在"请选择文档中的位置"中单击所要链接到的那张幻灯片（此时会在右侧的"幻灯片预览"框中看到所要链接到的幻灯片），然后单击"确定"按钮即可完成超链接的建立，如图 3-86 所示。

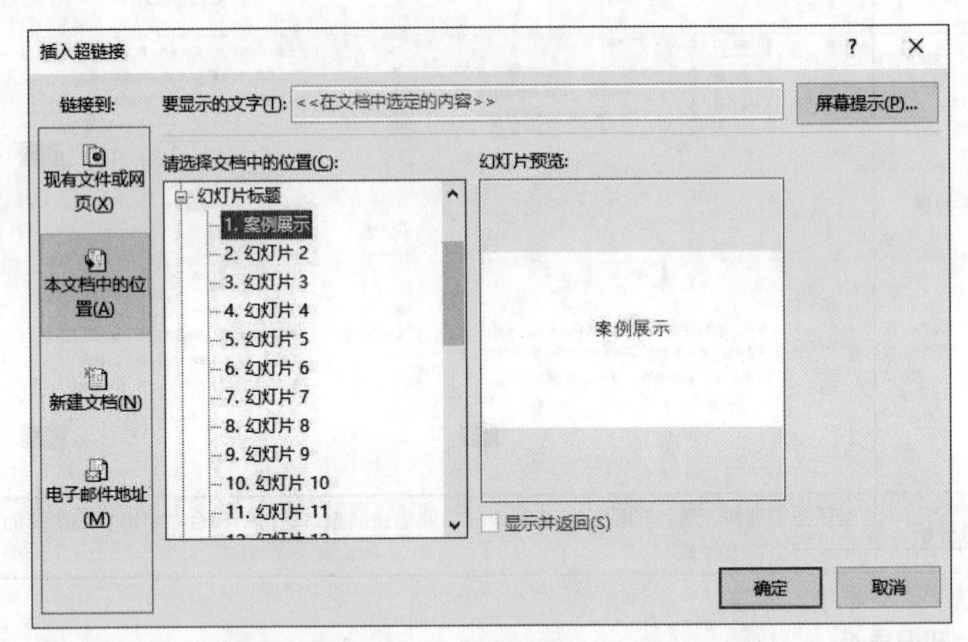

图 3-86　插入跳转到"此文稿中的其他幻灯片"的链接

> 利用"动作按钮"创建超链接

　　PowerPoint 还提供了一种单纯为实现各种跳转而设置的"动作按钮"，这些按钮也可以完成超链接的功能。

　　单击"插入"选项卡→"插图"工作组→"形状"按钮，在弹出的子菜单最下部可以看到这些动作按钮，将鼠标指针停留在任意一个动作按钮上面，通过出现的提示了解到各个按钮的功能，如图 3-87 所示。

图 3-87　动作按钮

　　例如，在"动作按钮"菜单中选择"回到主页"按钮。将鼠标移动到幻灯片上，此时鼠标的指针变成"十字形"符号，在幻灯片的适当位置，按住鼠标左键，拖出一个矩形区域，松开鼠标，"回到主页"的动作按钮出现在所选的位置上，同时系统弹出"操作设置"对话框，并自动选中了"超链接到"单选框，其设置方法同"超链接"一致，如图 3-88 所示。

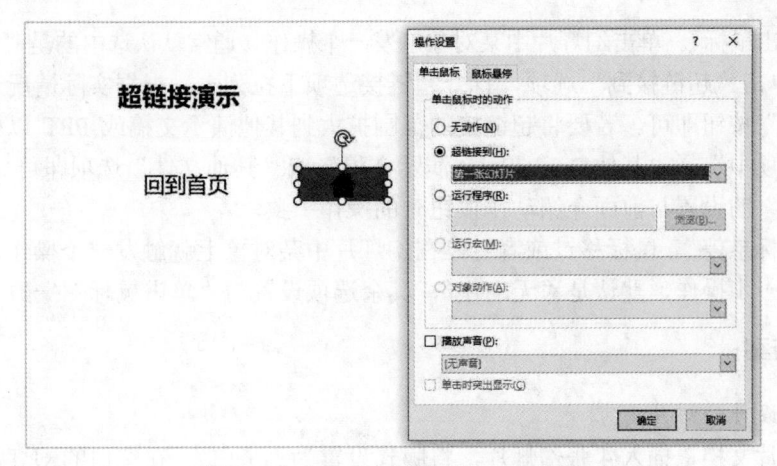

图 3-88　插入"回到主页"动作按钮

动作按钮的其他设置如下。

（1）"无动作"。当选中"无动作"时，将会取消动作按钮中的动作。

（2）"运行程序"。可以在浏览中选中本地计算机或网络计算机中的一些程序，例如酷狗音乐、QQ 等等。

（3）"播放声音"。选中该项时，可以添加声音。在放映时，单击动作按钮时就可以播放出声音。其中 PowerPoint 已经设置了一些声音，也可以自定义添加别的声音。

有时设置的动作按钮在制作的幻灯片中和幻灯片的颜色、背景或内容等要素都不能很好地互相衬托。此时需要给动作按钮添加个性效果，使它在幻灯片中看起来更协调。选中要设置的动作按钮，单击，在弹出的菜单中选择"设置形状格式"，在弹出的"设置形状格式"窗格可以更改动作按钮的颜色和线条、尺寸、位置等。

➢ 利用"动作"创建超链接

利用"动作"，在 PowerPoint 中不但可以插入超链接，还可以在幻灯片中添加动作，即为所选对象添加一个操作，然后单击该对象时，或鼠标在其移过，或悬停时执行该操作。

单击选中对象，单击"插入"选项卡→"链接"工作组→"动作"按钮，会弹出"操作设置"对话框，该对话框有两个选项卡："单击鼠标""鼠标悬停"，如图 3-89 所示。

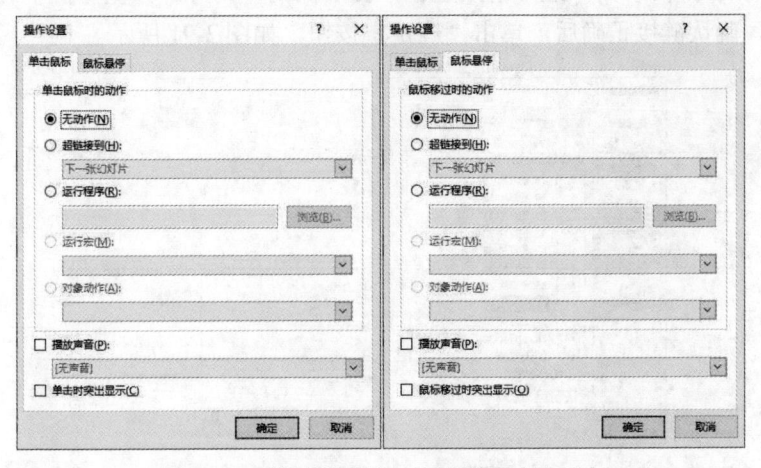

图 3-89　"操作设置"对话框的两个选项卡

(1)"单击鼠标"。单击幻灯片中某对象触发一个操作。通常默认选中的是"鼠标单击"→"无动作"。单击"超链接到"选项,打开超链接选项下拉列表,根据实际情况选择其一,然后单击"确定"按钮即可。若要将超链接的范围扩大到其他演示文稿或 PPT 以外的文件中,则只需要在选项中选择"其他 PowerPoint 演示文稿"或"其他文件"选项即可。"运行程序"和"播放声音"的设置与前面介绍动作按钮时的操作一致。

(2)"鼠标悬停"。鼠标移过或者悬停在幻灯片中某对象上就触发一个操作,无须任何单击即可触发下一步操作,默认是"无动作",其余选项设置与"单击鼠标"一致。

📂 **实施方案:**

步骤一　设计幻灯片内容

新建幻灯片文档,插入 4 张幻灯片,将版式设置为"空白",在空白的幻灯片中,利用文本框和形状,设计如图 3-90 所示的 4 张幻灯片。

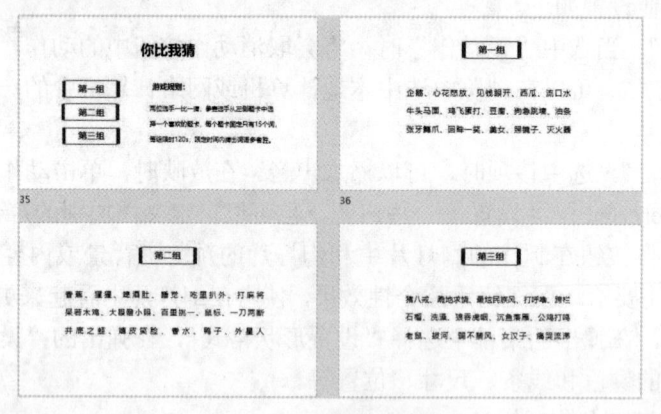

图 3-90　设计游戏界面

步骤二　利用超链接实现游戏选题

选中"第一组"文本框,单击"插入"选项卡→"链接"工作组→"链接",在弹出的"编辑超链接"对话框中,选择"本文档中的位置",在"请选择文档中的位置"中浏览幻灯片,找到要跳转到的幻灯片:"第一组"游戏题目,在右侧的"幻灯片预览"框中可以看到选中的幻灯片预览图,确认链接正确后,单击"确定"按钮,如图 3-91 所示。

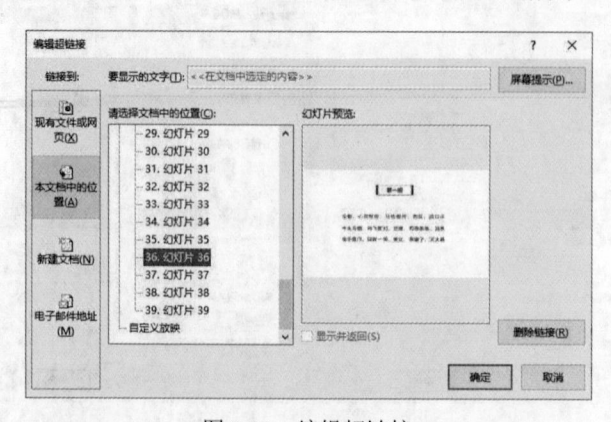

图 3-91　编辑超链接

步骤三　利用"动作按钮"实现游戏选题

（1）选中"第二组"文本框，单击"插入"选项卡→"链接"工作组→"动作按钮"，在弹出的"操作设置"对话中，选中"超链接到"→"幻灯片…"，在弹出的"超链接到幻灯片"对话框中选择目标幻灯片，单击"确定"按钮，再单击"操作设置"对话框的"确定"按钮，如图3-92所示。

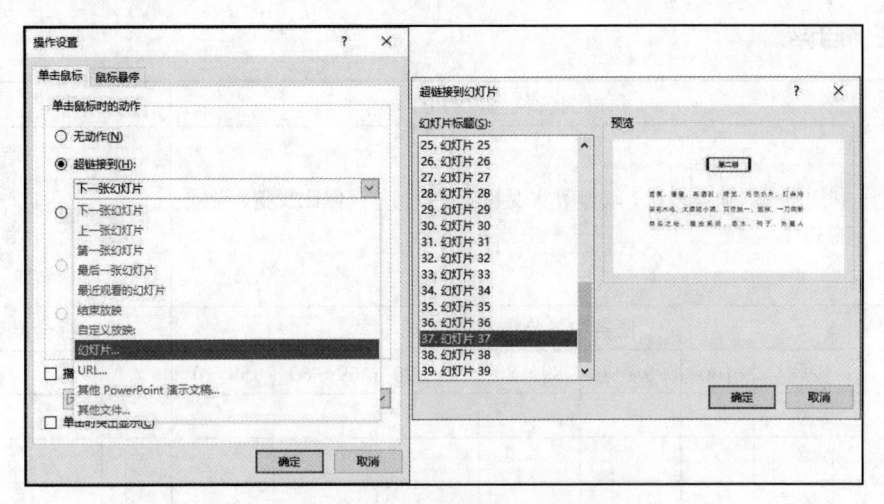

图3-92　利用动作插入超链接

（2）选中"第三组"文本框，利用同样的方法，为其设计超链接。

步骤四　利用"动作按钮"实现游戏选题返回游戏主界面

（1）切换到"第一组"题目幻灯片，单击"插入"选项卡→"插图"工作组→"形状"按钮，在弹出的菜单最下部，选中"动作按钮"→"回到主页"，在幻灯片设计页面上绘制出一个动作按钮，如图3-93所示。

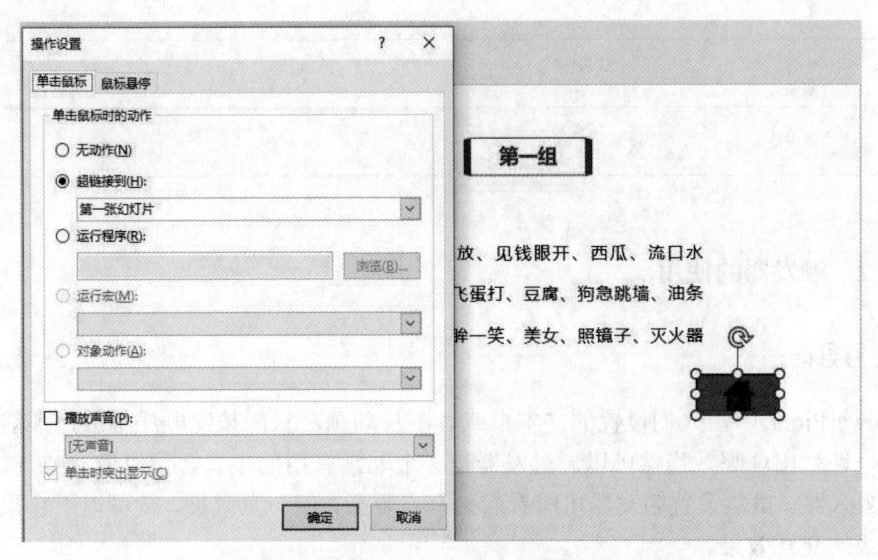

图3-93　插入"动作按钮"

（2）在弹出的"操作设置"对话框中，会默认选中"超链接到"→"第一张幻灯片"。

单击右侧的下拉按钮，选中链接的目标幻灯片 3。

（3）选中"动作按钮"，单击"绘图工具|形状格式"选项卡→"形状样式"工作组，单击"形状填充"按钮，修改动作按钮的颜色填充为"红色"。

（4）复制"动作按钮"到其他两张幻灯片上，按 Shift+F5 快捷键，放映幻灯片，观看制作效果。

📂**任务自评：**

任务名称	《你比我猜》游戏 PPT					任务编号		3-8	
任务描述	利用链接、动作按钮、动作等实现超链接，制作《你比我猜》游戏的 PPT					微课讲解		《你比我猜》游戏PPT	
任务评价	任务中各步骤完成度/%					综合素养			
	步骤	100	99～90	89～80	79～70	69～60	59～0	A	B	C	D
	步骤一										
	步骤二										
	步骤三										
	步骤四										
	填表说明：1. 请在对应单元格打✓；2. 综合素养包括学习态度、学习能力、沟通能力、团队协作等									

📂**总结与思考：**

任务 2　触发器的使用

📂**任务导语：**

在 PowerPiont 中，人们设置的文本框或者图片动画，只能按照顺序播放，那能不能想让谁先出现，谁就出现呢？当然可以。触发器是一个非常有用的工具，可以使 PPT 演示更具交互性和引人入胜。虽然设置触发器可能看起来有点复杂，但一旦掌握，就可以用它来创建各种复杂和高级的交互效果。

本任务将利用 PowerPiont 制作十分简单、超级实用的 PPT 小游戏，让大家理解触发器作用和设计方法。

单元3 PowerPiont 实用技能

📂 **任务单：**

任务名称	制作一个随机抽奖的互动 PPT 小游戏	任务编号	3-9
任务描述	利用动画和触发器制作一个年会用的 PPT 抽奖小游戏		
任务效果	（八个"点击抽奖"圆形按钮排列图示）		
任务分析	根据设计需要制作基本元素，选择完成基础动画的制作，利用动画效果选项设置"计时"设置，利用触发器，实现随机抽奖的效果		

📂 **知识导入：**

➤ 触发器的概念

触发器是 PowerPiont 中的一个对象，它可以是一个图片、图形、按钮，甚至可以是一个段落或文本框。单击触发器时，会触发一个操作。该操作可能是声音、视频或动画，例如在幻灯片上显示文本。触发器与动画相关联，没有动画就没有触发器。只要在幻灯片中包含动画效果、视频或声音，就可以为其设置触发器。必须单击触发器才能触发相应的动作。触发器与鼠标的动作相关，必须直接单击触发器（不是单击幻灯片）才能播放与其相关的效果。

注意：单击时可能触发触发器，也可能触发动画（未设置触发器的动画），还可能触发幻灯片的切换，所以要注意控制好单击的后续动作。

关闭单击换页功能的方法："幻灯片放映"→"幻灯片切换"→"取消单击鼠标换页"→选择"全部应用"。这种应用也可在指定的某一张或几张页面中应用，根据需要而定。

➤ "选择"窗格

"选择"窗格是一个当前幻灯片所有图片、文本框等对象的列表。在列表中可以对当前幻灯片上的所有对象进行命名，以便能方便查看和选择对应对象；可以用拖拽的方式快速调整对象上下关系；还可以暂时隐藏某些对象。对于对象较多的幻灯片来说，使用"选择"窗格选择和调整对象是非常便利的。

打开"选择"窗格有两种方式。

（1）单击"开始"选项卡→"编辑"工作组→"选择"按钮→"选择窗格"，如图 3-94 所示。

（2）单击"绘图工具|形状格式"选项卡→"排列"工作组→"选择窗格"按钮，如图 3-95 所示。

图 3-94 "选择"窗格

图 3-95 "绘图工具|形状格式"选项卡

➢ 命名对象

打开"选择"窗格后，右侧会有对象列表，单击某对象可使该对象处于选中状态，再次单击可对其进行命名。这对于页面中对象较多时很有帮助，如图 3-96 所示。

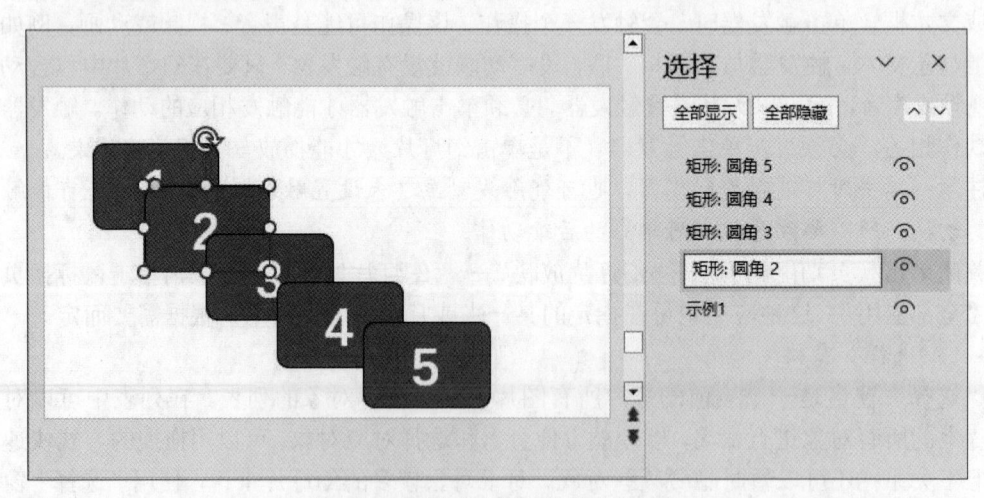

图 3-96 利用"选择"窗格命名对象

➢ 隐藏对象

在"选择"窗格顶部有"全部隐藏"和"全部显示"两个快捷按钮，可以快速隐藏和显示当前幻灯片中的所有对象。也可以单击各对象右侧的小眼睛图标隐藏或显示某个对象，如图 3-97 所示。

例如要对遮在下方的对象进行编辑，就可以先隐藏上面的对象。

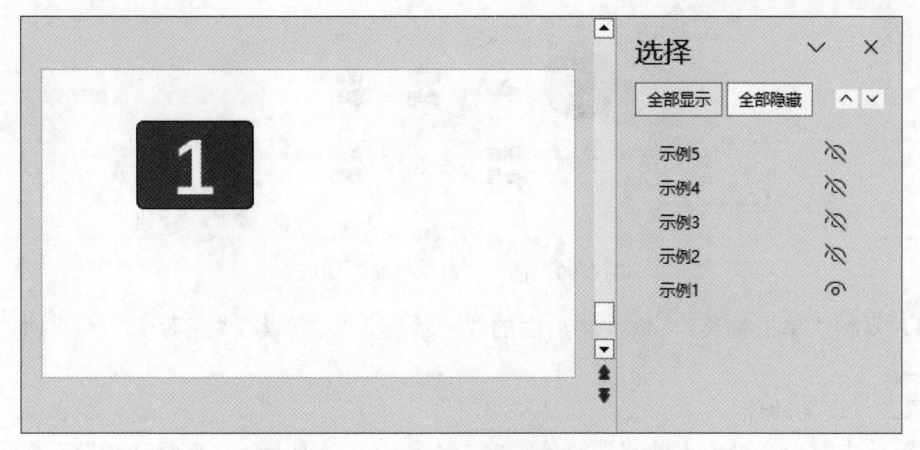

图 3-97　利用"选择"窗格隐藏/显示对象

➢ 多选对象

可以像在文件夹中或在幻灯片页面中选择对象一样,在"选择"窗格,按 Ctrl 键依次选中多个对象。

➢ 调整层次

直接在"选择"窗格的对象列表中,选中对象后上下拖动即可改变层次关系,比在幻灯片页面中在对象上右击,选上(下)移一层、置于顶(低)层的方式方便很多。

📂 实施方案:

步骤一　页面设置

新建幻灯片文件,将"版式"设置为"空白",删除文本占位符。

步骤二　添加抽奖活动的对象

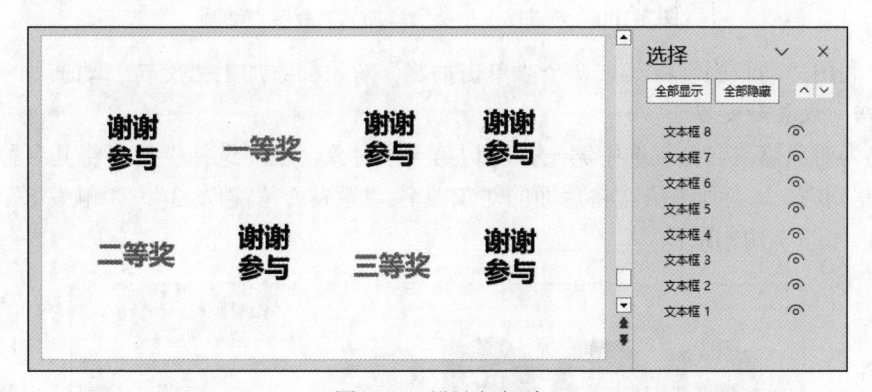

(1)插入文本框,按照图 3-98 设计幻灯片。

图 3-98　设计幻灯片

(2)单击"插入"选项卡→"插图"工作组→"形状"按钮→"椭圆",按住 Shift 键,绘制一个"正"圆。

设置圆形属性,填充:纯色填充,红色(RGB:255,0,0);线条:实线,10 磅,颜色黄色(RGB:255,255,0),输入文字"单击抽奖"。位置在第一排的"谢谢参与"上层,将其覆盖,如图 3-99 所示。

图 3-99　插入"单击抽奖"图形

（3）复制"单击抽奖"，依次将后面的"一等奖""二等奖""三等奖"和"谢谢参与"覆盖。

步骤三　设置动作

（1）选中第一个"单击抽奖"对象，单击"动画"选项卡→"高级动画"工作组→"添加动画"按钮→"更多退出效果"，在弹出的对话框中选择"旋转"。在动画效果选项中将旋转动画的"期间"设置为"快速（1秒）"，如图 3-100 所示。

图 3-100　为"单击抽奖"添加的"旋转"动画

（2）利用"动画刷"将其余 7 个"单击抽奖"对象都添加上"旋转"动画。

步骤四　设置触发器

（1）为对象修改名称。选中第一排左边第一个对象，在"选择"窗格将其名称改为"触发 1"，从左到右、从上到下依次将后面的对象改名："触发 2""触发 3"…"触发 8"，关闭"选择"窗格，如图 3-101 所示。

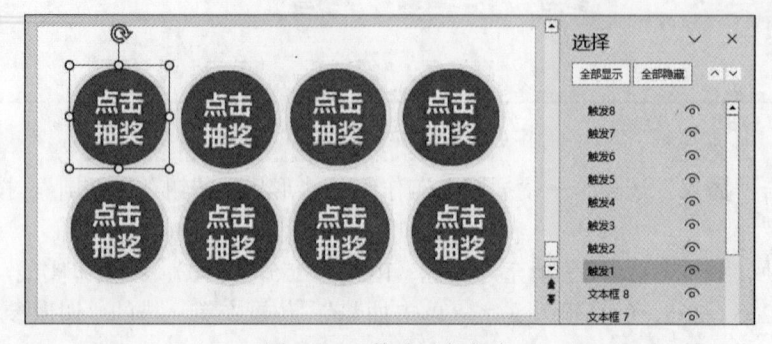

图 3-101　修改对象名称

（2）设置动画效果。在设计界面中，选中第一排左边第一个对象，单击"动画"选项卡→"高级动画"工作组→"动画窗格"按钮，打开"动画窗格"。双击"触发 1"，调出"旋转"动画的设置对话框，选中"计时"标签。单击"触发器"，勾选"单击下列对象时启动动画效果"，在右侧的下拉列表中，选中"触发 1：单击 抽奖"，单击"确定"按钮完成设置，如图 3-102 所示。

（3）设置其他对象的触发器。依次按照如"触发 1"方式进行设置动画效果选项，如图 3-103 所示。

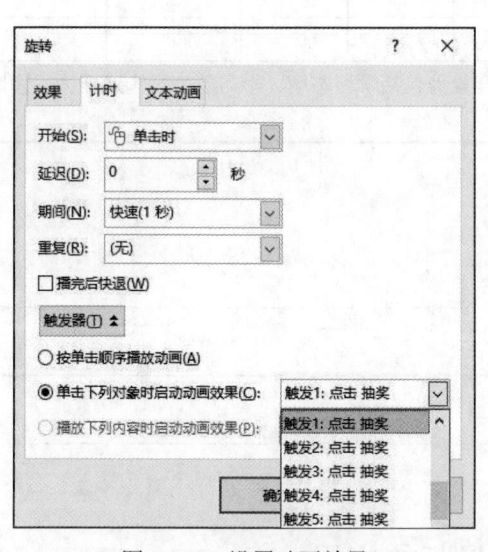

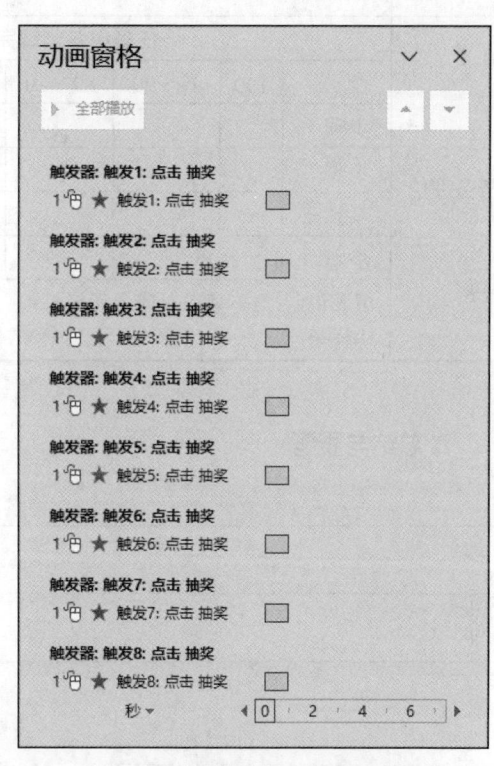

图 3-102 设置动画效果　　　　　　　图 3-103 设置其余动画的触发器

（4）放映观看效果。按 Shift+F5 快捷键，放映幻灯片，任意单击对象可以实现随机抽奖的效果，如图 3-104 所示。

图 3-104 观看放映效果

📁 **任务自评：**

任务名称	制作年会随机抽奖 PPT					任务编号	3-9		
任务描述	利用动画和触发器制作一个年会用的 PPT 抽奖小游戏					微课讲解	制作年会随机抽奖PPT		
任务评价		任务中各步骤完成度/%					综合素养		
	步骤	100	99~90	89~80	79~70	69~60	59~0	A	B	C	D
	步骤一										
	步骤二										
	步骤三										
	步骤四										
	填表说明：1. 请在对应单元格打✓；2. 综合素养包括学习态度、学习能力、沟通能力、团队协作等										

📁 **总结与思考：**

_____

_____

_____

项目 5　幻灯片母版的应用

📁 **项目介绍：**

在本项目中，将通过一个任务对 PowerPoint 中幻灯片母版的设计和使用等知识进行详细讲解。

任务 1　设计和应用母版

📁 **任务导语：**

一个 PPT 演示文稿，往往需要风格统一，在制作 PPT 时，可以应用幻灯片母版，控制演示文稿的外观，统一字体、背景、效果等，制作美观、逻辑清晰的演示文稿，提升学生的空间思维和艺术素养能力。

📁 **任务单：**

任务名称	设计和应用母版	任务编号	3-10
任务描述	在 PowerPoint 中应用幻灯片母版的设计，控制整个演示文稿的外观，将颜色、字体、背景、效果等统一，形成精美的演示文稿		
任务效果			
任务分析	本任务中需要对演示文稿应用幻灯片母版的设计，插入统一的 logo 图，应用统一的背景，插入总页码，可以对幻灯片上的字体和效果等进行统一的设置，利用幻灯片母版进行外观控制，形成主题风格统一的演示文稿		

📁 **知识要点：**

➢ 母版

单击"视图"选项卡→"母版视图"工作组，在该工作组中可以对幻灯片母版、讲义母版、备注母版等进行设置。

（1）幻灯片母版。控制整个演示文稿的外观，包括颜色、字体、背景、效果和其他所有内容。

（2）讲义母版。自定义演示文稿用作打印的讲义时的外观。

（3）备注母版。自定义演示文稿与备注一起打印的效果。

➢ 编辑母版

（1）插入幻灯片母版（Ctrl+M）。默认有一组母版，可以插入多组母版。

（2）复制幻灯片母版（Ctrl+D）。在一组母版的第一张主母版上右击，在快捷菜单中选择"复制幻灯片母版"，可以增加一组一样主题的母版。

（3）插入版式。在幻灯片母版设置中添加自定义版式。

（4）删除母版。选中第一张主母版，单击"幻灯片母版"选项卡→"编辑母版"工作组→"删除"按钮，可以删除这组母版；或者在幻灯片母版上右击，在快捷菜单中选择"删除母版"。

（5）重命名母版。选中第一张主母版，单击"幻灯片母版"选项卡→"编辑母版"工作组→"重命名"按钮，弹出"重命名版式"对话框，可以重命名母版；或者在幻灯片母版上右击，在快捷菜单中选择"重命名母版"。

（6）保留母版。保留选择的母版，使其在未被使用的情况下也能留在演示文稿中，如果一组母版设置了保留，当前在这组母版上进行主题修改，会新增一组新主题母版，不会修改被保留的母版。

> 母版版式

（1）母版版式。第一张幻灯片是主母版，后面的幻灯片是不同的子版式，母版版式只对第一张主母版起作用，对主母版的设置，对各版式子母版均生效。选中第一张主母版，单击"幻灯片母版"选项卡→"母版版式"工作组→"母版版式"按钮，弹出"母版版式"对话框，有多种占位符，包括标题、文本、日期、幻灯片编号、页脚，当不需要占位符，则取消勾选，默认全选。

（2）插入占位符。选中各子版式母版，单击"幻灯片母版"选项卡→"母版版式"工作组→"插入占位符"按钮，可以插入文本、图表、图片、表格等占位符。

（3）标题占位符。选择有标题占位符的子版式母版，取消勾选，则取消标题占位符。

（4）页脚占位符。选择有页脚占位符的子版式母版，取消勾选，则取消页脚占位符。

> 设置主题

单击"幻灯片母版"选项卡→"编辑主题"工作组，选择 Office 主题应用，内置主题可以快速定义幻灯片的外观样式、颜色、字体和效果等，演示文稿统一色彩和风格。

一个母版可以应用一个主题，一个演示文稿可以应用多个幻灯片母版。

> 修改主题颜色

修改主题的颜色，整个演示文稿的主题颜色发生改变，当幻灯片插入形状、表格、图表等，主题颜色均发生变化，单击"幻灯片母版"选项卡→"背景"工作组→"颜色"，可以修改主题的颜色，具体参数如图 3-105 至图 3-107 所示。

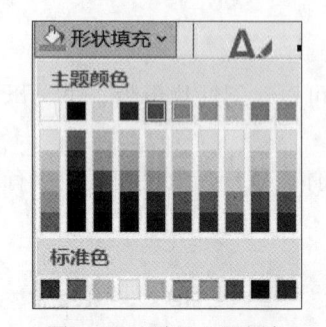

图 3-105　默认主题颜色 　　　图 3-106　修改主题颜色为蓝色 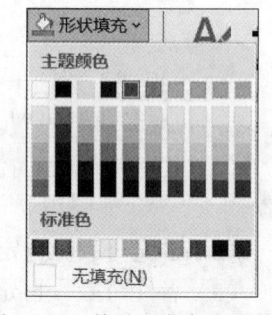　　　图 3-107　修改后蓝色主题颜色

> 修改主题字体

单击"幻灯片母版"选项卡→"背景"工作组→"字体"，可以修改主题的字体。

> 修改主题效果

单击"幻灯片母版"选项卡→"背景"工作组→"效果"，可以修改主题的效果。

> 设置背景样式

在第一张主母版中插入背景图片，所有基于母版的子版式母版也会插入统一的背景图，整个演示文稿可以统一背景。

设置标题幻灯片背景样式，标题幻灯片如果要区别于其他幻灯片背景，可以选择标题幻灯片，勾选隐藏背景图形，插入新背景图。

> 插入 logo 图片

在第一张母版中插入 logo 图片，所有基于母版的子版式也会插入 logo，而演示文稿的编辑也受版式影响，也会统一有 logo 图片。
- 插入总页码

单击"插入"选项卡→"文本"工作组→"文本框"按钮→"绘制横排文本框"，然后在"幻灯片编号：‹ #› "占位符后面，绘制一个文本框，手动输入"/"和总页码数，总页码数需要确定页码数手动添加或更新。
- 关闭幻灯片母版设计

单击"幻灯片母版"选项卡→"关闭"工作组→"关闭母版视图"按钮，关闭幻灯片母版设计。
- 页眉和页脚应用

在"页眉和页脚"对话框，勾选幻灯片编号和页脚，幻灯片可以应用母版设计的页眉和页脚。
- 幻灯片母版应用

"新建幻灯片"下拉列表会出现设计的多种主题的母版，可以选择不同的幻灯片母版新建各种版式的幻灯片。
- 保存文档

单击"文件"选项卡→"另存为"按钮，找到保存文档的文件夹，输入文件名可以保存文档，也可以利用"另存为"对话框中的"工具"→"常规"选项，设置文档的打开权限和修改权限密码。

📂 实施方案：

步骤一 幻灯片母版

新建空白 PowerPoint 文档，单击"视图"选项卡→"母版视图"工作组→"幻灯片母版"按钮，打开幻灯片母版窗格，出现"幻灯片母版"选项卡。

步骤二 幻灯片母版应用内置主题

第一张幻灯片是主母版，后面的幻灯片是不同的子版式，选中第一张幻灯片主母版，单击"幻灯片母版"选项卡→"编辑主题"工作组→"回顾"Office 主题。

步骤三 修改主题颜色、字体、效果

（1）单击"幻灯片母版"选项卡→"背景"工作组→"颜色"按钮→"蓝色"，将系统默认的主题颜色修改为蓝色，具体参数如图 3-108 所示。

图 3-108 修改主题颜色

（2）单击"幻灯片母版"选项卡→"背景"工作组→"字体"按钮→"隶书"选项，具体参数如图 3-109 所示。

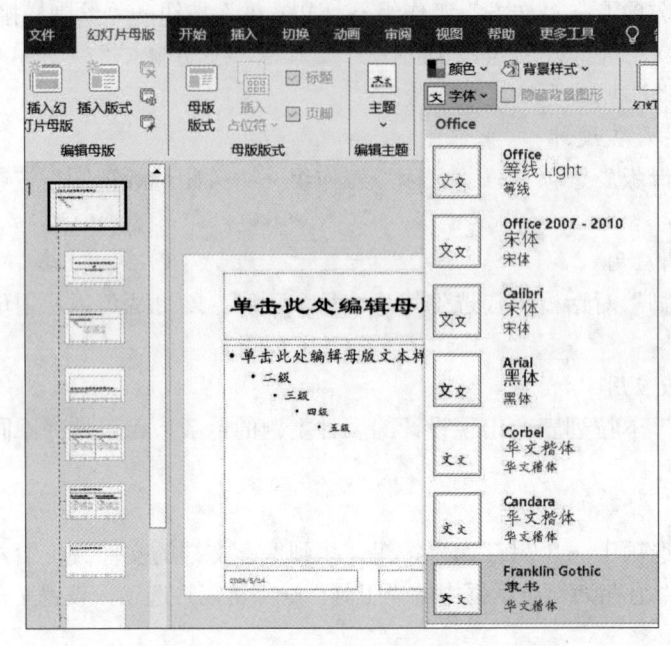

图 3-109　主题字体设置

（3）单击"幻灯片母版"选项卡→"背景"工作组→"效果"按钮→"光面"，具体参数如图 3-110 所示。

步骤四　背景样式设置

（1）选中第一张幻灯片主母版，单击"幻灯片母版"选项卡→"背景"工作组→"背景样式"按钮→"设置背景格式"，选择素材文件夹下的"背景.jpg"图片，设置为背景格式图。

（2）选中第二张标题幻灯片，单击"幻灯片母版"选项卡→"背景"工作组→"隐藏背景图形"按钮，如图 3-111 所示。

图 3-110　主题效果设置　　　　　　图 3-111　隐藏背景图形

（3）打开"设置背景格式"窗格，选择素材文件夹下的"标题背景.jpg"图片，设置为背景格式图，或单击"插入"选项卡→"图像"工作组→"图片"按钮→"此设备"，找到"标题背景.jpg"图片，单击"插入"按钮，调整图片至幻灯片大小，图片上右击，选择"置于底层"。

步骤五　插入 logo 图片

选中第一张幻灯片母版，单击"插入"选项卡→"图像"工作组→"图片"按钮→"此设备"，找到素材文件夹 logo.png 图片，单击"插入"按钮，调整图片大小，移动到幻灯片母版右上角适当位置。

步骤六　取消占位符

（1）选中第一张幻灯片主母版，单击"幻灯片母版"选项卡→"母版版式"工作组→"母版版式"按钮，弹出"母版版式"对话框，取消"日期"占位符，如图 3-112 所示。

（2）选择"页脚"占位符，输入文字内容"第一项"。

步骤七　插入总页码

（1）在右边的"幻灯片编号"占位符后插入总页码，单击"插入"选项卡→"文本"工作组→"文本框"按钮→"绘制横排文本框"，在"幻灯片编号：<#>"后面，绘制一个文本框，手动输入"/6"，总页码数需要确定页码数手动添加或更新。

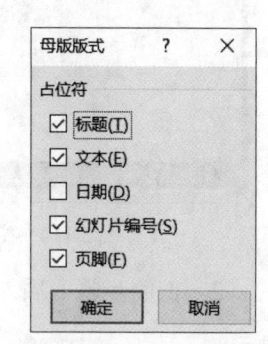

图 3-112　母版版式占位符

（2）选中字体"第一项""<#>""/6"，字体设置"华文楷体（正文）"、12 磅，颜色"标准色：深蓝"，如图 3-113 所示。

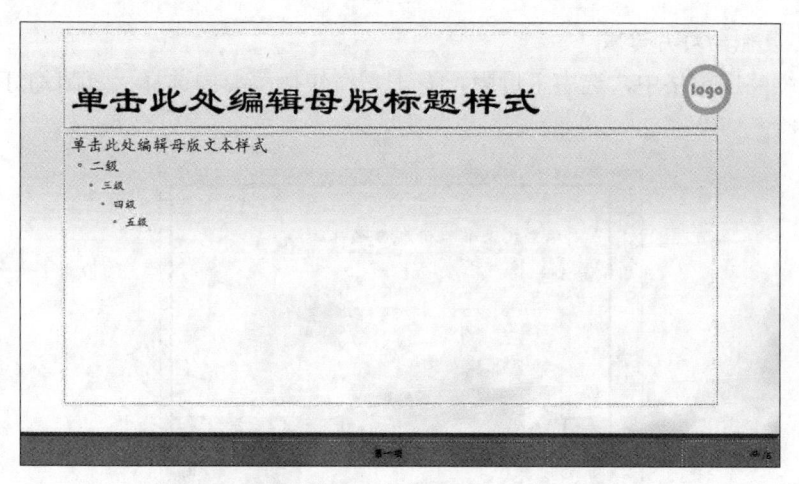

图 3-113　插入页码

步骤八　标题幻灯片设置

（1）选择第二张标题幻灯片母版，选择标题占位符文字，字体设置为"微软雅黑"、80 磅、加粗，颜色"白色，背景 1"；选择副标题占位符文字，字体设置为"微软雅黑"、24 磅、颜色"白色，背景 1"，调整标题和副标题占位符大小和位置，根据效果图删除"回顾"主题的直线等。

（2）单击"幻灯片母版"选项卡→"母版版式"，取消"页脚"占位符。

步骤九　空白版式母版设置

（1）缩略图窗格选择"空白版式"子版式，从第一张幻灯片母版复制直线和 logo 图，页脚输入"第一项"，插入素材文件夹 1.png 图片，单击"幻灯片母版"选项卡→"母版版式"工作组→"插入占位符"按钮→"文本"，删除下一级文本，选择文字，字体设置为"华文楷体（正文）"、28 磅、加粗，颜色"标准色：蓝色"。如图 3-114、图 3-115 所示。

图 3-114　空白版式

图 3-115　插入文本占位符

（2）按照步骤七插入总页码数。

> **提示**
> 母版可以控制整个幻灯片，一般可以用于插入 logo 图、背景图、设置页码等，第一张主母版可以控制整个母版全局，各个版式母版可以个性化设置，可以选中各个版式的幻灯片，选择各个占位符，可以分别进行字体和段落的设置等。

步骤十　复制幻灯片母版

（1）在缩略图窗格中，选中主母版，右击，在快捷菜单中选择"复制幻灯片母版"，如图 3-116 所示。

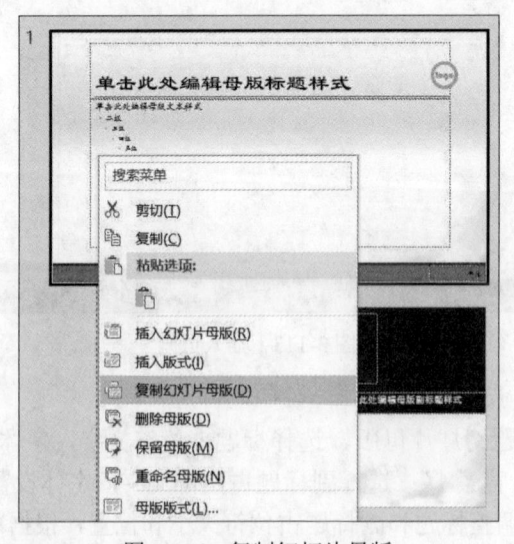

图 3-116　复制幻灯片母版

（2）选择幻灯片母版 2，将"页脚"占位符的文字"第一项"对应修改成"第二项"。

> 提示
> 如果整个演示文稿要设计多种不同的幻灯片母版，可以单击"幻灯片母版"选项卡→"编辑母版"工作组→"插入幻灯片母版"按钮，在新建幻灯片时选择应用相应的母版。

步骤十一　关闭幻灯片母版

幻灯片母版设计完成后，单击"关闭母版视图"按钮退出幻灯片母版的编辑。

步骤十二　幻灯片母版的应用

（1）单击"插入"选项卡→"文本"工作组→"页眉和页脚"按钮，启动"页眉和页脚"对话框，勾选"幻灯片编号"和"页脚"，如图 3-117 所示。

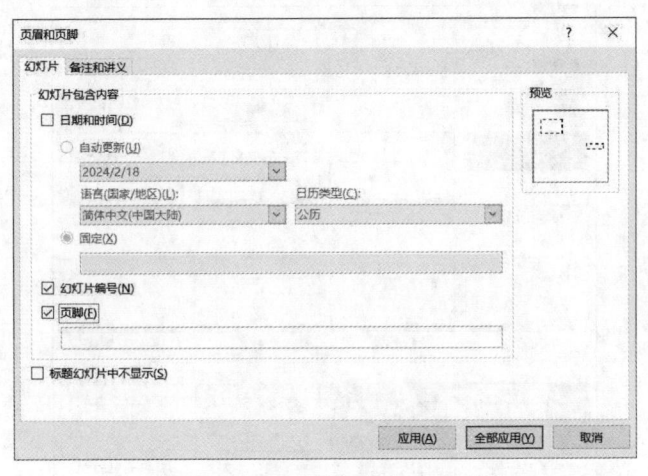

图 3-117　"页眉和页脚"对话框

（2）单击"标题"占位符，输入"2024"；单击"副标题"占位符，输入"汇报人：李莉"；插入横排文本框，输入"市场调查报告"，字体设置为"微软雅黑"、30 磅、加粗，颜色"白色，背景 1"，调整各个占位符的大小和位置，如图 3-118 所示。

图 3-118　标题幻灯片设置

（3）单击"插入"选项卡→"图像"工作组→"图片"按钮→"此设备"，找到素材文件夹，依次插入"图 1.png""图 2.png""图 3.png""图 4.png""图 5.png"，调整图片位置，如图 3-119 所示。

（4）单击"开始"选项卡→"幻灯片"工作组→"新建幻灯片"按钮→回顾"空白"幻灯片，文本框输入"调查内容"，页脚显示"第一项"。如图 3-120 所示。

（5）新建一张"1_回顾"的"空白"在版式幻灯片，在文本框输入"调查分析"，页脚显示"第一项"。

图 3-119　在标题幻灯片插入图片

图 3-120　空白版式母版应用

（6）新建一张"1_回顾"的"空白"在版式幻灯片，在文本框输入"产品前景"，页脚显示"第二项"。

（7）新建一张"1_回顾"的"空白"在版式幻灯片，在文本框输入"经济效益"，页脚显示"第二项"。

（8）在缩略图窗格选中第一张幻灯片，右击"复制幻灯片"，移动复制的幻灯片成为最后一张，修改内容为"汇报完毕　感谢观看"，调整位置，如图 3-121 所示。

图 3-121　复制幻灯片

步骤十三　保存文档

单击"文件"选项卡→"另存为"按钮,选择要保存文档的文件夹,输入文件名"幻灯片母版的设计与应用",单击"保存"按钮。

> **提示**
> 在"另存为"对话框,单击"工具"→"常规选项",可以设置文档的打开权限和修改权限密码。
> 如果在制作幻灯片时,使用了比较特殊的字体,为了确保幻灯片播放时字体不发生变化,需要在"另存为"对话框,单击"工具"→"保存选项"→选中"将字体嵌入文件"。

📁 **任务自评:**

任务名称	设计和应用母版						任务编号		3-10
任务描述	在 PowerPoint 中应用母版的设计,控制整个演示文稿的外观,将颜色、字体、背景、效果等统一,可以选中各种版式添加个性化的样式,制作精美的演示文稿						微课讲解		设计和应用母版
任务评价	步骤	任务中各步骤完成度/%					综合素养		
^^	^^	100	99~90	89~80	79~70	69~60	59~0	A	B	C	D
^^	步骤一										
^^	步骤二										
^^	步骤三										
^^	步骤四										
^^	步骤五										
^^	步骤六										
^^	步骤七										
^^	步骤八										
^^	步骤九										
^^	步骤十										
^^	步骤十一										
^^	步骤十二										
^^	步骤十三										
^^	填表说明:1. 请在对应单元格打✓;2. 综合素养包括学习态度、学习能力、沟通能力、团队协作等										

📂 **总结与思考:**

项目 6　幻灯片的放映设置

📂 **项目介绍:**

在本项目中，将通过三个任务对 PowerPoint 中幻灯片的自定义放映、排练计时等知识进行详细讲解。

任务 1　页面切换效果设置

📂 **任务导语:**

小莉同学的大学生活即将结束，辅导员给同学们布置了一项任务，总结汇报自己的大学生活，将小莉做好的演示文稿，进行页面切换效果设置。

📂 **任务单:**

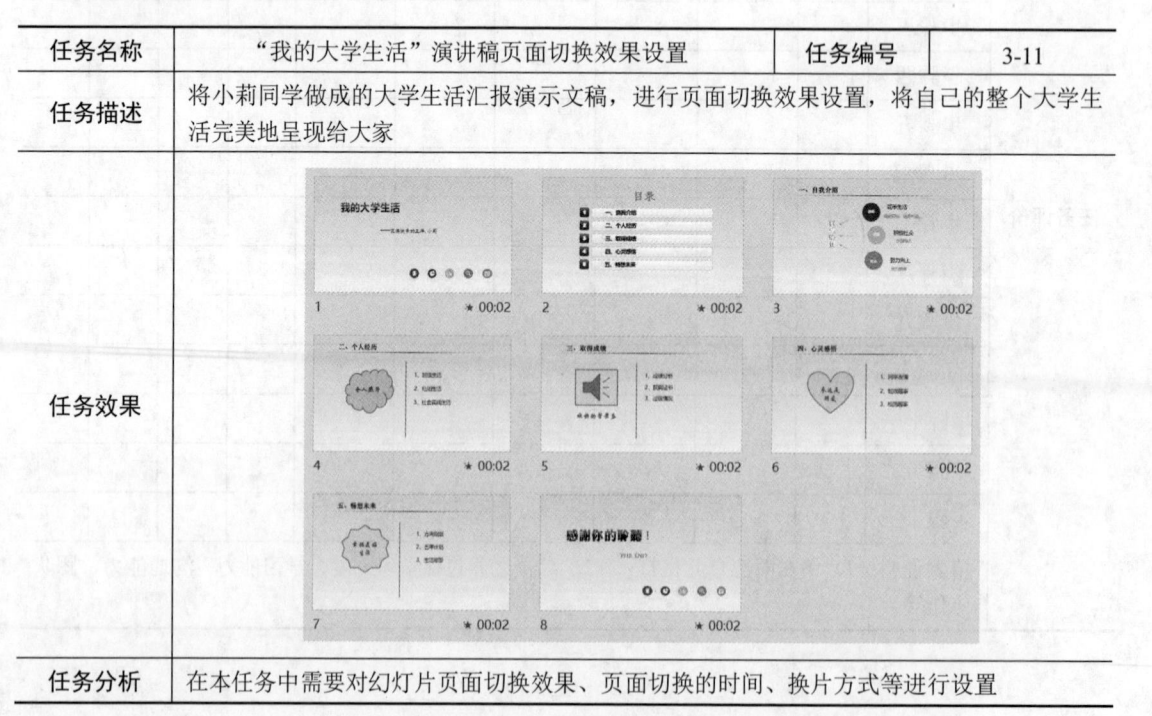

任务名称	"我的大学生活"演讲稿页面切换效果设置	任务编号	3-11
任务描述	将小莉同学做成的大学生活汇报演示文稿，进行页面切换效果设置，将自己的整个大学生活完美地呈现给大家		
任务效果			
任务分析	在本任务中需要对幻灯片页面切换效果、页面切换的时间、换片方式等进行设置		

📂 知识要点：

➤ 切换效果

幻灯片切换效果是指在演示文稿放映时，一张幻灯片退出以及下一张幻灯片出现的视觉效果，可以设置切换速度、添加声音和自定义切换效果。

一张幻灯片只能应用一种切换效果，可以为每张幻灯片应用相同的切换效果，也可以为每张幻灯片应用不同的切换效果。

➤ 效果选项设置

效果选项，可以针对每张幻灯片设置的切换效果，选择不同的效果选项方式。

➤ 计时设置

"计时"可以更改效果的持续时间，还可以设置效果是在鼠标单击时实现还是经过一定时间后实现。

"计时"工作组，在该工作组中就可以对每张幻灯片的切换时间、换片方式等进行设置。

➤ 应用到全部

"应用到全部"按钮，可以把设置好的页面切换效果应用到整个演示文稿中的每张幻灯片，如果需要每张幻灯片的页面切换效果不一样，可以为每张幻灯片单独设置切换效果。

➤ 预览

单击"切换"选项卡→"预览"工作组→"预览"按钮，可以预览切换效果。

📂 实施方案：

步骤一　切换效果

（1）打开"我的大学生活"PPT，选择第一张幻灯片，单击"切换"选项卡→"切换到此幻灯片"工作组，选择切换效果为"百叶窗"，如图3-122所示。

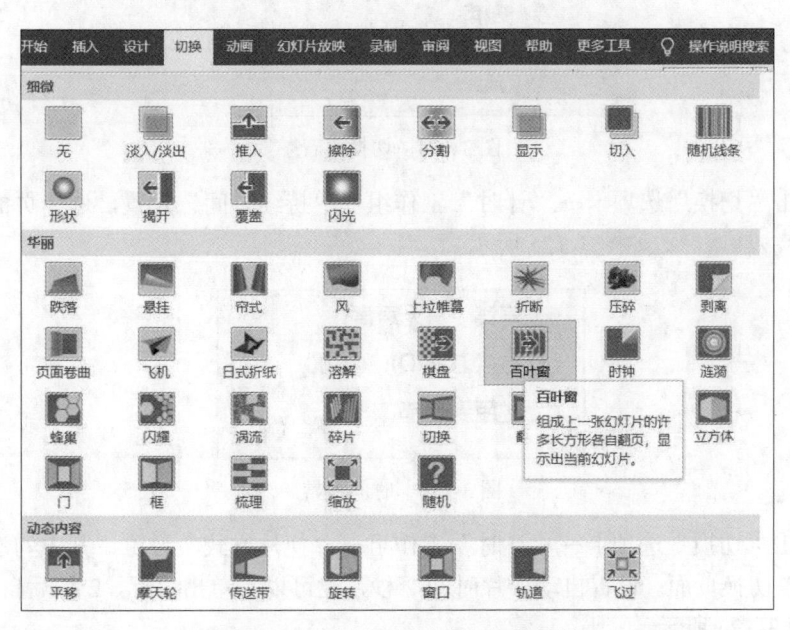

图3-122　选择"百叶窗"切换效果

（2）单击"切换"选项卡→"切换到此幻灯片"工作组→"效果选项"按钮，选择"效果选项"为"水平"，具体参数如图 3-123 所示。

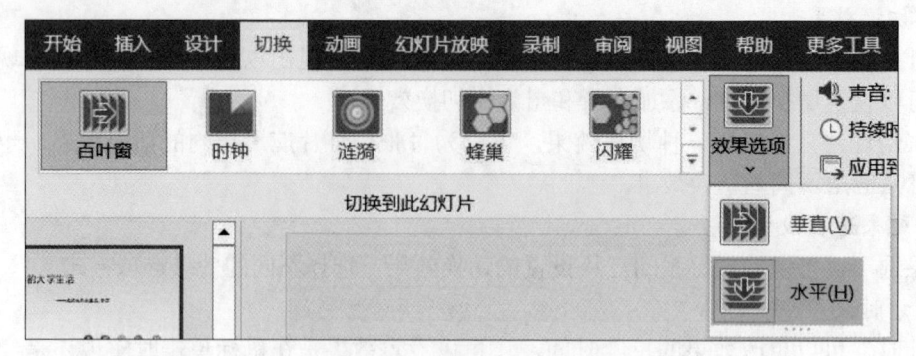

图 3-123　效果选项设置

步骤二　计时

（1）单击"切换"选项卡→"计时"工作组→"声音"下拉列表，选择页面切换效果的声音为"单击"，具体参数如图 3-124 所示。

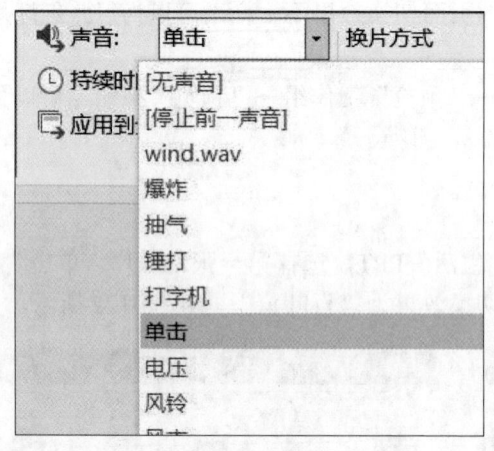

图 3-124　切换声音

（2）单击"切换"选项卡→"计时"工作组→"持续时间"设置，选择页面切换效果的持续时间 2 秒，具体参数如图 3-125 所示。

图 3-125　时间设置

（3）单击"切换"选项卡→"计时"工作组→"换片方式"设置，其中勾选"单击鼠标时"，单击可以切换页面。设置自动换片时间 2 秒，也可以不单击鼠标，2 秒后自动切换页面，具体参数如图 3-126 所示。

图 3-126　换片方式设置

（4）单击"切换"选项卡→"计时"工作组→"应用到全部"按钮，将所有幻灯片的切换方式都设置为"百叶窗"。

步骤三　预览

单击"切换"选项卡→"预览"工作组→"预览"按钮，预览切换效果。

📂 任务自评：

任务名称	"我的大学生活"演讲稿页面切换效果设置						任务编号		3-11	
任务描述	将小莉同学做成的大学生活汇报演示文稿，进行页面切换效果设置，将自己的整个大学生活完美地呈现给大家						微课讲解		"我的大学生活"演讲稿页面切换效果设置	
任务评价		任务中各步骤完成度/%						综合素养		
	步骤	100	99～90	89～80	79～70	69～60	59～0	A	B	C	D
	步骤一										
	步骤二										
	步骤三										
	填表说明：1. 请在对应单元格打✓；2. 综合素养包括学习态度、学习能力、沟通能力、团队协作等									

📂 总结与思考：

任务 2　排练计时

📂 任务导语：

将小莉同学的大学生活演示文稿，进行排练计时预演放映时间设置。

📁 任务单：

任务名称	"我的大学生活"演讲稿排练计时预演放映设置	任务编号	3-12
任务描述	小莉同学将自己的大学生活总结做成精美的演示文稿，通过排练计时控制放映时间，设置为幻灯片自动放映		
任务效果			
任务分析	在本任务中需要对幻灯片放映进行设置，可以设置放映方式，用排练计时预演幻灯片放映时间等，不需要放映的幻灯片可以隐藏等		

📁 知识要点：

> ➤ 隐藏幻灯片

可以对每张幻灯片是否放映进行设置，当幻灯片放映时，不需要放映的幻灯片可以勾选"隐藏幻灯片"。

> ➤ 排练计时

在使用演示文稿汇报工作的时候，有时候需要在规定的时间内完成汇报，不能超时，可以使用演示文稿中的"排练计时"，控制幻灯片放映的时间。

"排练计时"可以对每张幻灯片的放映时间进行设置。排练计时"录制"对话框有三个按钮，分别是"下一项""暂停录制""重复"。

> ➤ 启动录制

单击"幻灯片放映"选项卡→"设置"工作组→"排练计时"按钮，可以启动"录制"对话框。

> ➤ 暂停录制

单击"暂停录制"按钮，弹出录制已暂停的对话框，可以暂停录制。

> ➤ 重复录制

单击"重复"按钮，则录制时间清零，弹出录制已暂停的对话框，可以单击"继续录制"按钮。

➢ 设置幻灯片放映

设置幻灯片放映可以对幻灯片放映类型、幻灯片放映选项等放映属性进行设置。

放映的三种类型如下。

（1）"演讲者放映（全屏幕）"。放映时，幻灯片全屏显示。演讲者控制整个放映过程，可以手动或自动切换幻灯片和动画，可以标记幻灯片的内容，在放映过程中还可以录制，也就是手动放映。

（2）"观众自行浏览（窗口）"。观众自己观看幻灯片，显示标准窗口的幻灯片。观众可以通过菜单翻页、打印、浏览，但不能单击放映，只能自动放映或使用滚动条放映，也叫交互放映。

（3）"在展台浏览（全屏幕）"。幻灯片设置了自动换片时间，幻灯片全屏显示。在放映过程中全自动放映，只能使用终止放映 ESC 键退出，也被称为自动放映。

放映选项如下：

（1）"循环放映"，按 ESC 键终止。放映时，幻灯片从头到尾放映完，又从头开始循环放映。

（2）"放映时不加旁白"。幻灯片录制时录制的旁白，在幻灯片放映的时候，录制的旁白声音会自动播放，如果勾选，放映时就不播放旁白。

（3）"放映时不加动画"。勾选此选项，则幻灯片放映时不播放幻灯片上的各个对象设置的动画。

（4）"禁用硬件图形加速"。不勾选此选项，放映时图形显示速度更快，勾选会降低性能。

➢ 推进幻灯片设置

如果幻灯片放映时要选择"排练计时"进行放映，推进幻灯片设置还需要选择"如果出现计时，则使用它"。

➢ 幻灯片放映

幻灯片放映可以选择"从头开始"放映，也可以选择"从当前幻灯片"开始放映。

📂 **实施方案：**

步骤一　隐藏幻灯片

打开"我的大学生活"PPT，选择第二张幻灯片，单击"幻灯片放映"选项卡→"设置"工作组→"隐藏幻灯片"按钮，则隐藏了第二张幻灯片，如果需要取消隐藏，则再次单击"隐藏幻灯片"按钮，取消隐藏设置，如图 3-127 所示。

图 3-127　隐藏幻灯片设置

步骤二　排练计时

（1）单击"幻灯片放映"选项卡→"设置"工作组→"排练计时"按钮，启动"录制"对话框，如图 3-128 所示。

图 3-128　"录制"对话框

（2）单击"暂停录制"按钮，则弹出录制已暂停的对话框，如图 3-129、图 3-130 所示。

图 3-129　暂停录制

图 3-130　录制暂停的对话框

（3）单击"重复"按钮，则录制时间清零，弹出录制已暂停的对话框，如图 3-131、图 3-132 所示。

（4）第一张幻灯片放映时间设置 9 秒后，单击"下一项"按钮，进入下一张幻灯片预演放映时间设置，如图 3-133 所示。

图 3-131　重复按钮

图 3-132　时间清零时的录制暂停对话框

（5）第二张幻灯片预演放映时间设置好后，单击"下一项"按钮，进入下一张幻灯片放映时间设置，依次设置，直到最后一张幻灯片设置完成，单击"下一项"按钮会弹出是否保留新的幻灯片计时对话框，单击"是"则保存排练计时预演时间，单击"否"则取消，如图 3-134 所示。

图 3-133　录制第一张幻灯片

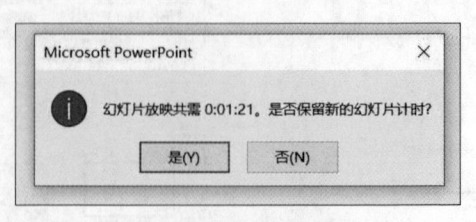

图 3-134　放映时间保存

步骤三　设置幻灯片放映

（1）单击"幻灯片放映"选项卡→"设置"工作组→"设置幻灯片放映"按钮，如图 3-135 所示，启动"设置放映方式"对话框。

（2）选择放映类型为"演讲者放映（全屏幕）"，对放映选项进行选择，推进幻灯片选择"如果出现计时，则使用它"，如图 3-136 所示。

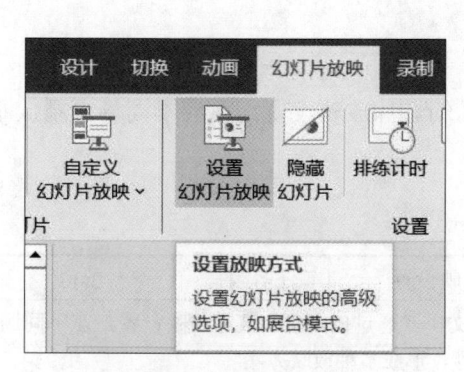

图 3-135　设置幻灯片放映

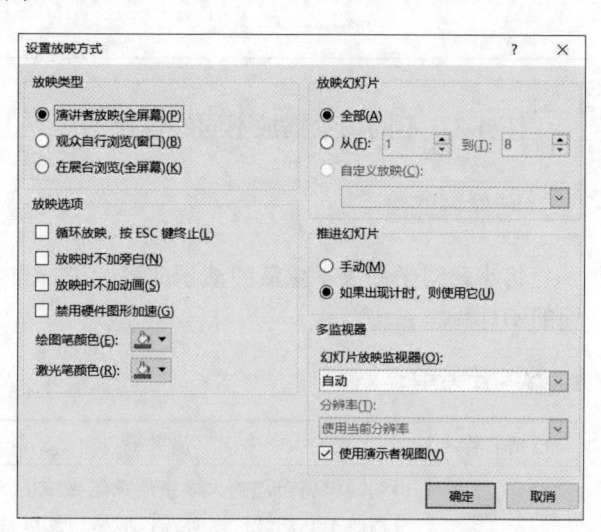

图 3-136　放映设置

步骤四　幻灯片放映

单击"幻灯片放映"选项卡→"开始放映幻灯片"工作组→"从头开始"按钮（F5）或者"从当前幻灯片"按钮（Shift+F5），则可以实现排练计时预演放映时间进行放映。

📂 任务自评：

任务名称	"我的大学生活"演讲稿排练计时预演放映设置						任务编号		3-12	
任务描述	小莉同学将自己的大学生活总结做成精美的演示文稿，通过排练计时控制放映时间，设置为幻灯片自动放映						微课讲解		"我的大学生活"演讲稿排练计时预演放映设置	
任务评价	任务中各步骤完成度/%						综合素养			
	步骤	100	99～90	89～80	79～70	69～60	59～0	A	B	C	D
	步骤一										
	步骤二										
	步骤三										
	步骤四										
	填表说明：1. 请在对应单元格打✓；2. 综合素养包括学习态度、学习能力、沟通能力、团队协作等									

📁 总结与思考：

_____

_____

_____

任务 3 不同场景播放不同幻灯片

📁 任务导语：

将小莉同学的大学生活的演示文稿，进行自定义幻灯片放映设置，适应不同场景播放不同的幻灯片。

📁 任务单：

任务名称	"我的大学生活"演讲稿自定义幻灯片放映设置	任务编号	3-13
任务描述	小莉同学将自己的大学生活总结做成的演示文稿，通过自定义幻灯片放映设置，在不同场景播放不同幻灯片，有选择地呈现幻灯片内容，形成多种放映方案			
任务效果				
任务分析	在本任务中需要对幻灯片放映进行自定义放映设置，可以设置不同场景播放不同幻灯片等			

📁 知识要点：

➢ 幻灯片放映

幻灯片放映默认放映全部幻灯片。放映部分幻灯片，如果是连续放映可以启动"设置放映方式"对话框，"放映幻灯片"选择从第几张到第几张；如果不是连续放映，可以设置"自定义幻灯片放映"。

在"开始放映幻灯片"工作组中可以对幻灯片放映开始位置、自定义幻灯片放映等放映属性进行设置。

➢ 自定义幻灯片放映

单击"新建"按钮,设置自定义的幻灯片放映名称,"自定义放映"对话框可以新建很多组幻灯片放映名称,也可以编辑、删除和复制幻灯片放映名称。

➢ 添加放映幻灯片

定义放映名称后,选择需要放映的幻灯片,单击"添加"按钮,添加到自定义放映中。

➢ 删除放映幻灯片

如果定义放映的幻灯片添加错误,则选择幻灯片,单击"删除"按钮,幻灯片则不在自定义放映中。

➢ 放映幻灯片选择

自定义的幻灯片需要放映,还需要设置放映方式,启动"设置放映方式"对话框,可以自由选择要放映的幻灯片放映名称。

➢ 放映幻灯片

单击"从头开始"或者"从当前幻灯片开始",则可以放映设置好放映名称的幻灯片。

"自定义幻灯片放映"可以自由选择要放映的名称。

📂**实施方案:**

步骤一　自定义幻灯片放映

(1)打开"我的大学生活"PPT,单击"幻灯片放映"选项卡→"开始放映幻灯片"工作组→"自定义幻灯片放映"按钮,启动"自定义放映"对话框,如图 3-137、图 3-138 所示。

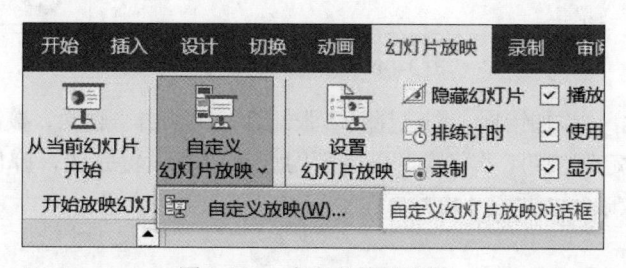

图 3-137　自定义放映设置

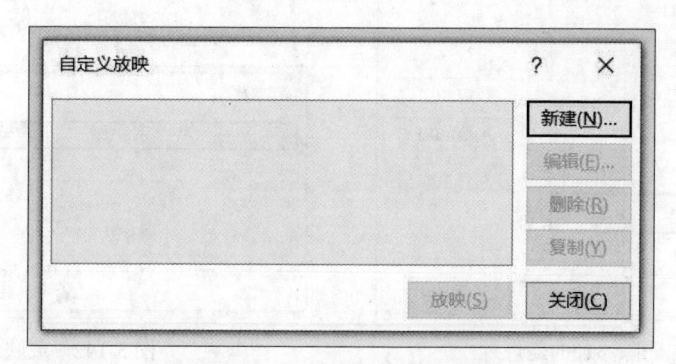

图 3-138　"自定义放映"对话框

（2）单击"新建"按钮，设置"幻灯片放映名称"为"学校"，将所有放映的幻灯片添加到自定义放映中，具体参数如图 3-139、图 3-140 所示。

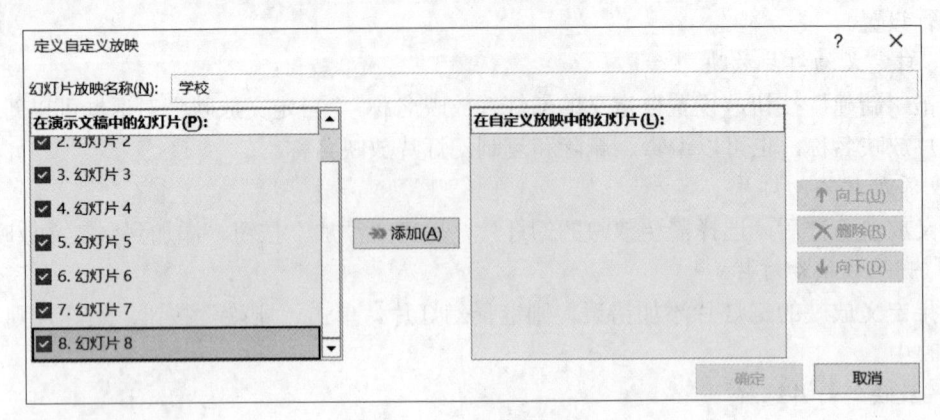

图 3-139 选择放映幻灯片

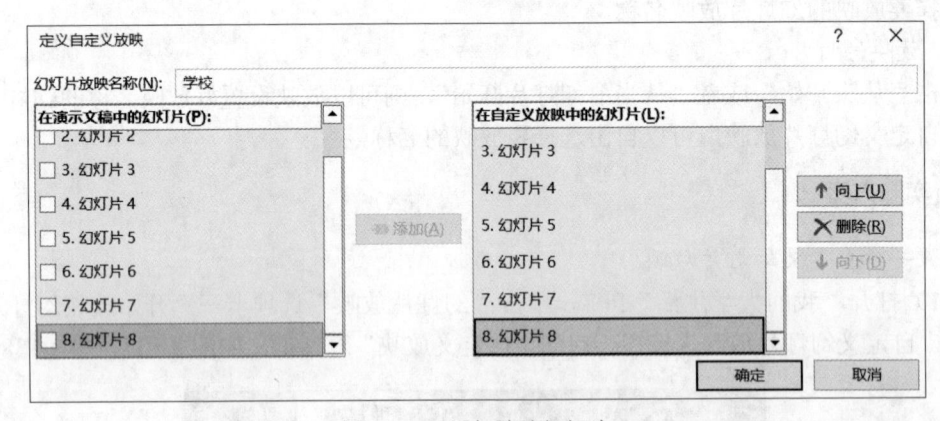

图 3-140 添加放映幻灯片

（3）第 7 张幻灯片添加错误，则选择第 7 张幻灯片，单击"删除"按钮，如图 3-141 所示。

（4）单击"确定"按钮，"学校"自定义幻灯片放映设置完成，弹出对话框，单击"放映"按钮，则预览放映，如图 3-142 所示。

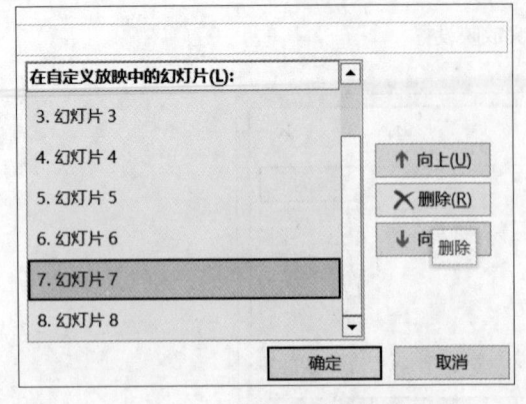

图 3-141 删除添加的幻灯片

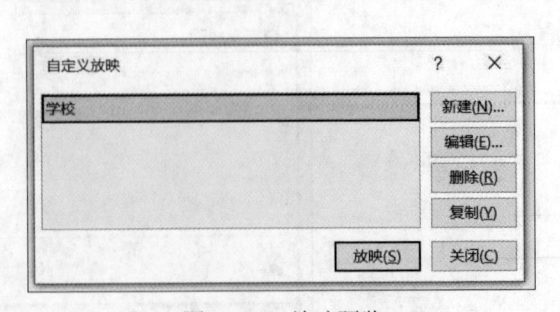

图 3-142 放映预览

(5)启动"自定义放映"对话框,单击"新建"按钮,设置"幻灯片放映名称"为"家庭",选择需要放映的幻灯片,单击"添加"按钮,添加到"家庭"自定义放映中,具体参数如图 3-143、图 3-144 所示。

图 3-143　家庭放映

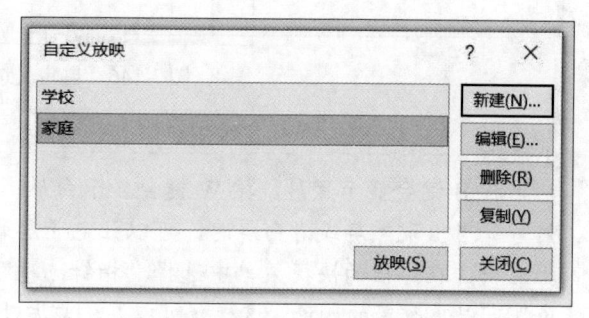

图 3-144　"家庭"自定义放映

步骤二　设置幻灯片放映

(1)启动"设置放映方式"对话框,"自定义放映"选择"学校",如图 3-145 所示。

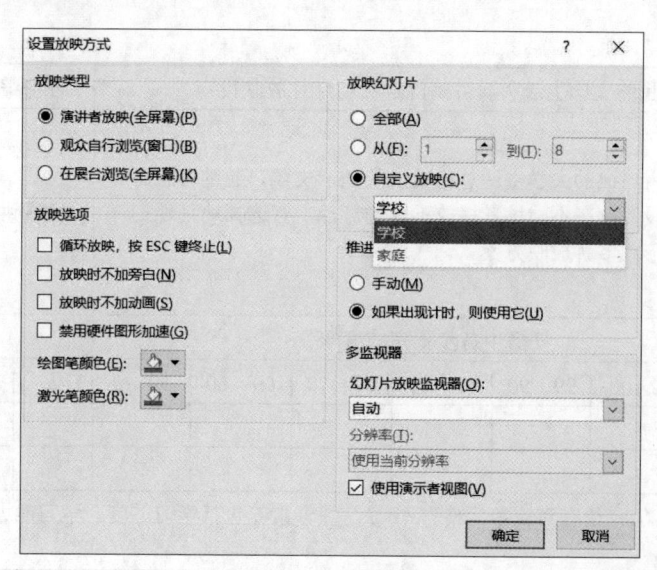

图 3-145　设置放映

提示

当需要幻灯片自动循环播放时,在"设置放映方式"对话框,"放映类型"选择"在展台浏览(全屏幕)",此时"放映选项"默认设置为"循环放映,按 ESC 键终止"。

(2)单击"幻灯片放映"选项卡→"开始放映幻灯片"工作组→"从头开始"按钮或者"从当前幻灯片开始"按钮,则可以放映自定义的学校名称的幻灯片。单击"自定义幻灯片放映"按钮,可以自由选择要放映的名称,如图 3-146 所示。

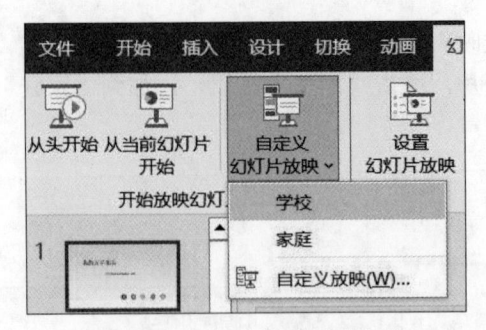

图 3-146　自定义选择放映名称

> **小技巧**
> 　　按 B 键会显示黑屏，按 W 键会显示白屏，按任意键均可以返回到刚才正在播放的幻灯片。当出现黑屏或者白屏时，可以让电子屏幕充当临时"黑板"或"白板"。在幻灯片上右击，在弹出的快捷菜单中选择"指针选项"→"笔"或者"荧光笔"，选择"墨迹颜色"可以更改笔的颜色，这样就可以在幻灯片上进行勾画，如果写错了，可以在快捷菜单中选择"橡皮擦"擦除。

📁 **任务自评：**

任务名称	"我的大学生活"演讲稿自定义幻灯片放映设置						任务编号		3-13		
任务描述	小莉同学将自己的大学生活总结做成的演示文稿，通过自定义幻灯片放映设置，在不同场景播放不同幻灯片，有选择地呈现幻灯片内容，形成多种放映方案						微课讲解		"我的大学生活"演讲稿自定义幻灯片放映设置		
任务评价		任务中各步骤完成度/%					综合素养				
	步骤	100	99～90	89～80	79～70	69～60	59～0	A	B	C	D
	步骤一										
	步骤二										
	填表说明：1. 请在对应单元格打✓；2. 综合素养包括学习态度、学习能力、沟通能力、团队协作等										

📁 **总结与思考：**

第 2 篇　网络与常用办公设备使用

信息时代在现代化办公中常需要进行网络信息检索和共享，在文档编辑完成后会频繁使用打印机进行打印。科学规范地使用打印机能延长打印机的使用寿命，也能自行排查、处理打印机的一些常见故障，可以大大提高办公效率。在组织会议、产品推介、公司活动等场景中常常需要进行图片、图像的拍摄，掌握拍摄和后期处理的技巧，掌握这些技巧能使工作更得心应手。

在本篇内容中，将网络实用技能、打印机、视频和图像的拍摄与处理三项内容分别放入 3 个单元，通过完成 7 个大项目中的 12 个任务单的形式对以上 3 个内容的进行讲解，通过实际办公中的应用来学习掌握网络与常用办公设备使用中的多种技巧。

单元 4　网络实用技能

📖 单元导读：

计算机网络是使用通信线路和通信设备将分布在不同地点的多台计算机系统互相连接起来，按照共同的网络协议共享硬件、软件，从而最终实现资源共享的系统。它的出现已经彻底改变了人们的工作、生活方式，掌握实用的网络技术，可极大地提高工作效率，扩展生活空间。本单元着重介绍利用互联网搜索资料、利用文献资源库查找学术资料、文件的共享、云存储的使用等技术。本单元将通过两个项目对以上知识点进行讲解，并通过 4 个任务对这些知识点的实际应用进行详细讲解，通过实践练习来学习与掌握网络方面的知识与技能。

📖 学习目标：

- 掌握快速输入网址操作
- 熟练利用互联网搜索资料
- 掌握下载保存网络资料的操作
- 掌握文件共享的操作
- 熟练使用百度网盘存储资料

📖 单元导图：

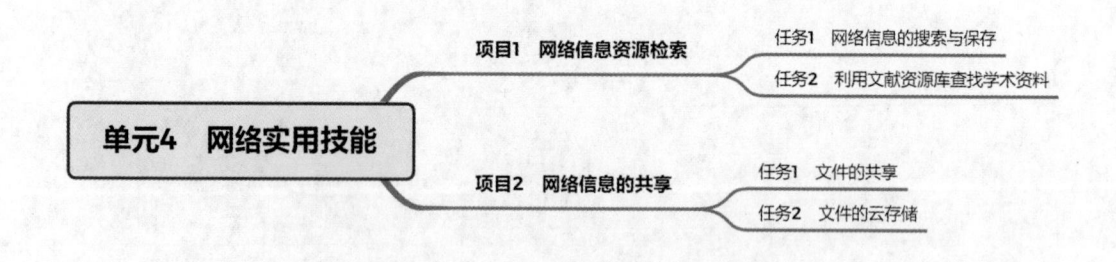

```
                          项目1  网络信息资源检索 ── 任务1  网络信息的搜索与保存
                                                    └ 任务2  利用文献资源库查找学术资料
单元4  网络实用技能 ─┤
                          项目2  网络信息的共享 ── 任务1  文件的共享
                                                └ 任务2  文件的云存储
```

项目 1　网络信息资源检索

📁 项目介绍：

在本项目中，将通过两个任务分别对网络信息搜索、网络信息下载保存、使用文献资源库查找学术资料等知识进行详细讲解。

任务 1　网络信息的搜索与保存

📂**任务导语：**

网络信息资源是计算机系统通过通信设备传播和网络软件管理的信息资源。随着互联网高速发展的同时，也产生了海量的信息资源。学习网络信息的搜索方法，可以快速、准确地找到有用的信息。

📂**任务单：**

任务名称	网络信息的搜索与保存	任务编号	4-1
任务描述	6月5日是世界环境日，搜索一篇有关环境保护的新闻，并保存为 Word 文档		
任务效果			
任务分析	本任务中，可以使用浏览器快速输入网址功能，进入百度搜索引擎，再使用逻辑查询，输入关键词"环境保护"或"环境+保护"，选择目录栏中的"资讯"选项卡，进行新闻搜索，并下载一篇新闻保存在新建的 Word 文档中		

📂**知识要点：**

➢ 快速输入网址

对于 Microsoft Edge 浏览器或其他浏览器（如 360 浏览器、QQ 浏览器），可先在其地址栏内输入某网站的域名名称，再按 Ctrl+Enter 快捷键，浏览器便会生成 http://www.*.com 或 http://www.*.com.cn。如果输入"baidu"，再按 Ctrl+Enter 快捷键，则会自动得到

http://www.baidu.com 的网址。

> 逻辑连接操作符

（1）逻辑与。进行"逻辑与"连接关键词操作时，可以用英文单词"and"，也可以用符号"&"，在使用中文搜索时，一般用加（+）号或者空格来连接关键词。它表示所查找的内容必须同时包括这些关键词。例如，如果查找的内容必须包括"环境"和"保护"这两个关键词，可以用"环境+保护"或"环境 保护"（这里用空格代替了加号）来进行搜索。

（2）逻辑或。进行"逻辑或"连接关键词操作时，可以用英文单词"or"，也可以用英文状态逗号","分开关键词。它表示查找的内容不必同时包括这些关键词，而只要包括其中任何一个即可。例如，如果查找的内容应包括"环境"或"保护"，可用"环境 or 保护"或"环境,保护"来搜索。

（3）逻辑非。进行"逻辑非"连接关键词操作时，可以在要排除的关键词前加英文单词"not"或减号"-"，表示所查询的内容不包含这个关键词。例如，要查找计算机软件，既可以用"计算机+软件"，也可以用"计算机 not 硬件"或"计算机-硬件"来进行搜索。

提示

（1）输入代表逻辑关系的符号时，一定要用半角状态（输入工具栏上的半角为月牙图形，全角为正圆图形）。

（2）以汉字作为关键词时，不要随意在汉字后追加不必要的空格，因为空格将被认作特殊操作符，其作用与 and 一样。例如输入这样的关键词"电 脑"（中间加入空格），那么它不会被当作一个完整的词"电脑"去查询，由于中间有空格，会被认为是需要查出所有包含"电""脑"两个字的文档，这个范围比"电脑"作为关键词的查询结果大很多，更重要的是它偏离了本来的含义。

> 双引号精确查找

如果查找内容是一个词组或多个汉字，可以使用双引号将其括起来，这样可以让搜索结果更加精确。例如在搜索引擎中输入"'河流 保护'"，这会比直接输入"河流 保护"，获得更少、更精确的结果。

如果按照上述方法查不到任何结果，可以去掉双引号再试试。

> 目录界定查询

如果需要快速搜索某个领域或范围的信息，可以使用目录式搜索引擎的查找功能，缩小查找范围，提高搜索效率。例如百度、360 等。

在百度搜索引擎里有网页、图片、资讯、视频、贴吧等目录选项供选择。可以根据具体搜索内容选择对应的目录选项，例如，当搜索"环境保护"视频资料时，可以先在查询框中输入"环境保护"，再选中"视频"查询选项，即可得到相应的视频资料，如图 4-1 所示。

此外，在百度搜索引擎中选择"更多"选项会弹出更多、更精细的选项，如图 4-2 所示。

提示

如果词组搜索太精确、词组无法准确表达所需信息或所搜索结果没有达到预期，可以试试直接去信息源进行搜索。例如，要查找惠普公司某型号笔记本电脑的说明书，直接去惠普官网查找。想知道中央电视台最近有什么电视节目，可以去 CCTV 节目官网查找。

图 4-1　百度搜索引擎

图 4-2　百度产品大全

📁 **实施方案：**

步骤一　信息搜索

（1）打开百度搜索引擎。在 Microsoft Edge 浏览器地址栏输入"baidu"，按下 Ctrl+Enter 快捷键，即可自动打开百度搜索引擎。

（2）在查询框中输入"环境保护"，单击"资讯"目录选项即可得到如图 4-3 所示的搜索结果界面。

（3）选中第二条新闻"【普法专刊】《中华人民共和国环境保护法》……"资讯，打开网页新闻，右击后选择"另存为"，弹出对话框，可将新闻以网页形式存放在桌面，如图 4-4 所示。

图 4-3　环境保护相关新闻资讯

图 4-4　保存网页信息

步骤二　下载保存在 Word 文档

（1）打开桌面"【普法专刊】《中华人民共和国环境保护法》……"新闻信息，选取新闻内容，也可按 Ctrl+A 快捷键，选中全部新闻内容，再按 Ctrl+C 快捷键，复制新闻内容。

（2）桌面右击，新建一个空白 Word 文档，取名"中华人民共和国环境保护法"。

（3）选中新建的"中华人民共和国环境保护法.docx"文档，双击打开"中华人民共和国环境保护法.docx"文档，按 Ctrl+V 快捷键，粘贴新闻内容，再按 Ctrl+S 快捷键，保存新闻内容。

（4）根据前面 Word 部分学习的内容，对新闻格式进行调整，即可得到如图 4-5 所示的文档效果。

单元 4　网络实用技能

【普法专栏】《中华人民共和国环境保护法》

学习贯彻习近平法治思想，推动"八五"普法工作走细走深，我局按照"谁执法谁普法"责任制要求，开展生态环境系列法律法规宣传活动。即日起，在微信公众号"保定生态环境"开设专栏"生态环境普法"，紧紧围绕"十四五"期间全市生态环境工作重点，陆续整理推出相关法律法规，进一步提高全市公民的生态环境法律意识和法律素质，为我市建设"山水保定"，打造现代化品质生活之城营造良好生态环境法治环境。

今天我们一起来学习《中华人民共和国环境保护法》。

一图读懂《中华人民共和国环境保护法》

图 4-5　新闻保存在 Word 文档的效果

📁 **任务自评：**

任务名称	网络信息的搜索与保存					任务编号		4-1	
任务描述	使用浏览器快速输入网址功能，进入百度搜索引擎，再使用逻辑查询，输入关键词"环境+保护"或"环境　保护"，选择目录栏中"资讯"目录选项收集一篇新闻，并下载保存在新建的 Word 文档					微课讲解		网络信息的搜索与保存	
任务评价	任务中各步骤完成度/%						综合素养		
	步骤	100	99～90	89～80	79～70	69～60	59～0	A	B	C	D
	步骤一										
	步骤二										
	填表说明：1. 请在对应单元格打√；2. 综合素养包括学习态度、学习能力、沟通能力、团队协作等									

📁 **总结与思考：**

任务 2　利用文献资源库查找学术资料

📁 任务导语：

1996 年 6 月，由清华大学、清华大学同方股份有限公司发起并建立了国家数字图书馆网络资源共享平台——中国知网，它也是世界上全文信息量规模最大的中国知识基础设施工程（China National Knowledge Infrastructure，CNKI）数字图书馆。学会使用中国知网文献资源库，可以快速检索到想要的学术资料。

📁 任务单：

任务名称	文献的检索与保存	任务编号	4-2
任务描述	在中国知网资源库中检索一篇以"环境保护"为主题，以"节能减排"为关键词的期刊论文，查找其中相关度最高的期刊论文，并下载保存		
任务效果			
任务分析	在本任务中，可以使用浏览器快速输入网址功能，进入中国知网官网，再使用高级检索，输入内容检索条件对应的关键词，便可得到所需要的资料，并下载保存文档		

📂 **知识要点：**

➢ 中国知网的登录

用户可以使用网址 http://www.cnki.net 进入中国知网首页，如图 4-6 所示。登录该平台后，用户应先注册成为中国知网的会员，之后只需要输入用户名和密码即可登录。

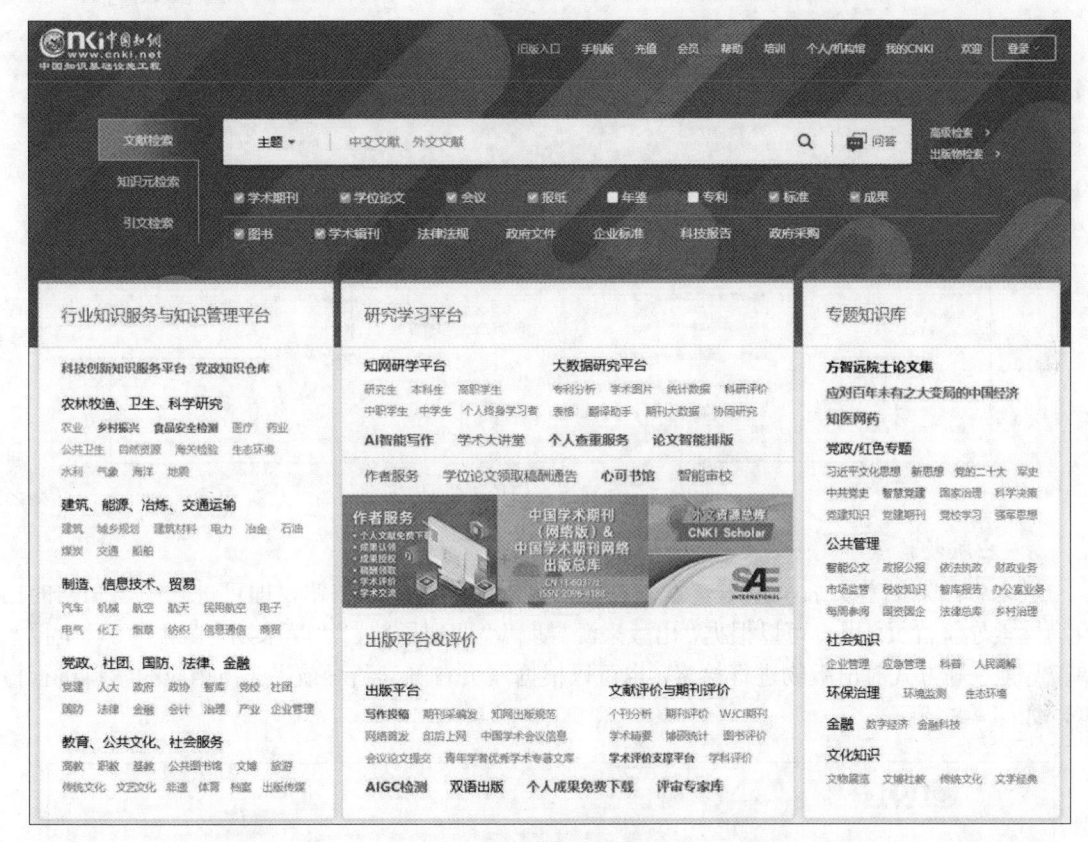

图 4-6 中国知网首页

➢ 文献高级检索

进入中国知网首页后，单击右侧"高级检索"按钮，进入中国知网的文献检索首页，用户可以根据文献的主题、关键词、作者、文献来源等信息进行检索。如想检索"环境保护"为主题、"水污染防治"为关键词的文献，可在主题处输入"环境保护"、关键词处输入"水污染防治"，即可得到如图 4-7 所示的检索结果。文献默认根据"发表时间"倒序排序，可根据需求选择"相关度""被引""下载""综合"等方式排序。

提示

（1）文献是记录知识的载体。信息、知识、文献就其外延范围而言，信息大于知识，知识又大于文献。

（2）广义的信息检索包含两个过程：存储与检索。

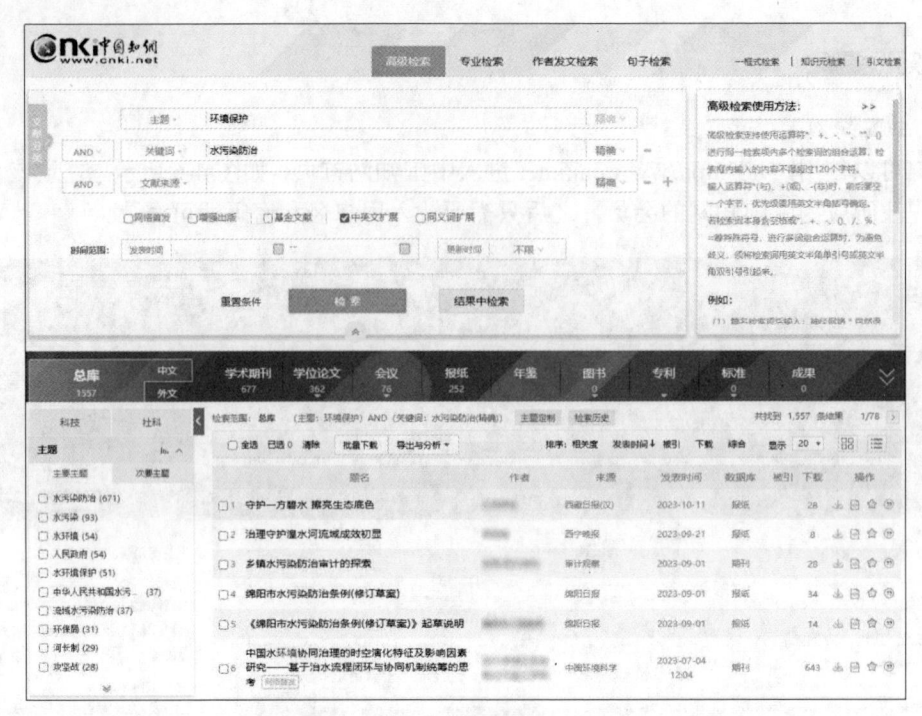

图 4-7 知网"高级检索"功能

➢ 出版物检索

进入中国知网首页后，单击文本框右侧的"出版物检索"按钮，即可进入中国知网的出版物检索导航首页。用户可以根据"出版来源导航""期刊导航、""学术期刊导航""学位授予单位导航"等方式对出版物进行检索，也可以根据网页右侧学科导航，选择相应的学科进行检索，如图 4-8 所示。

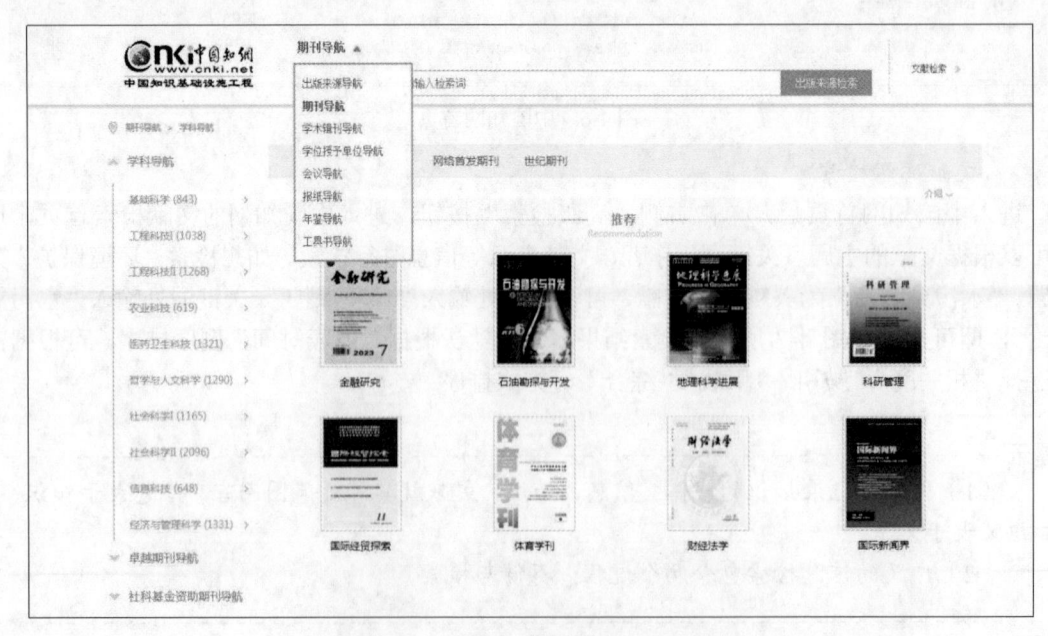

图 4-8 知网"出版物检索"功能

> **提示**
> 在中国知网首页，用户可以通过"高级检索""出版物检索"进行检索，也可以在行业知识服务与知识管理平台、研究学习平台、专题知识库进行资源检索。

📂 **实施方案：**

步骤一　文献检索

（1）打开浏览器，地址栏输入网址 http://www.cnki.net 进入中国知网首页，单击"高级检索"按钮，进入中国知网的文献检索首页。

（2）在菜单栏第一行选择"主题"，并在主题框中输入"环境保护"，菜单栏第二行选择"关键词"，并输入"节能减排"后，单击"检索"按钮即可。

（3）将检索结果根据"相关度"进行排序，得到检索结果如图 4-9 所示。

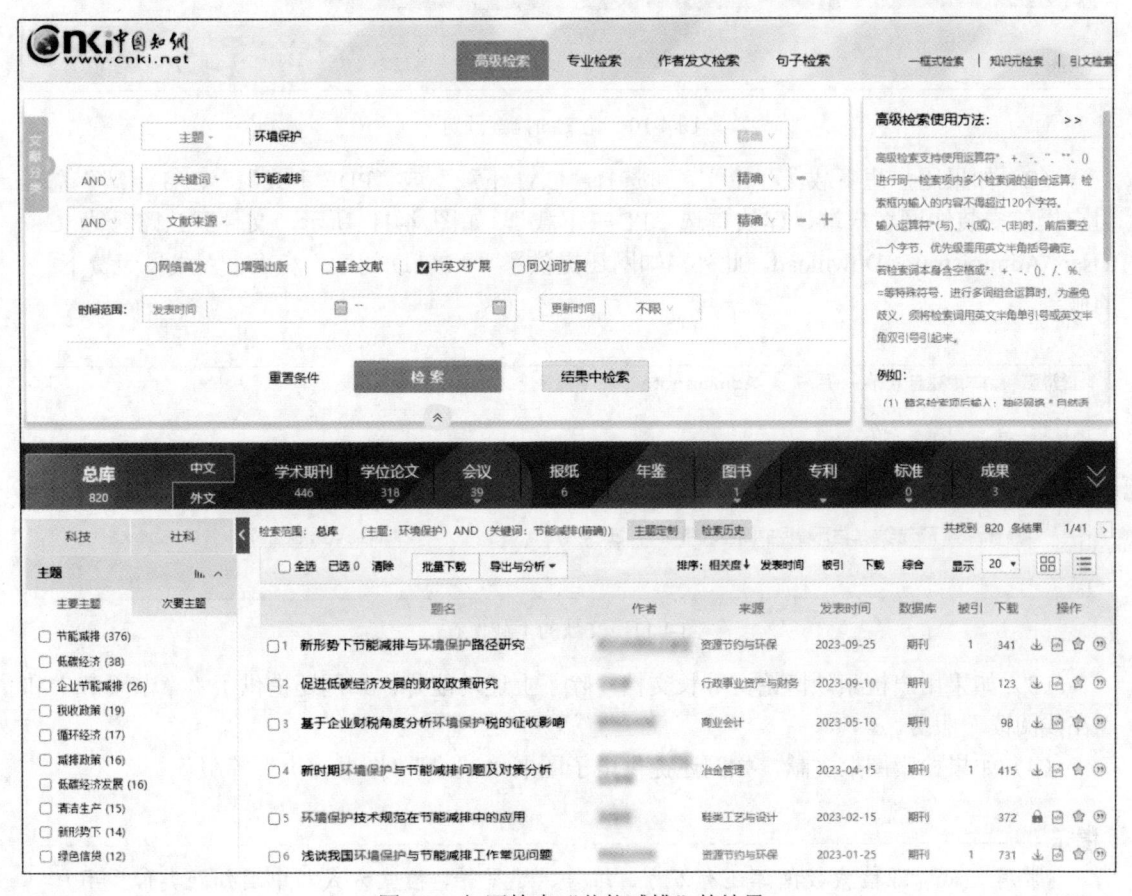

图 4-9　知网检索"节能减排"的结果

步骤二　下载保存信息

（1）选择第一篇期刊论文，打开后得到如图 4-10 所示的界面，用户如果只想阅读，可选择以"手机阅读"或者"HTML 阅读"方式查看。

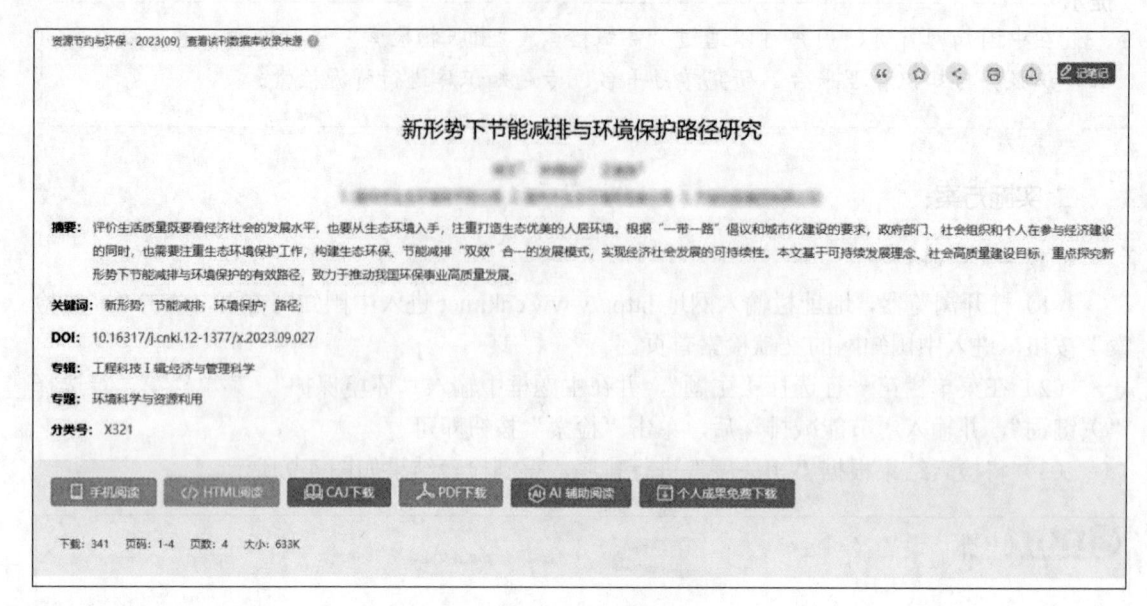

图 4-10　论文的检索预览

（2）如果用户想下载保存论文，可选择"CAJ 下载"或"PDF 下载"。"CAJ 下载"需要用户提前安装知网客户端，建议首选"PDF 下载"，如图 4-11 所示，文件默认路径为 C:\Users\Administrator\Download。此外，知网还提供了"AI 辅助阅读"和"个人成果免费下载"的服务。

图 4-11　文献的下载保存

（3）如果用户检索硕博论文等长文档，除了上述功能外，知网还提供了"章节下载"和"在线阅读"服务。

（4）如果检索图书文献，知网还提供电子图书"试读""图书评价"等服务。

> 提示
>
> 　　常用文献资源检索数据库还有万方、维普、超星等，检索方式与中国知网类似，用户可参考上述参考案例进行检索。

📂 **任务自评**:

任务名称	文献的检索与保存					任务编号	4-2		
任务描述	在中国知网资源库中检索一篇以"环境保护"为主题、"节能减排"为关键词的文献,并下载保存					微课讲解	文献的检索与保存		
任务评价	任务中各步骤完成度/%					综合素养			
	步骤	100	99~90	89~80	79~70	69~60	59~0	A	B	C	D
	步骤一										
	步骤二										
	填表说明: 1. 请在对应单元格打✓; 2. 综合素养包括学习态度、学习能力、沟通能力、团队协作等									

📂 **总结与思考**:

_____

_____

_____

项目 2　网络信息的共享

📂 **项目介绍**:

在本项目中,将通过两个任务分别对文件的共享、云存储等技术进行详细的讲解。

任务 1　文件的共享

📂 **任务导语**:

文件共享是指在计算机上共享文件以供局域网内其他计算机使用。学会在计算机上进行文件共享,可以让文件在局域网内的使用更高效、更便捷。

📁 **任务单：**

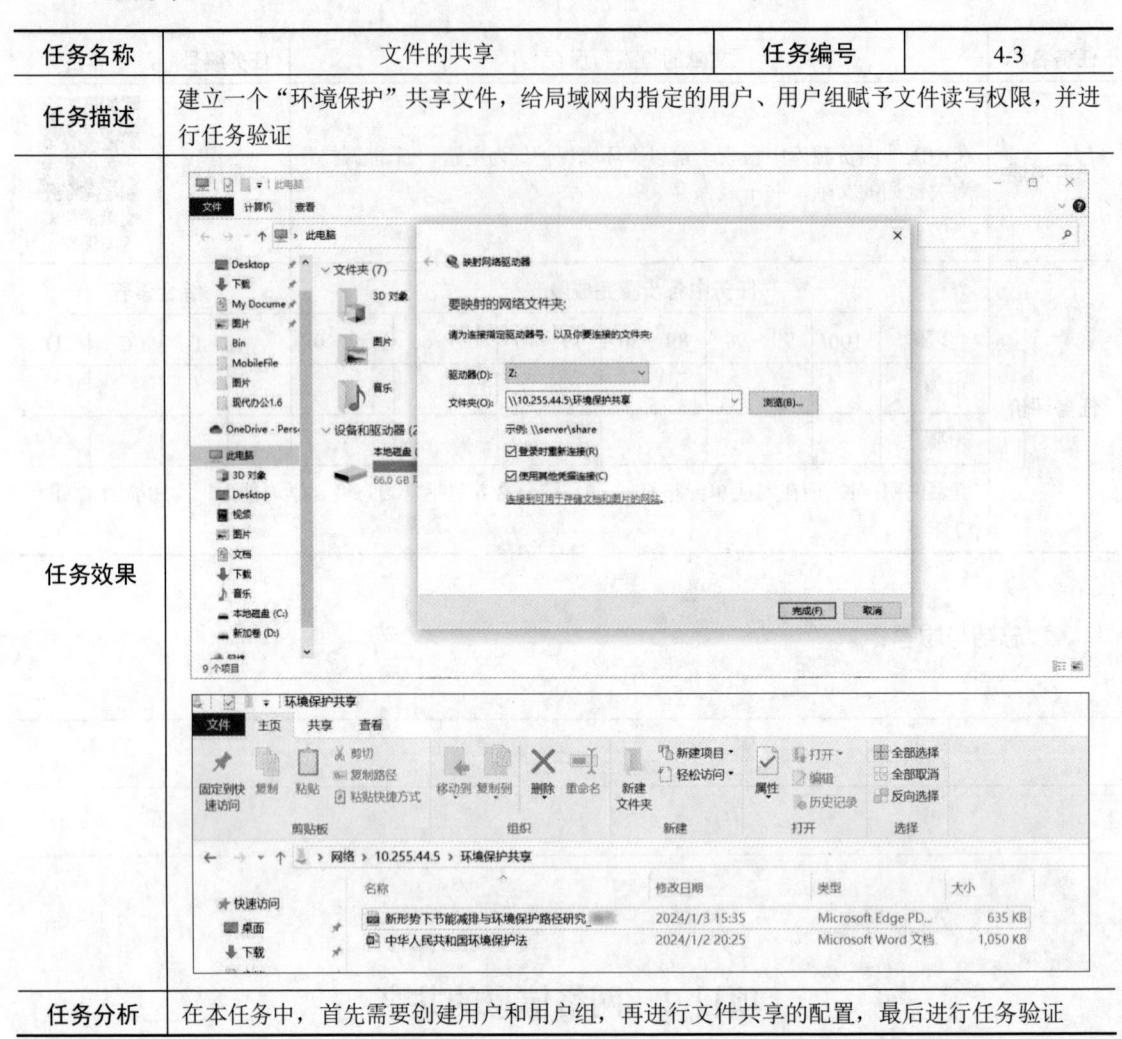

任务名称	文件的共享	任务编号	4-3
任务描述	建立一个"环境保护"共享文件，给局域网内指定的用户、用户组赋予文件读写权限，并进行任务验证		
任务效果				
任务分析	在本任务中，首先需要创建用户和用户组，再进行文件共享的配置，最后进行任务验证		

📁 **知识要点：**

➢ 文件共享权限

（1）读取权限。允许用户浏览和下载共享目录及子目录的文件和文件夹。

（2）写入权限。用户除具备读取权限外，还可以新建、删除和修改共享目录及子目录的文件和文件夹。

➢ 文件共享的访问账户类型

（1）匿名账户。在 Windows 系统中匿名账户一般指 Guest 账户，但在对匿名账户进行共享目录授权时，通常使用 Everyone 账户来实现。

（2）实名账户。用户在访问共享目录时需要输入特定的账户名称和密码。一般情况，创建这些账户是为了共享目录的授权。

（3）用户组账户。如果需要对大量的账户进行授权，则需要创建用户组账户，然后将用户加入该组账户,最后对组账户授权即可。

> **提示**
>
> 用户继承用户组账户的权限。

步骤一 用户与组的创建

(1)在桌面"此电脑"图标上右击,选择"管理",打开"计算机管理"窗口。依次单击"系统工具"→"本地用户和组"→"用户",进入用户管理界面,如图4-12所示。

图4-12 用户管理界面

(2)进入用户管理界面后,右击空白处,选择"新用户",在弹出的"新用户"对话框的文本框中输入用户名和密码等,勾选"密码永不过期"复选框,再单击"创建"按钮即可,如图4-13所示。

图4-13 创建新用户

(3)在"新用户"对话框中继续创建其他用户,如图 4-14 所示。

图 4-14　继续创建新用户

(4)在"计算机管理"窗口左侧导航栏中单击"组",切换到组管理界面,在空白处右击,选择"新建组"。然后在"组名"文本框中输入组名"环境保护组",单击"添加"按钮,弹出"选择用户"对话框,选择"对象类型"为"用户",如图 4-15 所示。

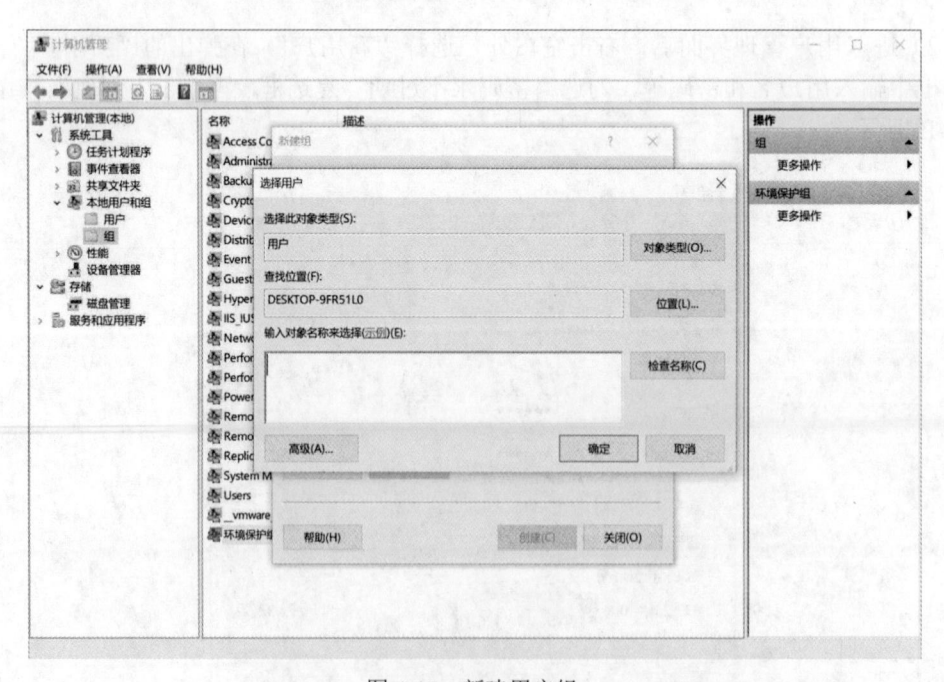

图 4-15　新建用户组

(5)在"选择用户"对话框中单击"高级"按钮,在对话框中单击"立即查找"按钮,在"搜索结果"中选择新建两个用户(按住 Ctrl 键可以同时选中多个选项),如图 4-16 所示。

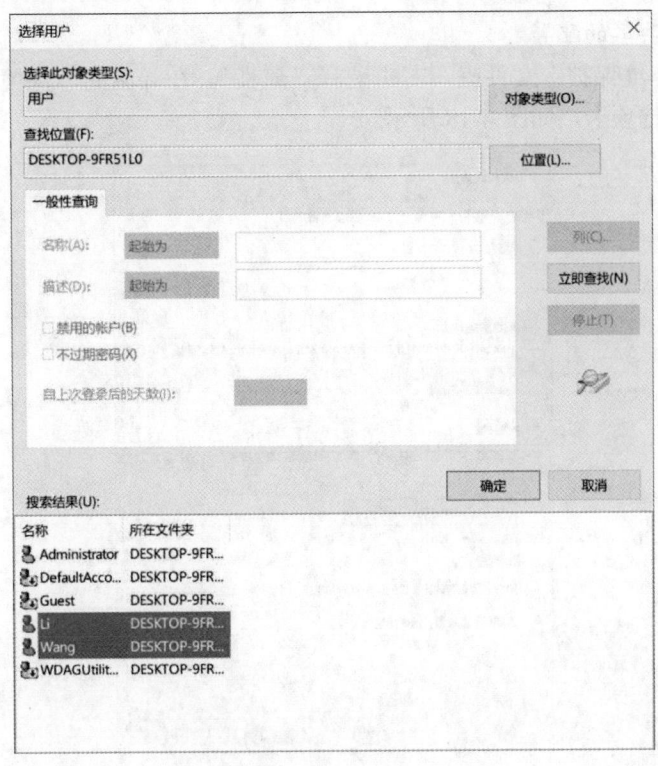

图 4-16　选择用户

（6）返回"新建组"对话框确认已添加成员后，单击"创建"按钮，完成"组"的创建，如图 4-17 所示。

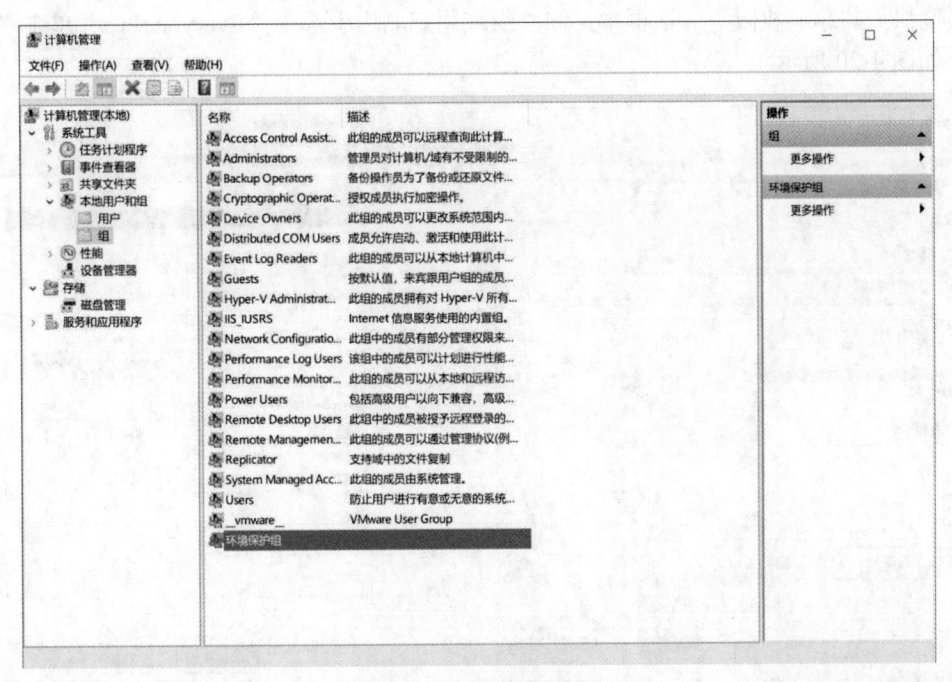

图 4-17　确认新建的组

步骤二　文件共享的配置

（1）新建"环境保护"文件夹，右击选择"属性"，在弹出的"环境保护属性"对话框中切换到"共享"选项卡，如图4-18所示。

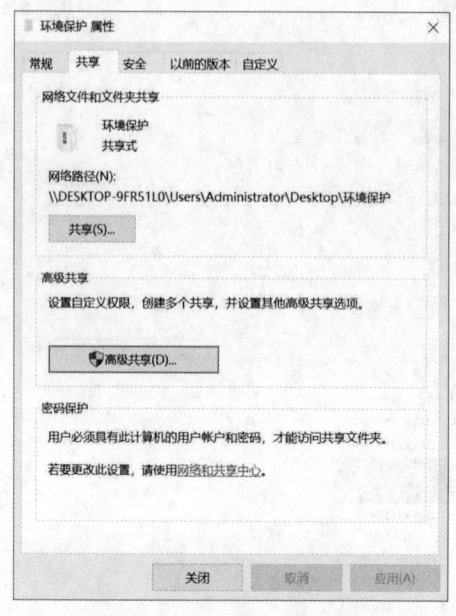

图4-18　"共享"选项卡

（2）单击"高级共享"按钮，在弹出的"高级共享"对话框中勾选"共享此文件夹"复选框，设置"共享名"为"环境保护共享"如图4-19所示。继续单击"权限"按钮，在弹出的"环境保护共享的权限"对话框中，在"组或用户名"中选中"Everyone"，并单击"删除"按钮，如图4-20所示。

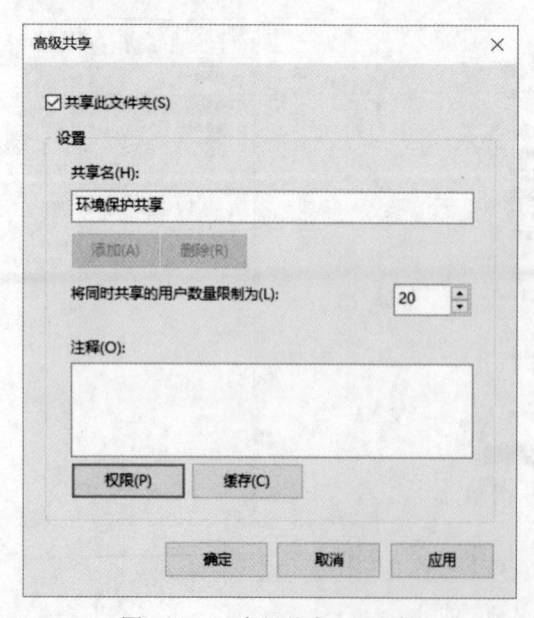

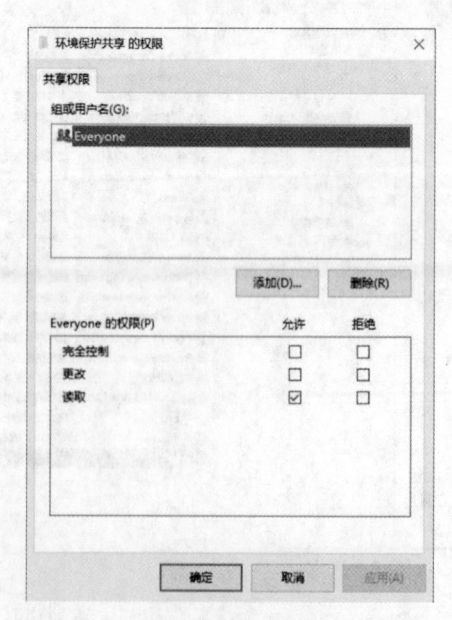

图4-19　"高级共享"对话框　　　　图4-20　删除"Everyone"共享权限

（3）删除"Everyone"的权限后，继续单击"添加"按钮，弹出"选择用户或组"对话框，单击"对象类型"按钮，在弹出的对话框中仅勾选"组"，如图 4-21 所示，单击"确定"按钮。

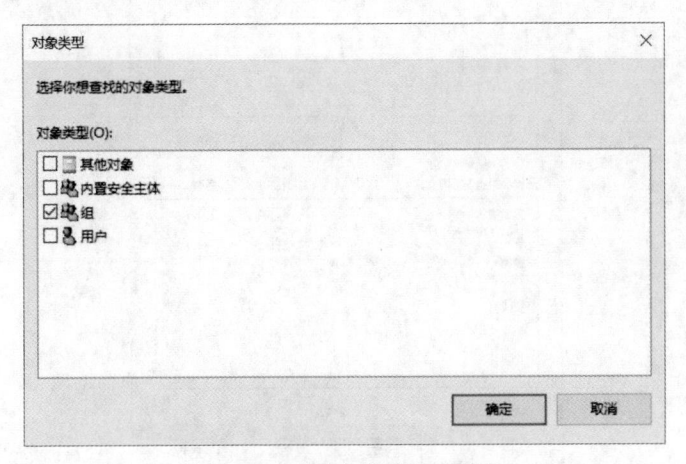

图 4-21　"对象类型"对话框

（4）返回"选择用户或组"对话框，单击"高级"按钮，弹出高级版"选择用户或组"对话框，单击"立即查找"按钮，在"搜索结果"中选择"环境保护组"，如图 4-22 所示，单击"确定"按钮。

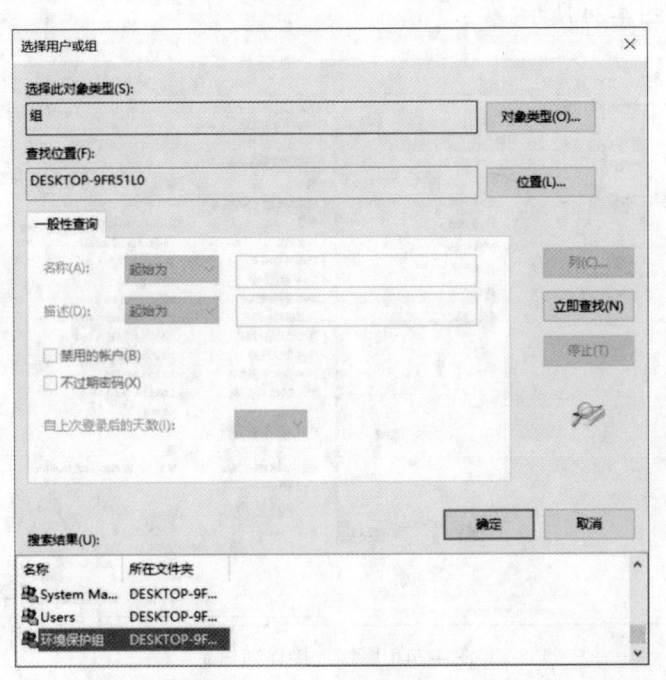

图 4-22　"选择用户或组"对话框

（5）返回"环境保护共享的权限"对话框，在"组或用户名"中选择"环境保护组"，在"环境保护组的权限"中勾选"允许"列的"更改"和"读取"，如图 4-23 所示。单击"确定"按钮完成环境保护文件夹的共享设置。

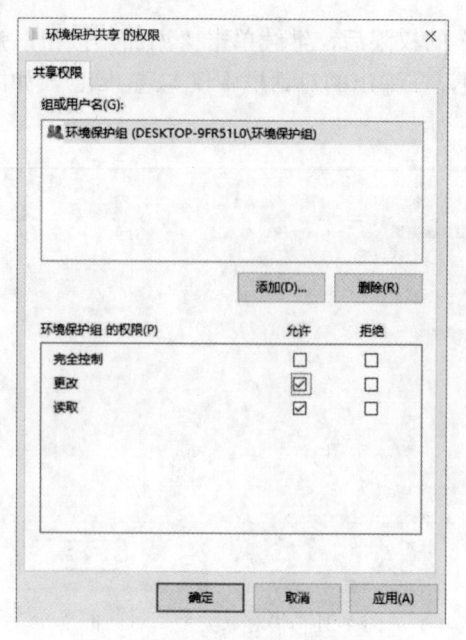

图 4-23　完成文件夹共享设置

（6）打开"控制面板"→"网络与 Internet"共享→"网络和共享中心"，单击网络连接对话框中"详细信息"按钮，在弹出的"网络连接详细信息"对话框中可查看到本机 IP 地址为 10.255.44.5，如图 4-24 所示。

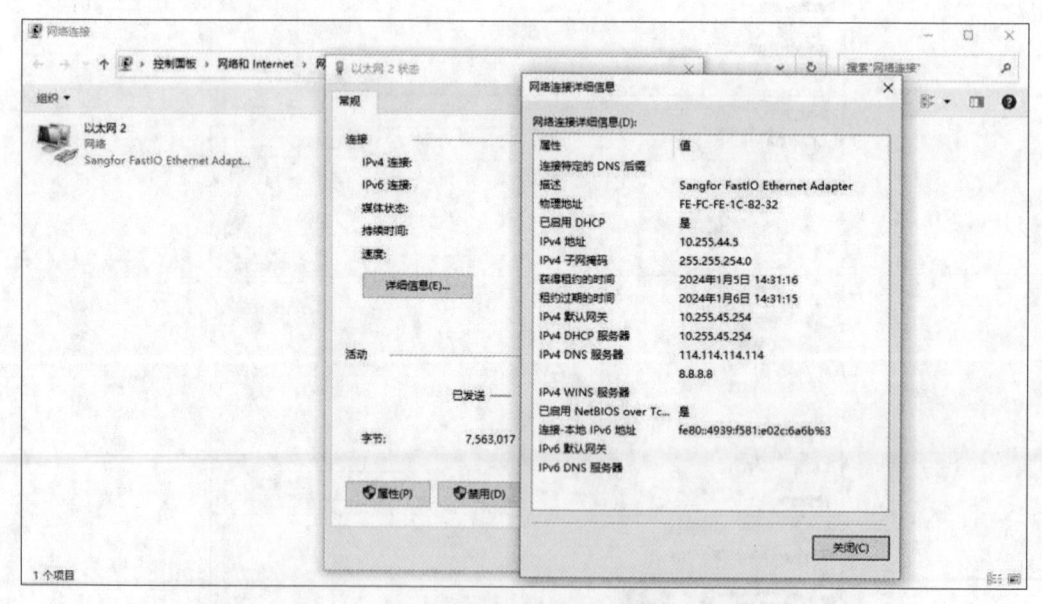

图 4-24　网络连接详细信息

步骤三　任务验证

（1）在局域网内另一台电脑上打开文件资源管理器，在左侧导航栏中的"此电脑"上右击，选择"映射网络驱动器"，在"文件夹"中输入"\\10.255.44.5\环境保护共享"，单击"完成"按钮，如图 4-25 所示。

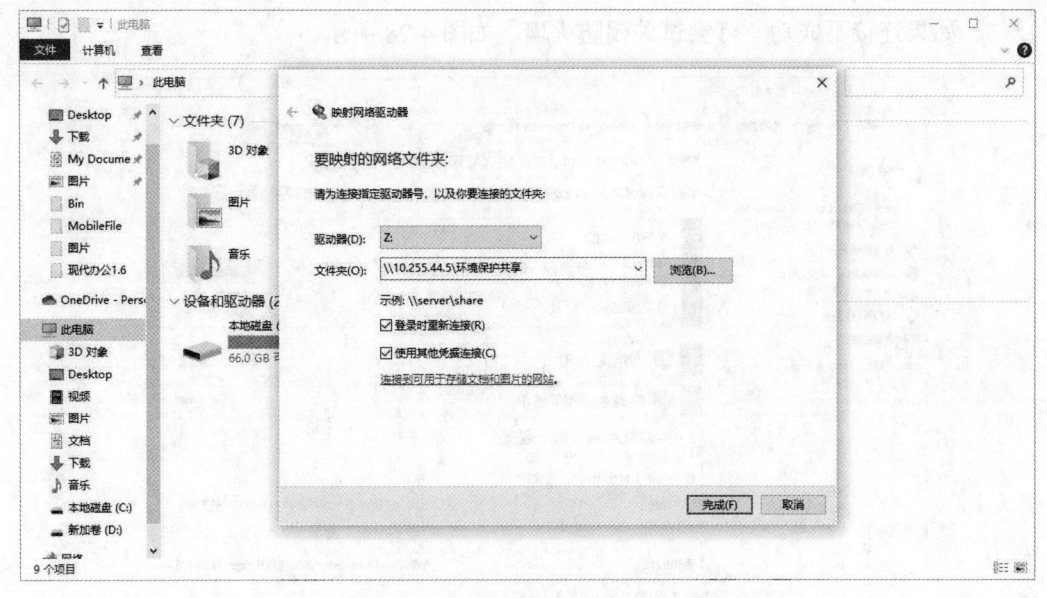

图 4-25 "映射网络驱动器"对话框

（2）在弹出的"Windows 安全中心"对话框中输入账号和密码，勾选"记住我的凭证"复选框，如图 4-26 所示，单击"确定"按钮，即可看到已成功映射的"环境保护共享"文件夹，如图 4-27 所示。

图 4-26 "Windows 安全中心"对话框

图 4-27 环境保护共享验证结果

（3）如果连接不成功，可尝试关闭防火墙，如图 4-28 所示。

图 4-28　关闭防火墙

📂 任务自评：

任务名称	文件的共享					任务编号	4-3			
任务描述	建立一个"环境保护"共享文件，给局域网内指定的用户、用户组赋予文件读写权限，并进行任务验证					微课讲解	文件的共享			
任务评价	任务中各步骤完成度/%					综合素养				
	步骤	100	99～90	89～80	79～70	69～60	59～0	A	B	C	D
	步骤一										
	步骤二										
	步骤三										
	填表说明：1. 请在对应单元格打✓；2. 综合素养包括学习态度、学习能力、沟通能力、团队协作等										

📂 总结与思考：

任务2　文件的云存储

📂 **任务导语：**

文件的云储存是指将文件存放在虚拟服务器（云）上，以便用户无论何时何地，可以通过任何可联网的装置连接到云上存取数据。学会云储存技术，可以让数据的存储更便捷、高效。

📂 **任务单：**

任务名称	文件的云储存	任务编号	4-4
任务描述	将任务4-3中所建的"环境保护"文件夹上传至百度网盘，并进行验证		
任务效果			
任务分析	在本任务中，首先需要登录百度网盘账号，然后上传"环境保护"文件至百度网盘，最后查看文件进行任务验证		

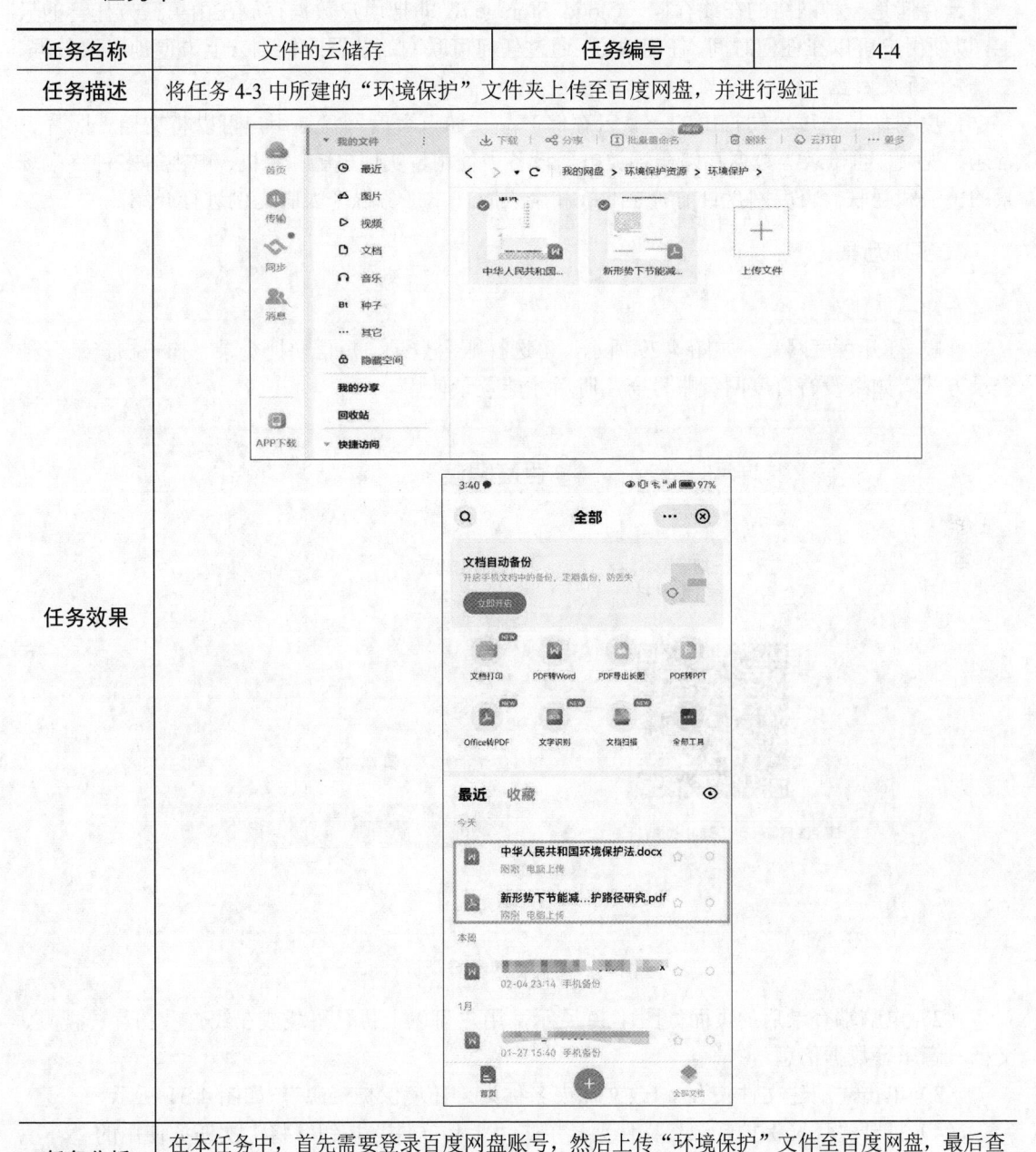

📂 知识要点：

➢ 云技术

云技术（Cloud Technology）是指在广域网或局域网内，将硬件、软件、网络等资源统一起来，实现数据计算、数据存储、数据处理和共享的一种托管技术。也可以说云技术是一种基于云计算的技术，可以为用户提供更便捷、灵活、高效和安全的服务。

➢ 云储存

云存储是一种网络的在线存储（Cloud Storage），即把用户数据存放在由第三方托管的云上，以便用户可以在任何时间、任何地方，通过任何可联网的装置连接到云上方便地存取数据。

➢ 百度网盘

百度网盘是百度公司推出的一款云存储产品。通过百度网盘，用户可以将文档、照片、音乐、视频、通讯录等数据存储在各类电子设备中使用，实现电脑、手机、电视等多种终端场景的覆盖和互联。百度网盘目前有企业版和个人版，本任务以个人版为例进行介绍。

📂 实施方案：

步骤一　上传数据

（1）打开百度网盘，如图 4-29 所示，可选择账号登录、短信快捷登录、扫一扫登录三种登录方式。如果没有百度网盘账号需注册后才能登录使用。

图 4-29　百度网盘登录页

（2）电脑端登录后的页面如图 4-30 所示，用户可以上传、下载或在线查看图片、视频、文档、音乐等数据信息。

（3）单击"新建文件夹"，修改文件夹名称为"环境保护资源"，如图 4-31 所示。

（4）打开"环境保护资源"文件夹，单击"上传文件"按钮，将上次任务使用的"环境保护"相关资料上传至该文件夹，如图 4-32 所示。

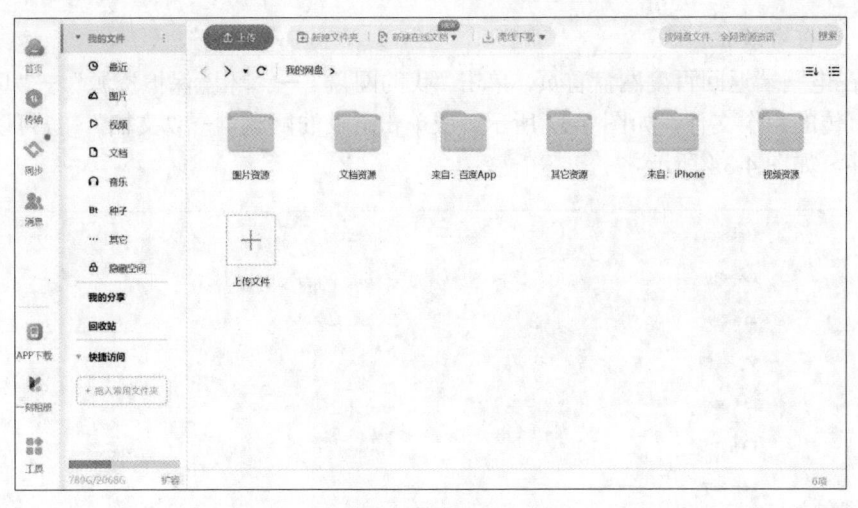

图 4-30　百度网盘首页

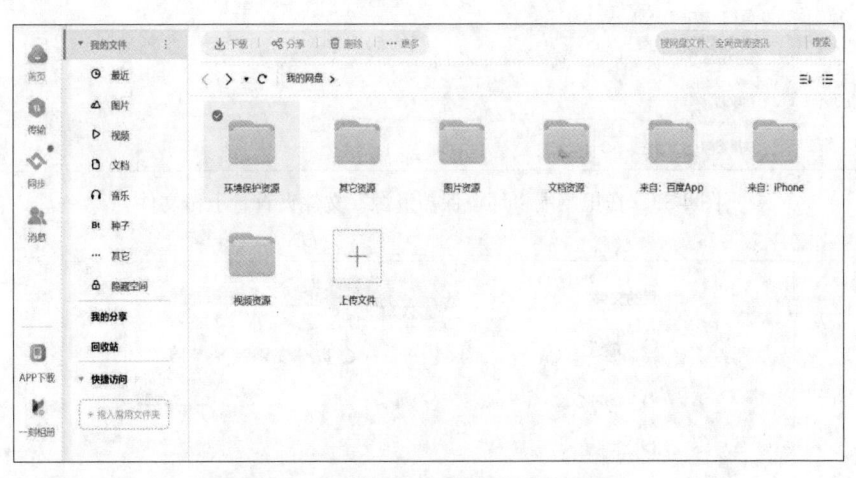

图 4-31　新建"环境保护资源"文件夹

图 4-32　上传文件

步骤二　任务验证

（1）在电脑端返回百度网盘首页，单击"我的网盘"→"环境保护资源"→"环境保护"，可以查看上传的两个文件，如图 4-33 所示；或单击"我的网盘"→"文档"，也可以查看上传的两个文件，如图 4-34 所示。

图 4-33　在电脑端"环境保护资源"文件夹查看上传文件

图 4-34　在电脑端"文档"查看上传文件

（2）用户也可以在手机端登录百度网盘，在百度网盘"首页"→"最近"菜单下即可查看新上传的两个文件，如图 4-35 所示；也可以在"文件"→"环境保护资源"→"环境保护"中查看上传的两个文件。

（3）如果用户想查找其他文件，也可以在"文件"中选择按文件名、修改时间、打开时间、文件类型、文件大小等类型之一，排序后进行快速查找，网盘默认是按文件名进行排序，如图 4-36 所示。

此外，百度网盘还提供了数据的分享功能，用户可以将图片、视频、文档、音乐等数据信息共享给其他用户。在百度网盘电脑端，选中想要分享的文件，右击，选择"分享"，或单击菜单栏中"分享"按钮，弹出"分享文件：环境保护"对话框，如图 4-37 所示。根据需求选择链接分享或者发给好友即可。手机端操作与电脑端类似，不再单独介绍。

图 4-35　在手机端查看新上传文件

图 4-36　在手机端查找文件方式

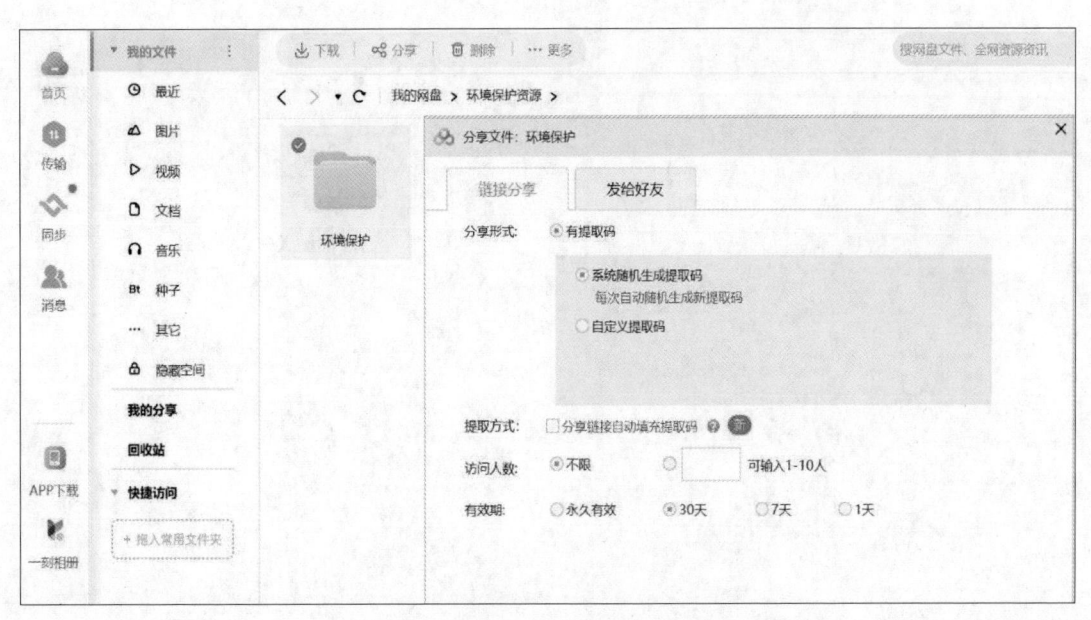

图 4-37　文档分享

📁 **任务自评：**

任务名称	文件云存储					任务编号	\multicolumn{3}{c}{4-4}
任务描述	\multicolumn{5}{l	}{将任务 4-3 中所建的"环境保护"文件夹上传至百度网盘，并进行验证}	微课讲解	\multicolumn{3}{c}{文件云存储}
任务评价	\multicolumn{5}{c	}{任务中各步骤完成度/%}	\multicolumn{4}{c}{综合素养}
	步骤	100	99～90	89～80	79～70	69～60	59～0	A	B	C	D
	步骤一										
	步骤二										
	\multicolumn{10}{l}{填表说明：1. 请在对应单元格打✓；2. 综合素养包括学习态度、学习能力、沟通能力、团队协作等}

📁 **总结与思考：**

单元 5　打印机实用技能

🖥 单元导读：

打印机是实现办公自动化的重要办公设备之一，使用非常广泛，能方便地将编辑的各类电子版文件、报表、发票、各类清单等输出到纸上，得到纸质版。

🖥 学习目标：

- 掌握激光打印机的安装方法
- 了解使用激光打印机的注意事项
- 能熟练使用激光打印机
- 了解激光打印机常见故障及排除方法

🖥 单元导图：

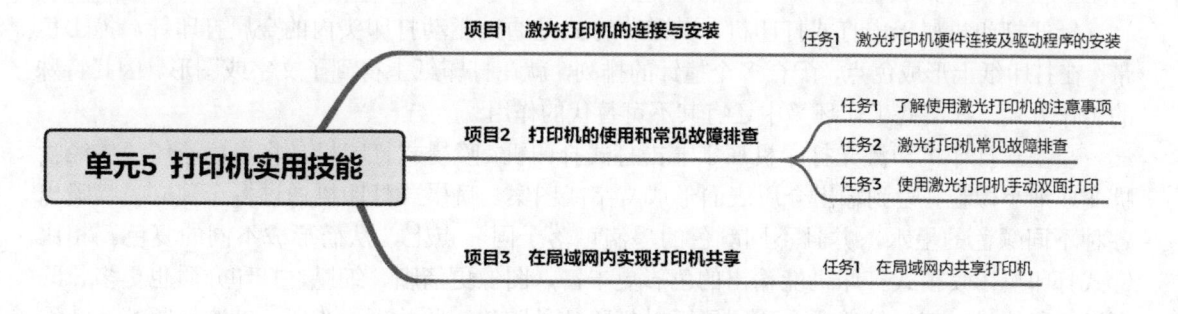

```
                           项目1  激光打印机的连接与安装 ── 任务1  激光打印机硬件连接及驱动程序的安装

                                                          任务1  了解使用激光打印机的注意事项
单元5 打印机实用技能 ──  项目2  打印机的使用和常见故障排查 ── 任务2  激光打印机常见故障排查
                                                          任务3  使用激光打印机手动双面打印

                           项目3  在局域网内实现打印机共享 ── 任务1  在局域网内共享打印机
```

项目 1　激光打印机的连接与安装

📂 项目介绍：

在本项目中，将通过实例学习激光打印机的硬件连接及打印机驱动程序的安装。

下面以办公室常用的一款佳能公司的 Canon LBP2900Plus 打印机为例，介绍激光打印机的使用方法。

任务 1　激光打印机硬件连接及驱动程序的安装

📂 任务导语：

激光打印机须通过电源线、数据线与计算机硬件连接，并在计算机中安装相应的驱动程序方能正常使用。

📂 任务单：

任务名称	激光打印机硬件连接及驱动程序的安装	任务编号	5-1
任务描述	认识激光打印机的电源线、数据线，并通过电源线和数据线正确连接好激光打印机。在驱动程序安装包中找到 AUTORUN.EXE 程序文件，运行该程序，并按提示执行安装步骤		
任务效果	正确连接激光打印机的电源线、数据线。 计算机显示打印机已准备就绪，能正常打印测试页		
任务分析	在本任务中需要认识激光打印机的电源线和数据线，并将它们连接到正确的位置。需要找到正确的安装程序文件 AUTORUN.EXE		

📂 知识要点：

> 常见打印机类型

按照打印机的工作原理，打印机可分为击打式打印机和非击打式打印机两大类，办公室常见的打印机主要有针式打印机、喷墨式打印机和激光打印机，分别如图 5-1、图 5-2、图 5-3 所示。

针式打印机属于击打式打印机，其工作方式是通过驱动打印头内的金属打印针，撞击色带，在打印纸上形成色点，配合多个撞针的排列，就在打印纸上得到了文字或图形。因其特殊的工作方式，在某些工作环境中还有其不可替代的作用。

喷墨式打印机和激光打印机属于非击打式打印机。喷墨式打印机是将彩色液体油墨经喷嘴变成细小微粒，喷到输出介质表面形成文字或图案。喷墨式打印机通过多个独立喷嘴喷出各种不同颜色的墨水，并且不同颜色的墨滴可落于同一点上，从而形成不同的复色。相比针式打印机，喷墨式打印机能输出的色彩更丰富，图像更清晰、细腻，打印介质也更多，既可以打印信封、信纸等普通介质，还可以打印各种胶片、照片纸、卷纸、T恤转印纸等特殊介质。

激光打印机的打印原理是利用光栅图像处理器产生要打印页面的位图，将其转换为一系列的脉冲电信号，送往激光发射器，在脉冲电信号的控制下，激光被有规律地放出。与此同时，反射光束被接收的感光鼓所感光。激光发射时就产生一个点，激光不发射时就是空白，这样就在接收器上印出一行点来。然后接收器转动一小段固定的距离继续重复上述操作。当纸张经过感光鼓时，鼓上的着色剂就会转移到纸上，印成了页面的位图。最后当纸张经过一对加热辊后，着色剂被加热熔化，固定在纸上，就完成了打印的全过程。

图 5-1　针式打印机　　　　图 5-2　喷墨式打印机　　　　图 5-3　激光打印机

➢ 电源线

电源线是激光打印机与电源插座的连接线,两端分别是品字形插头和三孔品字形插尾,如图 5-4 所示。

➢ 数据线

数据线是连接激光打印机与计算机的连接线,数据线两端分别是 USB 接口和方形接口,如图 5-5 所示。

图 5-4 打印机电源线　　　　　　　图 5-5 打印机数据线

➢ 安装程序文件 AUTORUN.EXE

Canon LBP2900Plus 激光打印机安装程序包中包含多个文件,其中 AUTORUN.EXE 是可执行安装程序文件,如图 5-6 所示。

图 5-6 打印机驱动程序

📂 **实施方案:**

步骤一　连接电源线

(1) 将电源线品字形插头插入电源插座。
(2) 将电源线三孔品字形插尾与打印机电源接口相连接。

步骤二　连接数据线

(1) 将数据线 USB 接口端与电脑 USB 接口相连接。
(2) 将数据线方形接口端与打印机数据接口相连接。

接好之后,打开电源,打开打印机的开关,如果打印机的电源灯由暗变成蓝色,则连接成功。

步骤三　安装驱动程序

(1) 将驱动程序光盘放入光驱运行或将光盘上的驱动程序文件夹复制到计算机上,如果驱动程序光盘遗失也可从网络上下载驱动程序到计算机上。
(2) 双击运行驱动程序文件夹中的 AUTORUN.EXE 安装文件。
(3) 在弹出窗口中,单击"简易安装"按钮,如图 5-7 所示,并在许可协议窗口,单击"是"按钮。

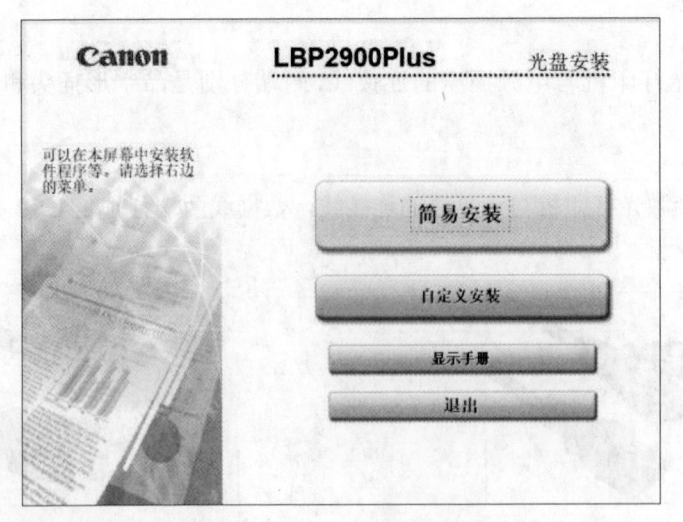

图 5-7 安装打印机驱动程序

（4）驱动程序开始安装运行后，通常情况下不需要过多操作，根据安装向导提示，单击"下一步"按钮，如图 5-8 所示，就会顺利执行安装程序，成功安装驱动程序。

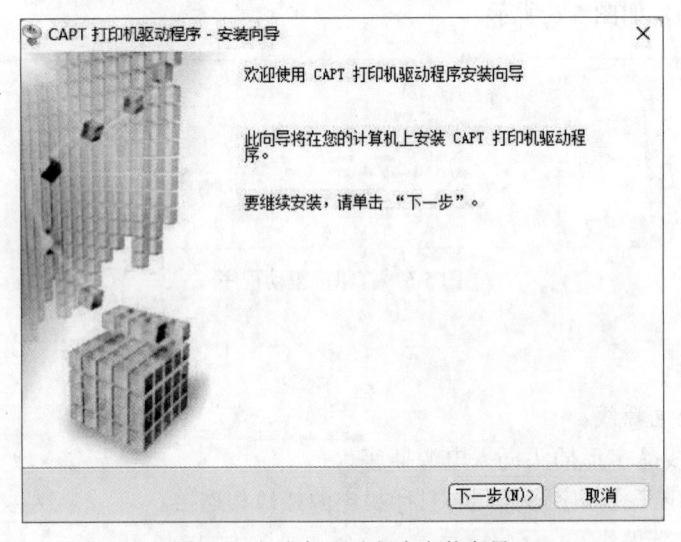

图 5-8 打印机驱动程序安装向导

（5）驱动程序成功安装后，在系统"蓝牙和其他设备>打印机和扫描仪"窗口，就能看到已安装好的打印机了，如图 5-9 所示。

图 5-9 打印机安装成功

📂 **任务自评：**

任务名称	激光打印机硬件连接及驱动程序的安装						任务编号		5-1	
任务描述	认识激光打印机的电源线、数据线，使用电源线和数据线正确连接好激光打印机。 在驱动程序安装包中找到 AUTORUN.EXE，双击运行该程序，并按提示操作，执行安装步骤						微课讲解		激光打印机硬件连接及驱动程序的安装	
任务评价	任务中各步骤完成度/%						综合素养			
	步骤	100	99~90	89~80	79~70	69~60	59~0	A	B	C	D
	步骤一										
	步骤二										
	步骤三										
	填表说明：1. 请在对应单元格打√；2. 综合素养包括学习态度、学习能力、沟通能力、团队协作等									

📂 **总结与思考：**

_____

_____

_____

项目 2　打印机的使用和常见故障排查

📂 **项目介绍：**

在本项目中，将学习激光打印机的使用注意事项、常见故障的处理及手动双面打印的方法。

任务 1　了解使用激光打印机的注意事项

📂 **任务导语：**

激光打印机是一种电子设备，使用时应遵循一定要求，从而达到减少故障、延长设备使用寿命的目的。

📁 **任务单：**

任务名称	激光打印机的使用注意事项	任务编号	5-2
任务描述	了解激光打印机的使用注意事项		
任务效果	通过学习，了解激光打印机的使用注意事项，从而在实际的使用过程中规范操作细节，达到减少故障、延长设备使用寿命的目的		
任务分析	在本任务中需要了解影响激光打印机正常运行的一些因素		

📁 **知识要点：**

➢ **激光打印机的工作原理**

激光打印机的工作原理是利用光栅图像处理器先产生要打印页面的位图，然后将其转换为电信号系列的脉冲送往激光发射器。在这一系列脉冲的控制下，激光被有规律地放出，其反射光束被感光鼓接收并感光，当纸张经过感光鼓时，鼓上感光位置的着色剂就会转移到纸上，印成了页面的位图，最后纸张经过加热辊，着色剂被加热熔化固定在纸上。

➢ **碳粉和臭氧的危害**

激光打印机使用的碳粉对人体有危害，碳粉颗粒在人体中不能被融化，且排泄困难，长期吸入或者一次性吸入很多的话，容易造成呼吸道病症，如果使用不当会直接影响到人们的健康。另外，激光打印机在打印过程中还会产生臭氧。臭氧会对呼吸系统造成损害，刺激眼睛，伤害皮肤，破坏人体的免疫机能，对心血管系统造成不利影响。

➢ **感光鼓**

感光鼓是激光打印机的核心部件，一般由铝、硒、感光材料等光导材料制成，它的基本工作原理就是光电转换的过程。

📁 **实施方案：**

步骤一 适宜激光打印机工作的温度

激光打印机的用纸要保持干燥，不能有静电，否则容易卡纸或导致打印件发黑。理论上打印纸应保存在温度为 17～23℃、相对湿度为 40%～50%的环境中，这样才可以达到最佳的打印效果。放置打印机的房间温度应控制在 22℃左右，相对湿度应为 20%～80%，并避免阳光直射和化学物品的侵蚀。激光打印机的电源电压不应超过打印机铭牌上所标数值的 10%。

步骤二 激光打印机的安放位置

激光打印机应尽量安放在通风的房间中，注意不要让打印机的排气口直接吹向用户，如果条件许可，最好让打印机直接把气排到室外。将激光打印机放在拥挤的环境中、房间的通风情况不佳、打印机排气口正对操作人员的脸部、臭氧过滤器使用过久等都会使打印机在打印过程中所产生的臭氧对人体产生危害。

步骤三 感光鼓的注意事项

工作时，感光鼓应保持相对湿度在 20%～80%，温度在 10～32.5℃，避免阳光直射，尽量做到恒温恒湿。感光鼓从包装袋拿出后不能放在阳光下直接照射，也不能长时间放在室内灯光下，否则将影响打印效果。在打印过程中，有时，打印机液晶显示屏或计算机显示器上会显示有关添加墨粉的信息，这表明感光鼓中的墨粉即将用完，必须马上加粉或更换感光鼓，否则打印出来的稿件颜色将变淡,还会出现白条。

步骤四　其他注意事项

拆装打印机部件时要注意轻取轻放,任何粗暴的操作都会造成打印机的损坏,尤其要注意不要划伤或触摸感光鼓的表面。从打印机中取出碳粉盒时,把它放在一个干净、平滑的表面上,而且要避免用手触摸感光鼓。因为人手指上的油脂往往会永久地破坏感光鼓表面,从而会直接影响打印质量。尽量避免感光鼓暴露在光线下,感光鼓的过度暴露会造成打印页上出现不正常的暗区域或亮区域,会降低感光鼓的使用寿命。不要把碳粉盒上下翻转,也不要把它立于一端,更不要在(室内)光线下长时间地暴露碳粉盒,否则会直接降低打印质量。

📂 任务自评:

任务名称	激光打印机的使用注意事项						任务编号			5-2
任务描述	了解激光打印机的使用注意事项						微课讲解			激光打印机的使用注意事项
任务评价	任务中各步骤完成度/%						综合素养			
^	100	99~90	89~80	79~70	69~60	59~0	A	B	C	D
^	步骤一									
^	步骤二									
^	步骤三									
^	步骤四									
^	填表说明:1. 请在对应单元格打✓;2. 综合素养包括学习态度、学习能力、沟通能力、团队协作等									

📂 总结与思考:

___

___

___

任务 2　激光打印机常见故障排查

📂 任务导语:

作为一种电子设备,激光打印机在使用中也有可能会发生故障,对于一些简单故障,使用者是可以自己处理的。这里以 Canon LBP2900Plus 激光打印机为例,介绍一些常见故障的排除方法。

任务单：

任务名称	激光打印机常见故障排查	任务编号	5-3
任务描述	排除激光打印机常见故障		
任务效果	通过排除激光打印机常见故障，使打印机恢复正常的工作状态		
任务分析	在本任务中需要了解激光打印机常见故障及其排除方法		

知识要点：

➤ 故障1　卡纸

卡纸是激光打印机最常见的一种故障。产生卡纸的原因很多，打印纸太厚或太薄、纸张潮湿或卷曲、打印机分离爪磨损变形、搓纸辊损坏、传感器故障等，都可能造成打印机卡纸。

➤ 故障2　局部或全部字不清楚、墨粉浓淡不匀

局部或全部字不清楚、墨粉浓淡不匀等，可能是因为碳粉不足，打印机启用了"经济方式"。

➤ 故障3　打印内容有纵向或横向的黑色条纹、不规则污迹、全黑

打印内容有纵向或横向的黑色条纹、不规则污迹、全黑，可能是打印机感光鼓受损、打印机需要清洁、不符合打印用纸规则造成的。

实施方案：

步骤一　解决卡纸故障

对于进纸区域的卡纸，从纸张输入盒或单页输入槽上可以看到大部分卡塞的纸张，这时可以小心地将卡纸平直慢慢拉出，重新对齐装入新的纸张。

对于用眼睛看不见的内部区域卡纸，需要按以下步骤排除。

（1）打开打印机顶端机盖，取出感光鼓。

（2）用手顺着纸张的运动方向，慢慢拉动卡塞的纸张，使其脱离机器，注意切勿用蛮力。否则可能会损坏打印机零部件，也有可能撕裂纸张，增加取纸难度。如果纸张被撕裂了，需反复清除掉下的纸张碎片，一定要将所有废纸张清除出打印机。

（3）重新装入感光鼓，盖上打印机顶端机盖，打印机会自动恢复正常状态。

步骤二　解决局部或全部字不清楚、墨粉浓淡不匀故障

若是碳粉不足，则需要补充碳粉，注意切勿随意自己动手补充碳粉，前文说过吸入碳粉会对人体造成危害，所以要请专业人士在做好防护的情况下添加。

步骤三　解决打印内容有纵向或横向的黑色条纹、不规则污迹、全黑故障

更换全新的感光鼓；清洁打印机；更换符合打印机用纸规则的纸张。

任务自评：

任务名称	激光打印机常见故障排查				任务编号	5-3		
任务描述	排除激光打印机常见故障				微课讲解	激光打印机常见故障排查		
任务评价	任务中各步骤完成度/%					综合素养		
	步骤	100	99~90	89~80	79~70	69~60	59~0	A	B	C	D
	步骤一										
	步骤二										
	步骤三										
	填表说明：1. 请在对应单元格打√；2. 综合素养包括学习态度、学习能力、沟通能力、团队协作等

总结与思考：

任务3 使用激光打印机手动双面打印

任务导语：

学习激光打印机基本使用方法，能正确使用打印机手动双面打印文本。

任务单：

任务名称	激光打印机手动双面打印	任务编号	5-4
任务描述	了解激光打印机的使用步骤，能使用打印机手动双面打印电子文档
任务效果	通过手动双面打印操作，双面打印出电子文档的纸质版本
任务分析	本任务中需要了解 Canon LBP2900Plus 激光打印机打印参数设置

知识要点：

> 激光打印机手动双面打印

Canon LBP2900Plus 激光打印机是一种办公室常用的小型打印机，操作方便简单，不具备自动双面打印的功能，可以手动双面打印。

实施方案：

步骤一　准备打印机

接通打印机电源，打开电源开关，在载纸盒内装入打印纸。

步骤二　设置打印参数

在计算机中打开需要打印的文档（以 Word 为例），选择"文件"→"打印"菜单命令，在"打印机"下方选择 Canon LBP2900Plus，在窗口设置相应的打印参数。

在窗口可设置打印范围、打印方式、打印多套时输出顺序、纸张方向、纸张大小、页边距等，这里需要将打印方式设置为"手动双面打印"，如图 5-10 所示。

图 5-10　设置打印参数

步骤三　打印文档

设置好以后，单击"打印"按钮，计算机就开始打印作业。手动双面打印时，计算机会先打印奇数页，打印完毕暂停打印作业，这时，需要工作人员取下已打印好的纸张，手动调整顺序（不然第二页会和最后的奇数页打印在一起），然后将已打印好一面的纸张空白面向上放回送纸器，然后单击对话框的"确定"按钮继续打印，如图 5-11 所示。

图 5-11　继续打印对话框

打印结束后，取出纸张就可以装订成册了。

任务自评：

任务名称	激光打印机手动双面打印					任务编号	5-4		
任务描述	了解激光打印机的使用步骤，使用激光打印机手动双面打印电子文档					微课讲解	激光打印机手动双面打印		
任务评价		任务中各步骤完成度/%					综合素养		
	步骤	100	99~90	89~80	79~70	69~60	59~0	A	B	C	D
	步骤一										
	步骤二										
	步骤三										
	填表说明：1. 请在对应单元格打√；2. 综合素养包括学习态度、学习能力、沟通能力、团队协作等									

总结与思考：

项目3　在局域网内实现打印机共享

项目介绍：

在本项目中，将通过实例学习如何在局域网内实现打印机共享。

任务1　在局域网内共享打印机

任务导语：

一般一个办公室里有好几个工作人员，不是所有的单位都会给同一个办公室的工作人员都配置一台打印机。当办公室里只有一台打印机时，可以通过设置打印机共享，让同一个办公室里的所有计算机都能使用这台打印机。

📁 任务单：

任务名称	在局域网内共享打印机	任务编号	5-5
任务描述	在局域网内共享连接在其中一台计算机上的打印机，让同一工作组内的其他计算机都能访问并操作这台打印机		
任务效果	通过共享打印机，让在同一工作组内的计算机完成打印作业		
任务分析	本任务需要在"主机"上进行用户、网络及打印机的共享设置；在"客户端"上添加"网络打印机"		

📁 知识要点：

➤ 主机

这里的主机是指通过数据线与打印机进行了直接连接的计算机。

➤ 客户端

这里的客户端是指需要通过网络与打印机进行连接的计算机。

📁 实施方案：

共享打印机须在已安装打印机的计算机上进行如下设置。

步骤一 取消禁用 Guest 用户

右击桌面上的"此电脑"图标，在弹出的快捷菜单中选择"管理"命令，单击"本地用户和组"组左侧的三角形按钮，选择下面的"用户"选项，在右侧的窗格中双击"Guest"选项，打开"Guest 属性"对话框，取消选择"账户已禁用"复选框，最后单击"确定"按钮，如图 5-12 所示。

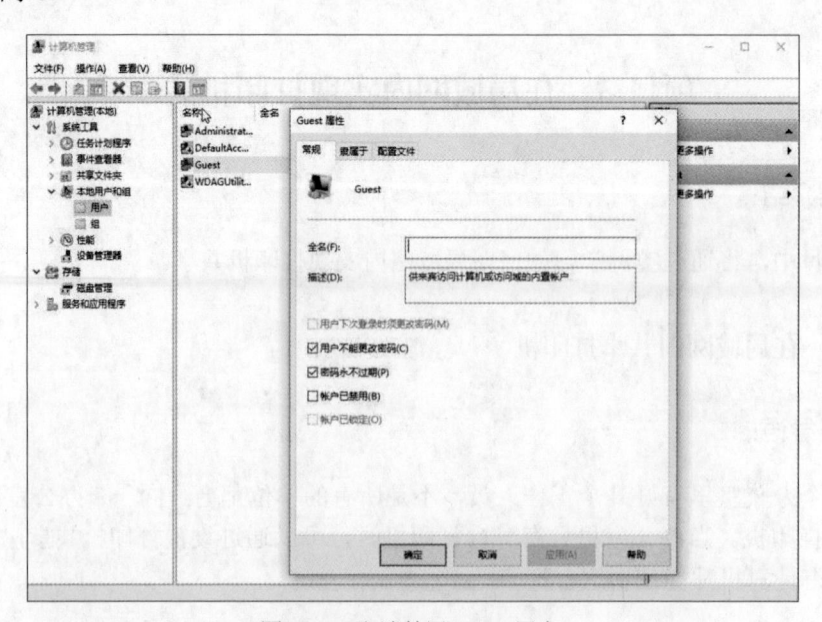

图 5-12 取消禁用 Guest 用户

步骤二　在主机上设置打印机共享

选择"开始"→"设置"菜单命令,在弹出窗口中选择"设备",然后选择"打印机和扫描仪",选择已安装好的"Canon LBP2900Plus",单击"管理",单击"打印机属性",在弹出的对话框中单击"共享"选项卡,勾选"共享这台打印机",设置打印机的共享名,并勾选"在客户端计算机上呈现打印作业"复选框,如图 5-13 所示。

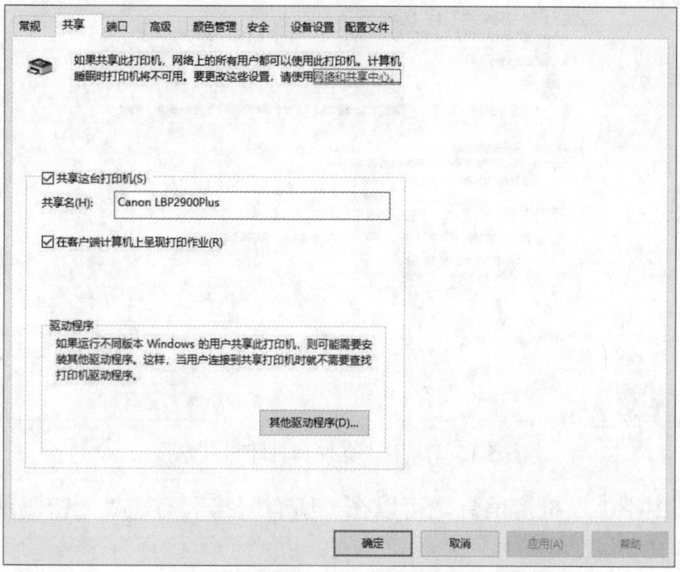

图 5-13　在主机上设置打印机共享

步骤三　网络设置

选择"开始"→"设置"菜单命令,在弹出窗口中选择"网络和 Internet",然后选择"状态"→"属性",确定网络类型是"专用"("公用"类型在客户端无法发现打印机),如图 5-14 所示。

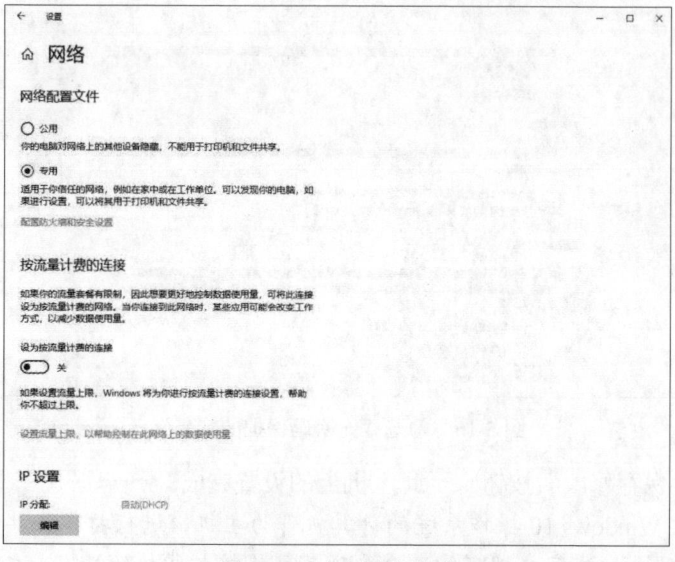

图 5-14　确定网络类型

返回上一级"状态"窗口，选择"网络和共享中心"切换到"控制面板\网络和Internet\网络和共享中心"，单击"更改高级共享设置"，在"专用（当前配置文件）"中勾选"启用文件和打印机共享"，如图5-15所示。

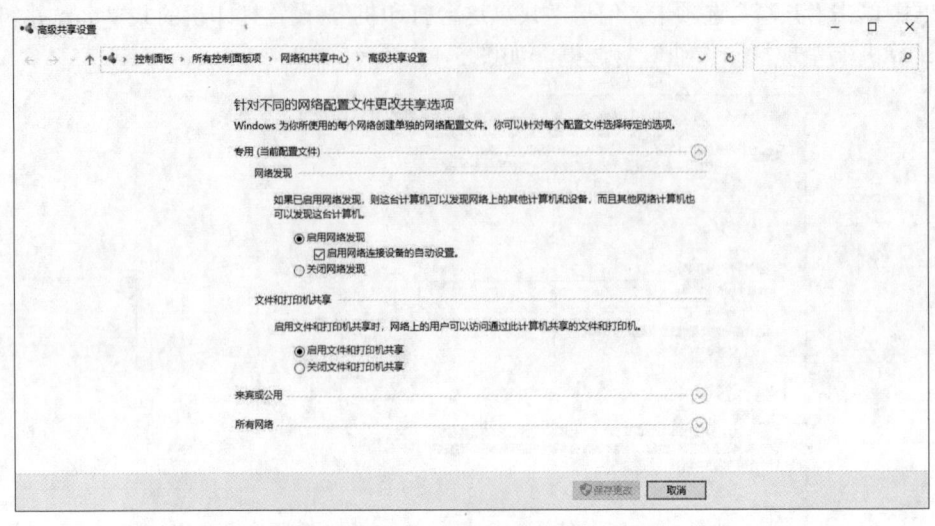

图5-15 启用"文件和打印机共享"

另外，如办公中不涉及机密信息，可以在"所有网络"勾选"无密码保护的共享"，方便后续连接，如图5-16所示。

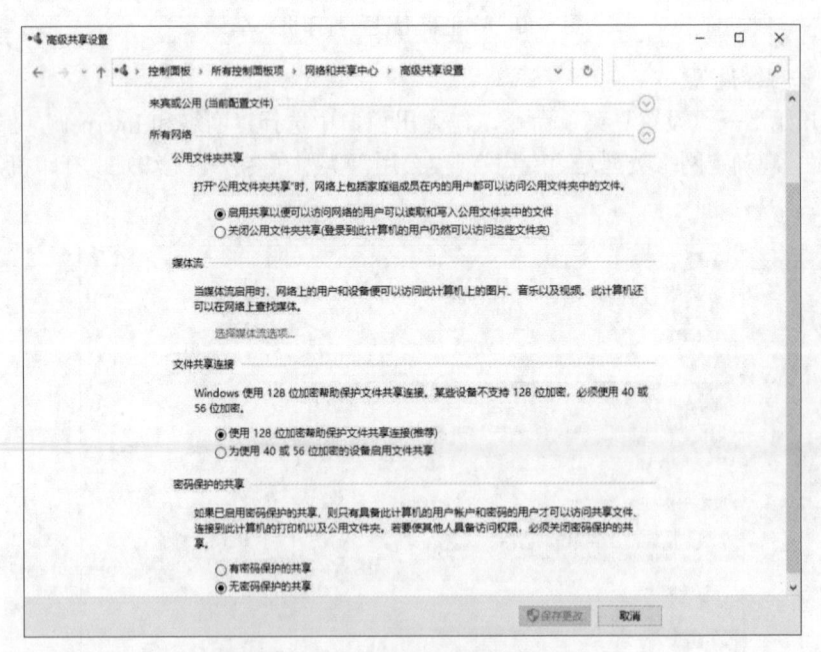

图5-16 勾选"无密码保护的共享"

完成后单击"保存修改"按钮。至此主机上的设置完成。

注意：将安装Windows 10操作系统的计算机作为主机，进行打印机共享设置时，依步骤完成上面的各项设置后，在客户端可能还会出现不能连接打印机的情况，这时候需要在作为主机的计算机上，使用"开始"→"Windows 管理工具"→"注册表编辑器"修改注册表，在"计算机\HKEY_LOCAL_MACHINE\SYSTEM\CurrentControlSet\Control\Print"新建一个"DWORD（32 位）值（D）"，名称为"RpcAuthnLevelPrivacyEnabled"，数据值为"0"，如图 5-17 所示，然后重新启动计算机即可。

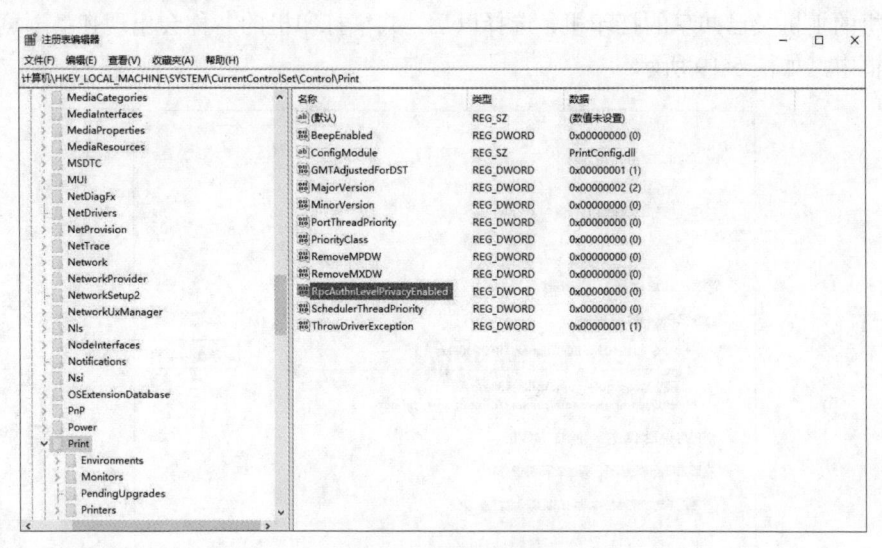

图 5-17　修改注册表

主机设置好共享打印机后，就可以在客户端计算机上查找共享的打印机了。

步骤四　确保客户端计算机跟主机在同一工作组

右击桌面上的"此电脑"图标，在弹出的快捷菜单中选择"属性"命令，在弹出窗口中单击"高级系统设置"，在弹出的"系统属性"对话框，单击"计算机名"选项卡查看工作组是否与主机一样，如果一样就不用更改，如果客户端和主机处于不同的工作组，单击"更改"按钮，如图 5-18 所示，在弹出的"计算机名/域更改"对话框中进行变更。

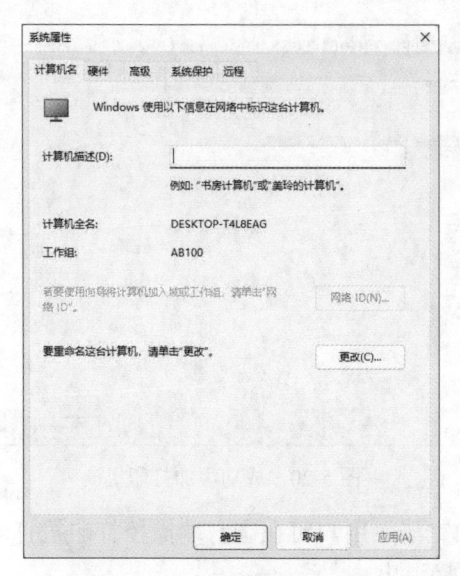

图 5-18　"系统属性"对话框

步骤五　添加共享打印机

　　选择"开始"→"设置"菜单命令，在弹出的窗口中选择"设备"，然后选择"打印机和扫描仪"，单击"添加打印机或扫描仪"，稍等片刻，单击弹出的"我需要的打印机不在列表中"，在弹出对话框选择"按名称选择共享打印机"并单击"浏览"按钮，在弹出对话框选择设置了共享打印机的主机及已共享的打印机，选择以后，共享打印机的名称会出现在"浏览"按钮前面的文本框中，如图5-19所示。

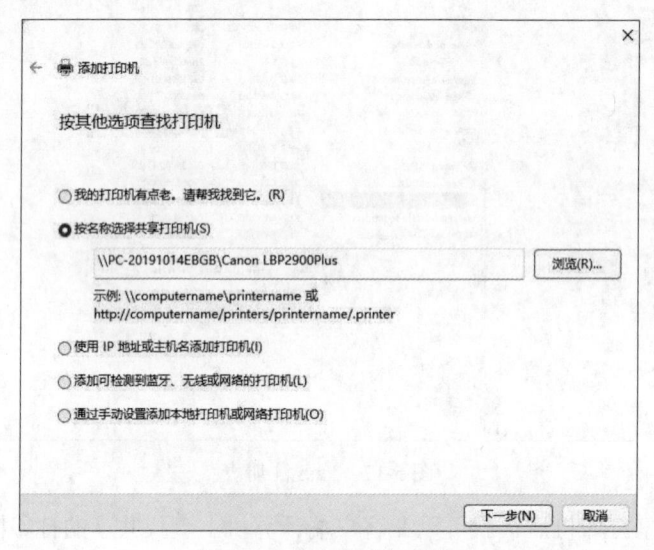

图5-19　添加共享打印机

　　单击"下一步"按钮之后，系统会自动执行后面操作。一般情况下都能顺利添加共享的打印机，添加完毕，系统会弹出已成功添加的对话框，如图5-20所示。

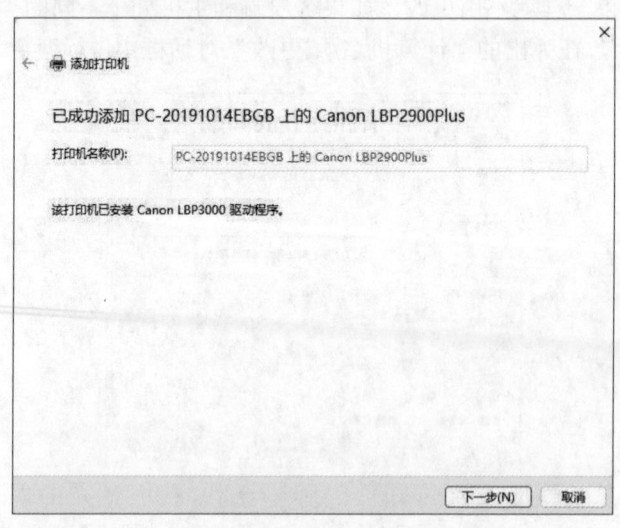

图5-20　成功添加打印机

　　至此，共享打印机添加完毕，用户可在客户端操控打印机打印测试页，测试一下打印机是否能正常工作，也可以直接退出。

📂**任务自评：**

任务名称	在局域网内共享打印机					任务编号			5-5	
任务描述	在局域网内共享连接在其中一台计算机上的打印机，让同一工作组内的其他计算机，通过网络访问并操作这台打印机					微课讲解			在局域网内共享打印机	
任务评价		任务中各步骤完成度/%					综合素养			
	步骤	100	99~90	89~80	79~70	69~60	59~0	A	B	C	D
	步骤一										
	步骤二										
	步骤三										
	步骤四										
	步骤五										
	填表说明：1. 请在对应单元格打✓；2. 综合素养包括学习态度、学习能力、沟通能力、团队协作等									

📂**总结与思考：**

单元6 视频图像拍摄与后期处理

学习目标：

在实际工作中，有时会拍摄一些会议照片、宣传视频等过程材料。这就需要学习掌握常用的拍摄技巧、拍摄方法，还需具备一定的拍摄成品编辑和处理能力。本单元通过两个项目讲解图像、视频拍摄及简单处理等知识，利用三个任务展示知识点的综合应用，在实践中学习知识的同时，能够牢固掌握技能。

单元导读：

- 掌握手机摄影摄像相关参数设置
- 了解视频图像的拍摄技巧
- 掌握图像后期处理基本技术
- 掌握视频后期处理基本技术

单元导图：

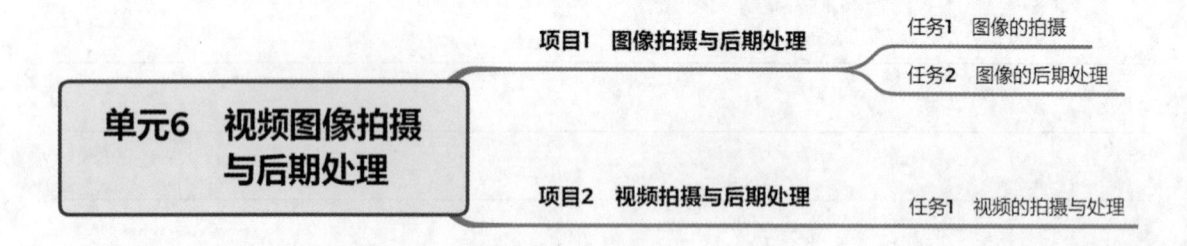

```
                          ┌─ 项目1  图像拍摄与后期处理 ─┬─ 任务1  图像的拍摄
单元6  视频图像拍摄           │                            └─ 任务2  图像的后期处理
       与后期处理  ──────────┤
                          └─ 项目2  视频拍摄与后期处理 ─── 任务1  视频的拍摄与处理
```

项目1 图像拍摄与后期处理

项目介绍：

在本项目中，将通过两个任务分别对图像拍摄、构图技巧、图像的后期编辑与处理等知识进行详细讲解。

任务1 图像的拍摄

任务导语：

请利用手机拍摄一组照片，展现出优美宜人的自然风景、城乡风貌、人文风情、发展成就等。

任务单：

任务名称	图像的拍摄	任务编号	6-1
任务描述	拍摄前根据环境调整各项参数，运用拍摄构图方法，拍摄自然风景、城乡风貌、人文风情等		
任务效果			
任务分析	拍摄时需要根据环境，调整光圈、ISO 感光度、快门、曝光补偿、焦距等参数，运用拍摄构图技巧，使用正确的手机拍照握持姿势拍摄照片。若拍照期间手机相机功能出现异常，要学会基本的处理方法		

知识要点：

> 图像拍摄设备

随着信息技术软、硬件的发展，智能手机的图像拍摄、处理能力有了极大的提升。在多镜头系统的加入下，手机摄影进一步迈向了新的高度。通过不同焦距、广角、超广角和变焦等镜头的组合，用户可以更自由地进行拍摄，捕捉到更具视觉冲击力的画面。本次任务用华为手机作为拍摄设备，完成拍摄任务。

> 参数设置

（1）光圈。光圈是相机镜头的一个重要参数，控制着光线的进入量。用 f 数值表示光圈大小，如 f/1.8、f/2.8、f/4 等。光圈大小与 f 数值大小成反比，f 后面的数值越小，光圈越大，进光量越多，景深越小，画面越亮，主体背景虚化越大，对比图如图 6-1、图 6-2 所示。想要拍出虚化的背景效果，一般会选择较大的光圈，这样能够让主体更加突出。

图 6-1　光圈 f/16 图　　　　　　　图 6-2　光圈 f/2.4 图

（2）快门。快门是用来控制光线照射感光元件时间的装置，也可以认为快门是允许光线通过光圈的时间。快门速度单位是"秒"，常见的快门速度有 1/15、1/30、1/60、1/125、1/250、1/500、1/1000、1/2000 等。秒数低适合拍摄运动中的物体，可轻松抓住急速移动的目标。

（3）感光度。感光度又称为 ISO，是指相机对光线的敏感程度，ISO 值通常用数字表示，比如 100、200、400、800 等。ISO 值越大，感光度越高，拍出来的照片就会越亮，反之就会越暗。ISO 值过高会使照片噪点随之变高，因此在拍摄过程中要根据环境选择合适的 ISO 值。

（4）曝光补偿。曝光补偿是一种曝光控制方式，一般常见在±2～3EV 左右，如果环境光源偏暗，可以增加曝光值（Exposure Value，EV）值，EV 值每增加 1，相当于摄入的光线量增加一倍；如果拍摄环境过亮，要减小 EV 值，EV 值每减小 1，相当于摄入的光线量减少一半。

（5）焦距。焦距是镜头的光学中心到感光元件之间的距离。焦距可用于调节景深，不同的焦距会影响摄取的景物范围。焦距小、景深大，有利于表现纵深度大的被摄物体，如图 6-3 所示。焦距大、景深小，有利于摄取虚实结合的照片，如图 6-4 所示。在调整过程中要注意，焦距倍数越大，拍摄的视野范围就越小。

图 6-3　1 倍焦距图　　　　　　　图 6-4　2 倍焦距图

（6）对焦框。打开手机照相机功能，点击屏幕会出现一个边框，这个边框就是对焦框，点击拍摄主体使对焦框对焦到拍摄主体，能提高拍摄主体的清晰度。

> 基础构图方式

（1）三分法构图。三分法构图是一种在摄影、绘画、设计等艺术中经常使用的构图手段，如图 6-5 所示。三分法构图是通过将画面沿横向或纵向分为三等分，将被摄体或兴趣点放置在这些分割线上或分割线的交叉点上，这种构图适宜多形态平行焦点的主体。三分法构图简练，并且能够鲜明地表现主题，是拍摄者经常用的构图法则之一。

（2）九宫格构图。九宫格构图与三分法构图相类似，属于黄金分割的一种形式，如图 6-6 所示。在画面中横竖三划分，中间 4 个交叉点是画面的视觉中心点。拍摄的时候，把被拍摄物的重点展现在中间的 4 个交叉点上。九宫格构图能够呈现画面变化与动感，使画面更加富有活力。

图 6-5　三分法构图　　　　　　　　图 6-6　九宫格构图

（3）三角形构图。三角形构图是以三个视觉中心为景物的主要位置，有时是以三点成面几何构成来安排景物，形成一个稳定的三角形，如图 6-7 所示。这种三角形可以是正三角、斜三角、倒三角，其中斜三角较为常用，也较为灵活。在使用三角形构图时，将拍摄主体放在三角形中或影像本身形成三角形的态势。使用三角形构图拍摄给人以安定、均衡、踏实之感，同时又不失灵活。

（4）对角线构图。使用对角线构图拍摄时，将主体或者环境元素安排在画面的对角线附近。这种构图方法主要是为了避免画面过于呆板和平淡，从而使其产生延伸感，让画面看起来更加自然生动，如图 6-8 所示。在日常大部分的拍摄场景中，都能找到类似的线条作为斜线引导，可以有效增加照片的立体感、延伸感和运动感。

图 6-7　三角形构图　　　　　　　　图 6-8　对角线构图

➢ 手机握持姿势

（1）手机横拍握持姿势。横拍时，双手固定手机 4 个角，要注意避免手指挡住镜头，右手大拇指负责拍摄。

（2）手机竖拍握持姿势。竖拍时，通常需要单手持机，食指固定背部，一只手按快门进行拍摄。

手机拍摄需要注意拍摄前擦拭镜头，拍摄时要避免遮挡镜头，快门要"轻点"，防止手机晃动；拍摄时要保持稳定，可以使用三脚架等辅助工具。

➢ 故障维护

常见手机相机异常及处理办法如下。

（1）黑屏、无法启动、闪光灯无法正常工作。可以通过重启手机，清除这些临时问题和错误。

（2）照片模糊或不清晰。首先判断是否由外部环境导致，然后检查摄像头是否干净，功能是否正常，有无损坏。

（3）相机应用程序出现问题。更新应用程序或卸载重新安装，仍无法正常使用可尝试安装第三方相机应用程序。

（4）检查硬件。若硬件发生问题，则需要联系制造商或专业人员进行检测和维修。

（5）预防措施。定期备份照片，以防止数据丢失；避免让手机受到剧烈的撞击或进水；注意摄像头日常保护；及时更新操作系统和应用程序，以确保手机正常运行。

📂 实施方案：

步骤一　拍摄准备

准备一个具备拍照功能的智能手机，将镜头擦拭干净，本实施方案采用华为手机。

步骤二　在大光圈模式下拍照

打开手机相机，选择"大光圈"，调整焦距至 1.6x，点击光圈"f"，设置光圈为 f3.5。采用竖屏拍摄，点击屏幕设置拍摄主体为对焦点，拍摄照片。如图 6-9 所示。

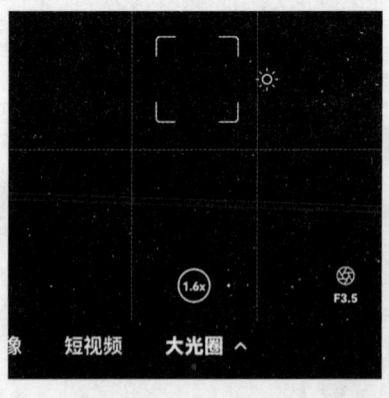

图 6-9　焦距、光圈设置

步骤三　在专业模式下拍照

点击"专业模式"，点击"ISO"，设置感光度为 500，其他为默认设置，如图 6-10 所示。采用竖屏拍摄，按照九宫格构图原则，点击屏幕中的拍摄主体，拍摄照片。

图 6-10　感光度设置

点击"专业模式",快门设置为 1/4000,"ISO"调整为自动,点击"EV",设置曝光补偿为-1.7,如图 6-11 所示。采用横屏拍摄,按照对角线构图原则,点击屏幕中的拍摄主体,拍摄照片。

步骤四　保存照片到电脑

(1)在电脑上登录微信,再打开手机微信,在手机微信"通讯录"中选择"文件传输助手",选择需要保存的照片,勾选界面下方的"原图",点击"发送",发送到文件传输助手,如图 6-12 所示。

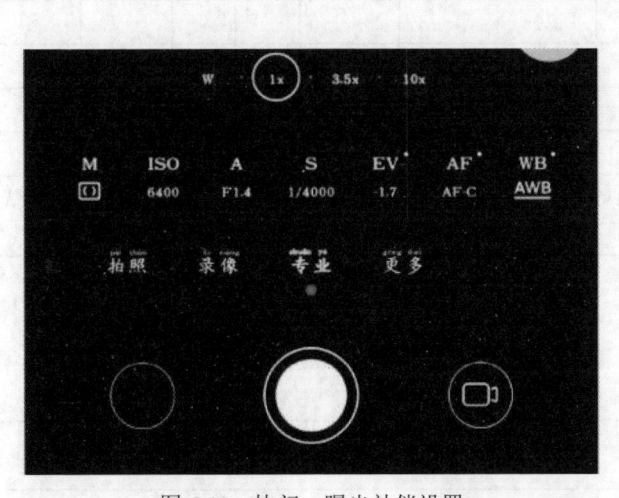

图 6-11　快门、曝光补偿设置

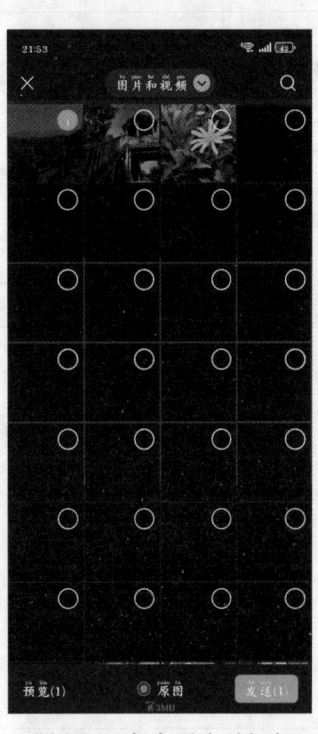

图 6-12　保存照片到电脑

(2)微信电脑端接收信息后,右击照片,选择"另存为",选择保存路径,保存照片。如图 6-13 所示。

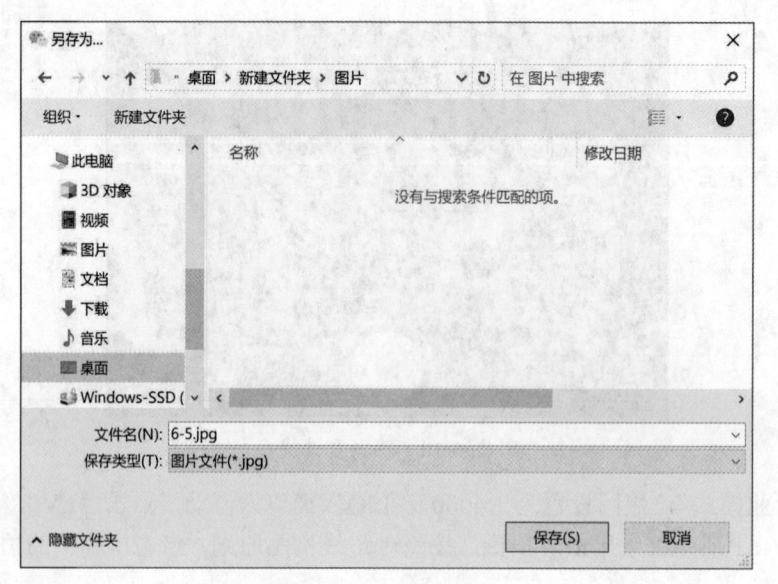

图 6-13　另存为照片

📁 **任务自评:**

任务名称	图像的拍摄					任务编号		6-1	
任务描述	拍摄前根据环境调整各项参数，运用拍摄构图方法，拍摄自然风景、城乡风貌、人文风情等					微课讲解		图像的拍摄	
任务评价	任务中各步骤完成度/%					综合素养			
	步骤	100	99~90	89~80	79~70	69~60	59~0	A	B	C	D
	步骤一										
	步骤二										
	步骤三										
	步骤四										
	填表说明：1. 请在对应单元格打✓；2. 综合素养包括学习态度、学习能力、沟通能力、团队协作等									

📁 **总结与思考:**

任务 2　图像的后期处理

📂任务导语：

进一步完善照片，选择任务 1 中的一张照片进行后期处理，以突出照片特点，让照片更具有表现力、吸引力。

📂任务单：

任务名称	图像后期处理	任务编号	6-2
任务描述	使用图像处理软件调整照片的各项参数，修正色彩偏差，增加滤镜效果等，让照片更具有表现力、吸引力		
任务效果			
任务分析	使用图像处理软件，调整照片曝光、亮度、对比度、色彩饱和度等参数，纠正照片中存在的色彩偏差。增加滤镜效果，去除作品中的噪点。保存处理后的照片，以便分享使用		

📂知识要点：

➢ 参数调整

（1）曝光调整。曝光是指光线对照片传感器的照射量，是照片中最基本的属性之一，过度曝光和欠曝光都会影响照片清晰度和细节。在后期处理中，通过增加或减少曝光量来调整照片整体的明暗效果。

（2）色彩平衡调整。色彩平衡用于校正图像中的颜色缺陷，调整颜色偏差。在调节过程中可以分别对高光、中间调、阴影进行画面色彩调节，以便更好地展现照片效果。

（3）亮度、对比度调整。增加亮度可扩展图像高光；减少亮度则扩展阴影。合理地调整对比度可以使图像更加生动有趣。增加对比度，可增强照片的明暗对比，使图像更加饱满；相反，减少对比度可以创造出柔和的效果。

（4）饱和度调整。调整饱和度可以使颜色更加鲜明或柔和。高饱和度的图像色彩鲜艳夺目，适用于表现生动的场景，而低饱和度则会创造出柔和和谐的氛围。在 Adobe Photoshop 软件自然饱和度和饱和度两个选项中，饱和度调整的范围更大一些，但自然饱和度的调整能使整幅图像更加协调、自然。

（5）滤镜使用。滤镜可以为照片添加特殊的效果和氛围。例如，锐化可以增强照片中的细节，而模糊度可以使照片更加艺术化。使用滤镜时，要注意保持照片的整体风格，并避免过度使用造成失真。

（6）降噪。在拍摄照片时，使用了高 ISO 感光度或拍摄环境过暗，导致照片中产生一些毛刺、小斑点或晕染，这就叫噪点。为了使图像更加干净，通常会进行降噪处理。但是需要注意适度使用降噪功能，以免造成过度处理。

> 图像处理软件

图像后期处理需要选择一款功能齐全且易于使用的软件。目前市面上较为流行的电脑软件有 Adobe Photoshop、Lightroom、Capture One 等，手机软件有 Photoshop express、Lightroom、Snapseed 等。这些软件提供了丰富的编辑功能，如调整色彩、对比度、曝光度等。本任务中，电脑软件选择 Adobe Photoshop 2021 进行照片后期处理，手机软件采用 Snapseed。

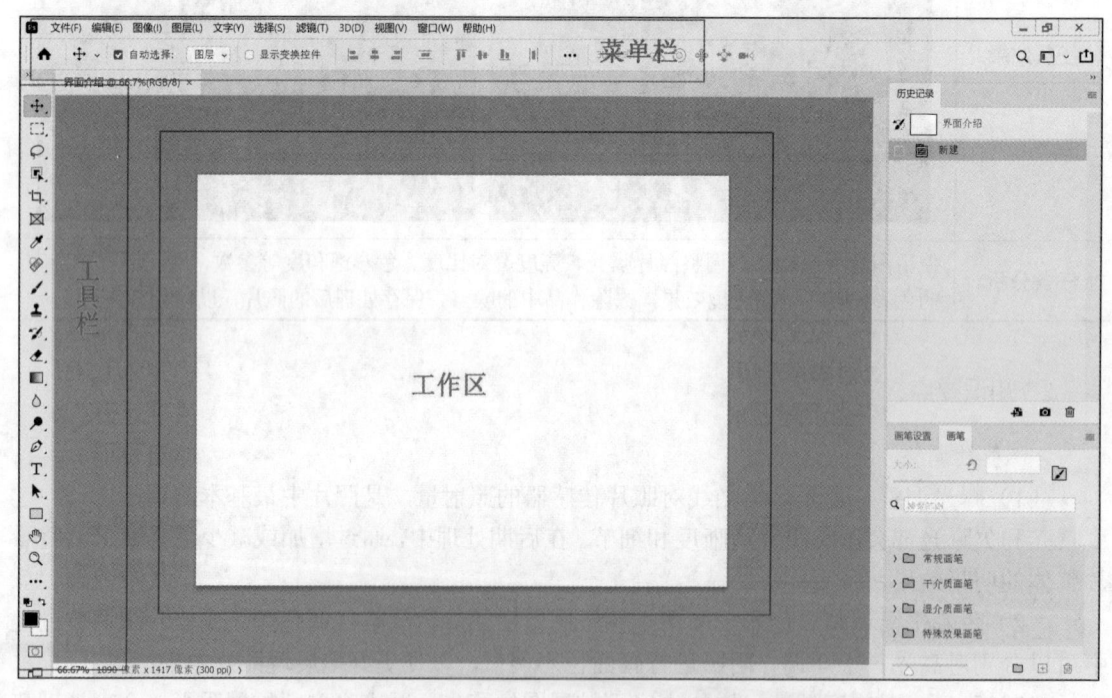

> 认识软件

Adobe Photoshop 2021 界面如图 6-14 所示，主要包括菜单栏、工具栏、工作区等，本次任务需要完成照片处理、编辑的基础操作，主要涉及菜单栏中的图像、滤镜、导入、导出等相关功能。

图 6-14 Adobe Photoshop 2021 界面

Snapseed 界面比较简单，如图 6-15 所示，下载安装完成进入后可直接选择需要处理的照片。

> 素材导入

Adobe Photoshop 2021 通过单击"文件"菜单→"打开"选项，或者直接将素材拖动至"工作区域"，以导入素材。

Snapseed 手机软件通过界面任意位置可以导入素材。

图 6-15 Snapseed 界面

实施方案一（电脑软件 Adobe Photoshop 2021）：

步骤一　导入素材

打开 Adobe Photoshop 2021 软件，将素材拖入"工作区"。如图 6-16 所示。

图 6-16 导入素材

步骤二　图像菜单调整

单击"图像"菜单→"调整"工作组，选择"曝光度"，调整照片的曝光度为 1，如图 6-17 所示。

单击"图像"菜单→"调整"工作组，选择"色彩平衡"，色彩平衡调整为（-49，-62，-45），如图 6-18 所示。

单击"图像"菜单→"调整"工作组，选择"亮度/对比度"，调整亮度为 24，调整对比度为-17，如图 6-19 所示。

图 6-17 "曝光度"对话框

图 6-18 "色彩平衡"对话框

图 6-19 "亮度/对比度"对话框

单击"图像"菜单→"调整"工作组,选择"自然饱和度",调整自然饱和度为 5,饱和度为 19,如图 6-20 所示。

图 6-20 "自然饱和度"对话框

步骤三 滤镜菜单调整

单击"滤镜"菜单→"杂色"工作组,选择"减少杂色",将减少杂色设置为 80%,锐化细节为 30%,如图 6-21 所示。

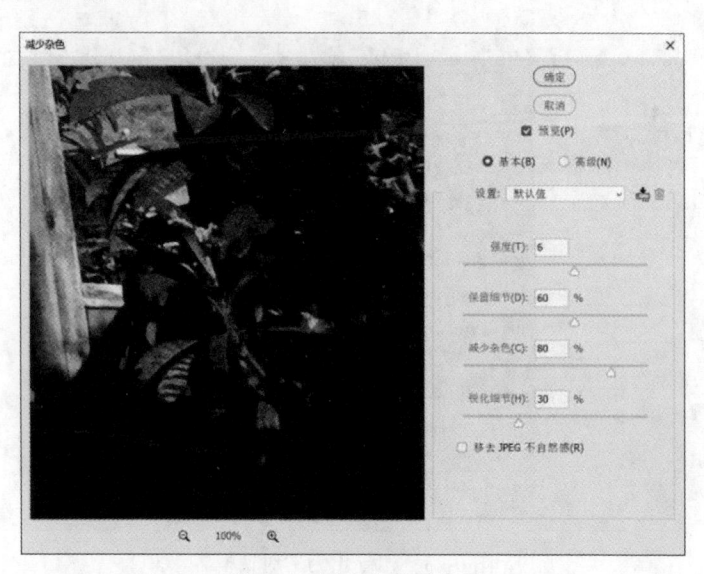

图 6-21 减少杂色对话框

单击"滤镜"菜单→选择"杂色"工作组,选择"去斑"。

步骤四 自由变换

单击"图层"菜单→"复制图层",在弹出的对话框中点击"确定"按钮。用工具栏中的"矩形选框"选择照片整个区域,单击"编辑"菜单,选择"自由变换",设置参考点的垂直位置为 3141,设置旋转为 3 度,如图 6-22 所示,点击右上角"√"完成设置。右击,选择"取消选择",使用工具栏中的污点修复工具( )修复照片边缘、相接处颜色差异。

图 6-22 自由变换对话框

步骤五 导出照片

单击"文件"菜单→"导出",选择"导出为",保存格式为 jpg,单击"导出",选择文件保存位置,单击"确定",保存修改后的照片,如图 6-23 所示。

图 6-23 "导出为"对话框

📂 **实施方案二(手机软件 Snapseed):**

步骤一 导入素材

打开 Snapseed 软件,点击界面任意位置,选择需要处理的素材。如图 6-24 所示。

步骤二 调整参数

(1)点击"工具"菜单→"调整图片"选项,如图 6-25 所示;按住屏幕向右滑动,调整亮度为 11,如图 6-26 所示。

图 6-24　导入素材　　　图 6-25　"调整图片"功能选择　　　图 6-26　调整亮度

（2）选择调整功能符号"▦"→"对比度"，调整对比度为 26，调整饱和度为 30，点击右下角"√"符号，完成设置。如图 6-27 所示。

步骤三　锐化

点击"工具"菜单→"突出细节"，点击调整功能符号"▦"，选择"锐化"，设置锐化为 20，点击右下角"√"符号，完成设置。如图 6-28 所示。

图 6-27　对比度设置　　　　　　　　　　图 6-28　锐化设置

步骤四 旋转

点击"工具"菜单→"旋转",按住屏幕向左滑动,设置校直角度为-2.00度,点击右下角的"√"符号,完成设置。如图6-29所示。

步骤五 导出照片

点击界面右下角的"导出"菜单,选择"导出",导出照片。如图6-30所示。

图 6-29 旋转设置　　　　　图 6-30 导出照片

📁 **任务自评：**

任务名称	图像后期处理					任务编号		6-2	
任务描述	使用图像处理软件调整照片的各项参数,修正色彩偏差,增加滤镜效果等,让照片更具有表现力、吸引力					微课讲解		图像后期处理	
任务评价	任务中各步骤完成度/%					综合素养			
	步骤	100	99~90	89~80	79~70	69~60	59~0	A	B	C	D
	步骤一										
	步骤二										
	步骤三										
	步骤四										
	步骤五										
	填表说明：1. 请在对应单元格打√；2. 综合素养包括学习态度、学习能力、沟通能力、团队协作等									

📂 **总结与思考：**

_____

_____

_____

项目 2　视频拍摄与后期处理

📂 **项目介绍：**

在本项目中，将通过一个任务对视频拍摄、后期处理等知识进行详细讲解。

任务 1　视频的拍摄与处理

📂 **任务导语：**

利用手机拍摄一些展现优美宜人的自然风景、城乡风貌、人文风情的短视频，通过完善处理拍摄的短视频，以更加突出主题，让视频更加生动、有趣。

📂 **任务单：**

任务名称	视频的拍摄与处理	任务编号	6-3
任务描述	根据拍摄内容和环境调整各项参数；运用视频拍摄技巧，拍摄视频。选择部分拍摄效果比较好的视频进行后期处理，以更加突出主题，让视频更加生动、有趣，并能够更好地传达情感和思想		
任务效果			
任务分析	合理运用视频拍摄技巧，注意采用正确的手机拍摄握持姿势，以达到最终拍摄效果。使用视频处理软件剪辑视频内容、调整色调、设置转场效果、添加背景音乐、添加字幕。最后将处理后的视频导出至电脑保存		

📂 知识要点：

➢ 视频拍摄设备

随着手机摄像硬件技术的不断升级，拍摄高质量的视频不再依赖于专业摄影机。同时手机摄影具有便携性、方便性、快速分享等优势，使得手机摄影在现代社会中变得越来越流行。无论专业摄影师还是普通爱好者，都可以利用手机摄影来记录生活中的美好瞬间。本任务以华为手机作为视频拍摄设备。

➢ 设置参数

（1）帧速率和分辨率。帧速率简称为 fps（帧/秒），是每秒钟刷新的图片帧数，每秒钟帧数越多，所显示的动作就会越流畅。捕捉动态视频内容时，帧速率越高越好。目前手机设置中，帧速率有 24fps、30fps、60fps 等可以选择。分辨率决定了视频画面的清晰度和细节呈现，分辨率越高，画面越清晰。目前手机分辨率有 4K、1080P、720P、480P 等。

（2）锁定曝光、对焦。长按屏幕中对焦框两秒，可以锁定曝光和对焦，主要目的是确保主体景物始终清晰，画面不会出现虚实不清。

➢ 镜头移动

在拍摄视频时，使用适度的镜头移动可以增添动感和活力，常用的镜头移动方法有以下几种。

（1）推镜头。推镜头是指摄影机向被拍摄主体的方向推进，使画面框架由远而近，向被摄主体不断接近的拍摄方法。推镜头类似于日常生活中由远到近的观看过程或渐渐靠近的效果。推镜头的主要作用是突出主体，从整体到局部，强调重点，加强视觉重力。

（2）拉镜头。拉镜头是指摄影机逐渐远离被拍摄主体，使画面框架由近至远，与主体拉开距离的拍摄方法。拉镜头使被拍摄主体由大到小，周围环境由小变大，形成视觉后移的效果。拉镜头的主要作用是通过由点到面的运动过程，表现画面主体与环境之间的关系。

（3）摇镜头。摇镜头是指在拍摄一个镜头时，摄影机的机位不动，只有机身作上下、左右的旋转等运动。摇镜头犹如转动头部环顾四周或产生将视线由一点移向另一点的视觉效果。摇镜头的主要作用是介绍环境，表现人物的运动状态，模拟剧中人物的主观视线和感受。

（4）移镜头。移镜头是指摄影机的拍摄方向与被摄体的运动方向垂直或成一定角度移动。移镜头反映和还原出生活中的一些视角感受，其主要作用是展现不同的视觉效果，利于表现大纵深、多景物、多层次的复杂场景。

➢ 握持姿势

（1）双手持机。双手固定手机 4 个"固定"持机的位置，手指不能挡住镜头，手肘夹紧身体，右手大拇指点击拍摄按钮。

（2）单手持机。左手手肘贴近身体，将手机放在手心，紧握手机，右手负责拍摄。

脚步和身体也要保持稳定，移动拍摄时需要匀速行走，微微弯曲膝盖，脚后跟先着地，脚掌慢慢着地，以稳定手机，防止抖动。

手机拍摄需要注意快门要"轻点"，防止手机晃动；可以使用稳定辅助器材帮助增强拍摄的稳定性，如三脚架、自拍杆、稳定器。

➢ 视频处理

（1）剪辑。剪辑是视频后期处理的关键步骤，通过剪辑，删除冗余、错误的片段，插入需要的视频片段、图片素材，同时调整视频的顺序、突出视频主题。

（2）色调调节。色调调节主要是对视频的色彩、亮度、对比度等进行调整，使得画面更加鲜明、生动。

（3）添加滤镜。滤镜是视频剪辑中重要的一项，给视频添加滤镜，可以让视频的输出效果更完美。若拍摄的视频画面中的色彩与预期不符，无法表现出想要的氛围，后期处理可以给视频添加滤镜，优化视频显示效果。

（4）转场、特效。转场效果是两个不同的视频片段进行过渡效果的衔接，使得两个不同的视频片段更加自然地过渡，避免出现生硬的视觉感受。与转场不同，特效用于原素材上，而非素材之间，特效可以增加视频的视觉冲击力，让观看者更容易被视频内容吸引。

（5）音频处理。音频处理是视频后期处理中不可忽视的部分。清晰的音效和背景音乐能够提升视频的观赏性和感染力，在编辑视频时，通过降噪处理，使音效更加清晰；通过添加音效或者背景音乐，增加视频的节奏感和氛围。

（6）添加字幕。字幕能够提供更多的信息与观众进行有效的沟通。通过添加对白、标题、说明等文字，更好地突出视频的主题和情节。

➢ 视频处理软件

视频处理软件可以实现视频的剪辑、调色、音频、特效等处理。目前应用较为广泛的视频处理的电脑软件有剪映、Adobe Premiere Pro、会声会影等；手机软件有剪映（手机版）、快剪辑、iMovie 等；本任务电脑软件采用剪映专业版，手机软件采用剪映（手机版）完成。

➢ 认识软件

剪映专业版大致分为以下 5 个区域，如图 6-31 所示。主菜单区：主要用于音频、文本、转场及背景等效果的添加；素材区主要进行各种素材导入等操作；编辑区是对素材进行剪辑、处理、编辑的主要操作区域；预览区设置效果的呈现；参数调整区主要对编辑区上的素材进行参数调整，以获得更好的视频效果。

图 6-31 剪映专业版界面

剪映（手机版）界面稍微有一些区别，预览区主要用于设置效果的呈现预览；编辑区是对素材进行剪辑、处理、编辑的主要操作区域；主菜单区用于各种效果的添加、参数设置等。具体界面如图 6-32 所示。

图 6-32　剪映（手机版）界面

➢ 素材导入

（1）剪映专业版。打开软件，单击"开始创作"选项，进入编辑界面后，单击素材区"导入"选项，将所需要的素材导入素材区。

（2）剪映手机版。打开软件，点击"开始创作"选项，选择需要的视频素材，点击界面上方"图片"选项，选择需要的图片素材。

➢ 保存

（1）剪映专业版。单击"菜单"→"文件"，再选择"导出"选项，导出已编辑的视频，根据实际情况选择分辨率、码率、格式等，要注意选择常见且高质量的格式，以便在不同设备上进行播放和分享。还需要注意选择合适的导出路径。

（2）剪映手机版。直接点击右上角"导出"，可导出已编辑的视频。

📁 实施方案一：剪映专业版（电脑软件）

步骤一　拍摄素材

（1）准备一个具备摄影功能的智能手机，将镜头擦拭干净。

（2）打开"照相相机"应用程序，选择"录像模式"，点击右上角设置按钮，设置视频分辨率为1080P、视频帧率为30fps。如图 6-33 所示。

（3）确定拍摄主体，分别采用推镜头、拉镜头、摇镜头、移镜头的方式，各拍摄一段视频。如图 6-34 所示。

图 6-33　参数设置

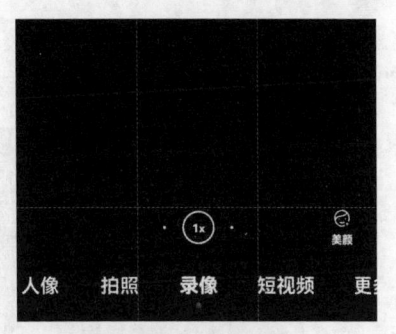

图 6-34　录制视频

步骤二　保存至电脑

登录微信电脑端，然后打开手机微信，找到"文件传输助手"，选择需要保存的视频，勾选相册界面的"原图"，点击"发送"，将视频发送到电脑端。电脑端收到视频后，右击视频，选择"另存为"，找到需要保存的路径，点击"保存"。

步骤三　导入素材

打开剪映专业版，单击"开始创作"，进入软件编辑界面，单击素材区中的"导入"，如图 6-35 所示。选择存放素材的文件夹，导入视频、图片素材，如图 6-36 所示。

步骤四　视频剪辑

（1）选择已导入的视频，将视频拖动至编辑区，拖动顺序分别是视频素材 1、视频素材 2、视频素材 3、视频素材 4；然后将图片素材 1 拖动至视频素材 1、视频素材 2 之间，将图片素材 2 拖动至视频素材 2、视频素材 3 之间，在将图片素材 3 拖动至视频素材 4 之后，如图 6-37 所示。

图 6-35　导入素材

图 6-36　导入素材效果

图 6-37　素材导入

（2）按住 Ctrl 键，向前滚动鼠标滚轮，放大时间线。将时间指针拖动至 00:09:23，单击"分割"按钮，将视频素材 1 剪辑成两段视频，如图 6-38 所示。

图 6-38　视频分割

（3）选择分割后的第一个视频，"删除"按钮高亮，单击"删除"按钮，删除第一段视频，如图 6-39 所示。

图 6-39　删除多余片段

步骤五　调整色调

（1）在编辑区中选择视频素材 1，在参数调整区选择"调节"功能，调节相关参数，完成后单击"保存预设"，如图 6-40 所示。

（2）单击主菜单区中"调节"菜单，在"我的预设"中查看已保存的调节设置。其他素材需要时，单击"+"进行设置，如图 6-41 所示。

图 6-40　设置调节参数　　　　　图 6-41　"预设调色"使用

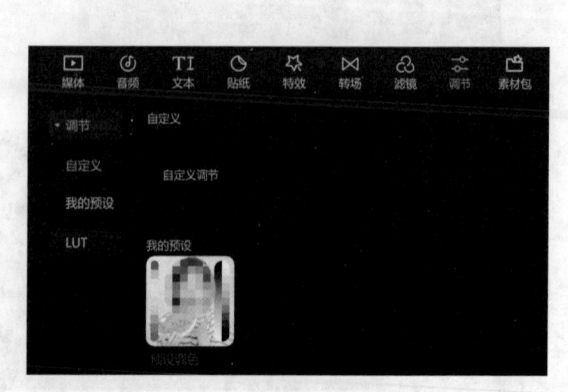

步骤六　添加滤镜

单击主菜单区中的"滤镜"菜单→"冬日"滤镜库→选择"煦日",下载后单击"+",添加滤镜,如图 6-42 所示。在编辑区的滤镜轨道中,拖动滤镜到视频素材 1 开始位置,将鼠标移动到"煦日"滤镜最后,鼠标成双向箭头形时,拖动滤镜至图片素材 1 末尾,如图 6-43 所示。

图 6-42　选择滤镜　　　　　　　　　图 6-43　调整滤镜作用范围

步骤七　添加转场、特效

(1) 单击主菜单区的"转场"菜单,在转场效果中选择"运镜"效果,在运镜效果中选择"推进",然后下载。如图 6-44 所示。将转场效果拖至编辑区中视频素材 3 和视频素材 4 之间,完成转场效果添加,如图 6-45 所示。

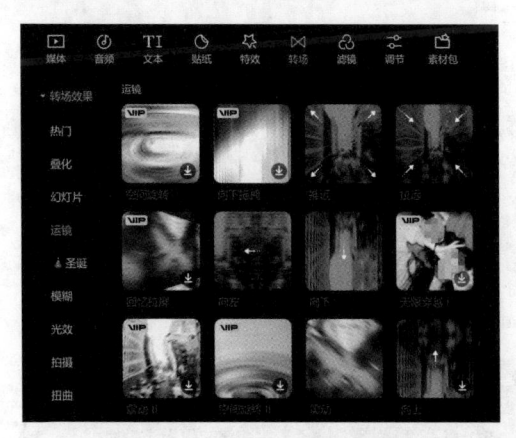

图 6-44　选择转场效果　　　　　　　图 6-45　添加转场效果

(2) 单击主菜单区中的"特效"菜单→"画面特效"→选择"基础"特效,在基础特效中单击"泡泡变焦",下载后单击"+",添加特效,如图 6-46 所示。在编辑区的特效轨道中,拖动特效到视频素材 1 开始位置,将鼠标移动到"泡泡变焦"特效最后,当鼠标成双向箭头形时,拖动特效至视频素材 1 末尾,如图 6-47 所示。

(3) 为其他素材添加特效:视频素材 2 添加"分屏开幕"特效,视频素材 3 添加"变清晰"特效,视频素材 4 添加"虚化"特效。图片素材 1 添加"开幕Ⅱ"特效,图片素材 2 添加"纵向开幕"特效,图片素材 3 添加"横向闭幕"特效,如图 6-48 所示。

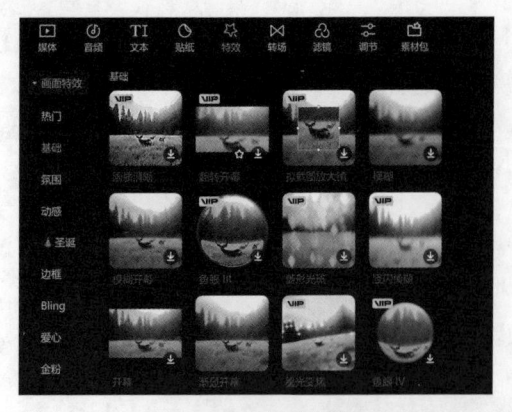

图 6-46 选择特效

图 6-47 调整特效范围

图 6-48 添加特效

步骤八 添加字幕

（1）单击主菜单区中的"文本"菜单→"新建文本"→选择"默认"，将鼠标移动到"默认文本"，如图 6-49 所示。单击"+"，将文本添加至编辑区文本轨道，调整文本开始位置到 00:00:43:08，将鼠标移动到文本末尾，当鼠标为双向箭头形时，拖动文本结束位置到 00:00:45:22，如图 6-50 所示。

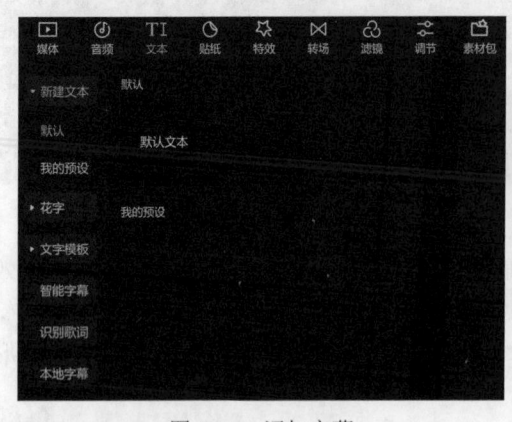

图 6-49 添加字幕

图 6-50 调整字幕位置

（2）在编辑框中输入文本"闭幕"，设置文本的字体、字号、颜色，如图 6-51 所示。

图 6-51　设置文字参数

步骤九　音频处理

（1）单击主菜单区中的"音频"菜单→"音频提取"→"导入"按钮，导入音频素材，如图 6-52 所示。拖动音频素材到编辑区，调整音频开始位置到 00:00:00，将鼠标移动到音频轨道中音频的末尾位置，当鼠标为双向箭头形时，拖动至字幕末尾位置，如图 6-53 所示。

（2）选择编辑区里面的音频素材，在参数调整区域调整淡入时长、淡出时长，如图 6-54 所示。

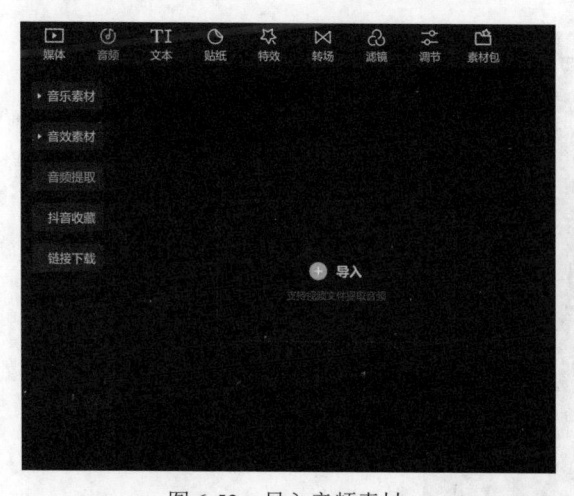

图 6-52　导入音频素材

图 6-53　调整音频素材范围

步骤十　导出视频

单击主界面左上角"菜单"选项→"文件"工作组→选择"导出"功能，弹出"导出"对话框，设置文件名称、位置，其他参数采用默认设置，完成后单击"导出"按钮，将编辑的视频导出，如图 6-55 所示。

图 6-54　调整音频参数　　　　　　　　图 6-55　导出视频

📁 **实施方案二：剪映手机版**

采用实施方案一的视频、图像素材，利用剪映手机版完成。

步骤一　导入素材

打开剪映手机版，点击"开始创作"，点击界面上方"视频"选项，选择需要的视频素材，点击界面上方"图片"选项，选择需要的图片素材，点击右下角的"添加"按钮，导入所选视频、图片素材，如图 6-56 所示。

图 6-56　导入素材

步骤二　视频剪辑

（1）添加素材后，在编辑界面拖动视频、图片素材，改变素材排列顺序为视频素材 1、图片素材 1、视频素材 2、图片素材 2、视频素材 3、视频素材 4、图片素材 3。

（2）拖动时间指针至 00:10 处，点击左下角"剪辑"按钮，选择"分割"功能，将视频素材 1 剪辑成两段视频，如图 6-57 所示。选择分割后的第一个视频，选择"删除"功能，删除第一个视频，如图 6-58 所示。

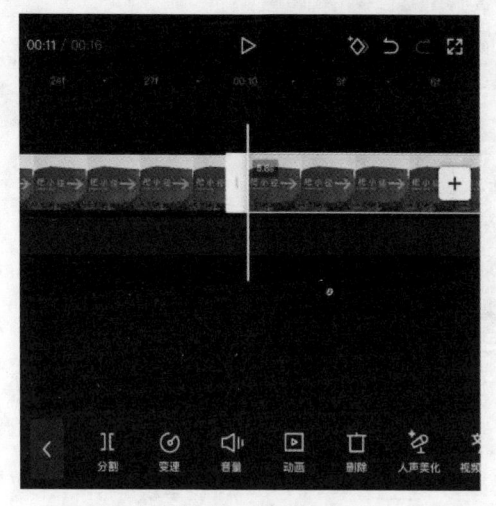

图 6-57　视频分隔　　　　　　　　　图 6-58　删除冗余

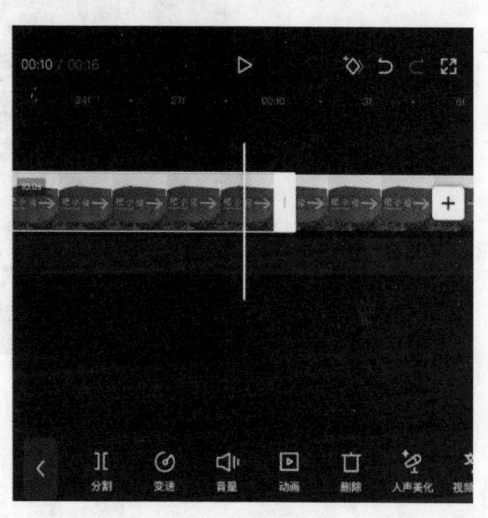

步骤三　调整色调

在主菜单区中，选择"调节"功能，选择"亮度"，调整参数为 15；选择"色温"，调整参数为 8；选择"色调"，调整参数为 5，调整后点击"√"完成设置，如图 6-59 所示。然后点击左下角的返回按钮《返回上一级菜单，如图 6-60 所示，然后再点击<按钮，返回主菜单。

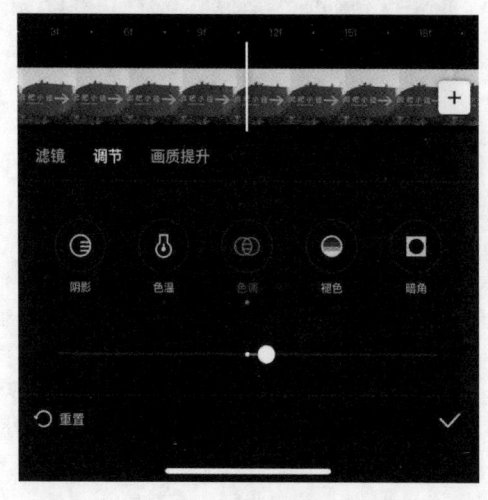

图 6-59　调整色彩参数　　　　　　　图 6-60　返回主菜单

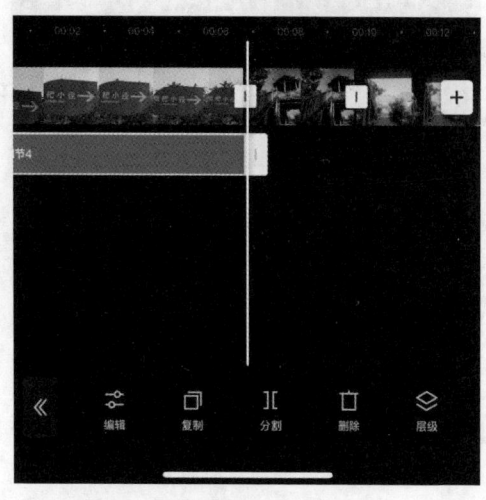

步骤四　添加滤镜

向左滑动主菜单区，选择"滤镜"功能，在"冬日"滤镜库中选择"煦日"（也可直接搜索），点击"√"按钮完成设置，如图6-61所示。点击返回按钮❮返回上一级菜单，再点击❮按钮，返回主菜单。

图6-61 添加滤镜

步骤五　添加转场、特效

（1）点击视频素材3、视频素材4之间的连接方块▯，在转场效果中选择"运镜"效果，在运镜效果中选择"推进"，点击"√"添加转场效果，如图6-62所示。

（2）向右滑动主菜单区，选择"特效"功能，选择"画面特效"，进入"基础"特效，在基础特效中选择"泡泡变焦"，点击"√"添加特效，如图6-63所示。拖动特效末尾到视频素材1末尾，使整个视频素材1都使用该特效。点击❮按钮，再点击❮按钮，返回主菜单。

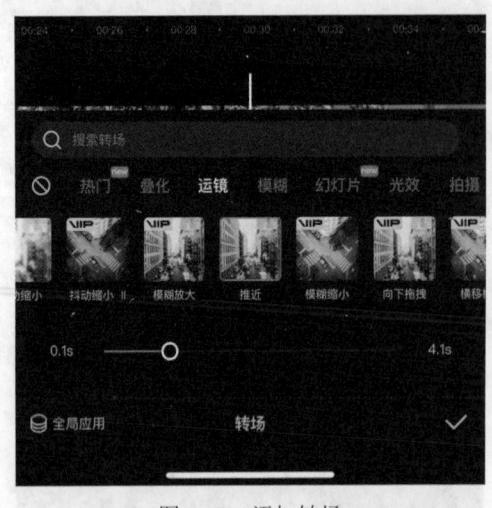

图6-62 添加转场　　　　　　　　图6-63 添加特效

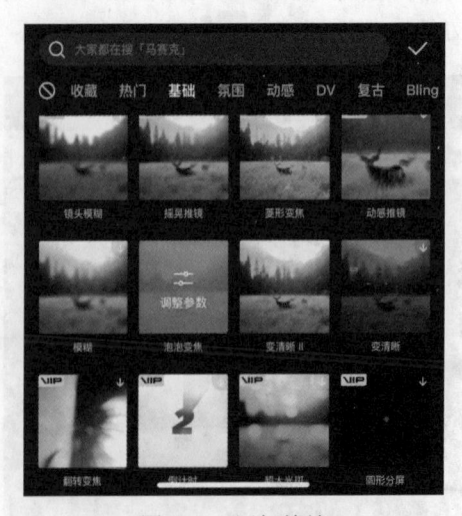

（3）按照上述操作，为图片素材1添加"开幕Ⅱ"特效，为视频素材2添加"分屏开幕"特效，为图片素材2添加"纵向开幕"特效，为视频素材3添加"变清晰"特效，为视频素材4添加"虚化"特效，为图片素材3添加"横向闭幕"特效。

步骤六　添加字幕

在主菜单区，选择"文本"菜单→"新建文本"，在文本框中输入需要创建的文本，点击"√"添加字幕，如图 6-64 所示。调整文本开始位置到 00:41，结束位置到 00:43。点击返回按钮，再点击 按钮，返回主菜单。

图 6-64　添加字幕

步骤七　音频处理

在主菜单区，选择"音频"功能→"音乐"，在搜索框中搜索音乐"去有风的地方"，选择音频时间为 52 秒的素材，点击"使用"按钮添加音频，如图 6-65 所示。拖动音频，调整音频开始位置到 00:00:00，结束位置为字幕末尾。

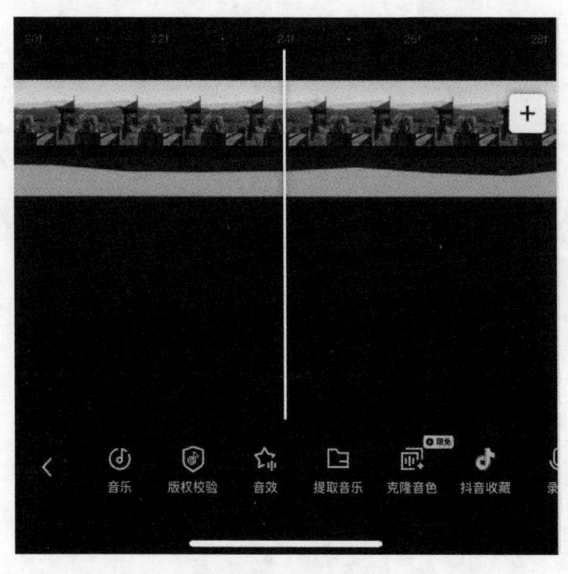

图 6-65　添加音频

步骤八　保存视频

点击软件主界面右上角"导出"按钮，将编辑好的视频导出到手机相册。

📂 **任务自评：**

任务名称	视频的拍摄与处理					任务编号		6-3	
任务描述	根据拍摄内容和环境调整各项参数；运用视频拍摄技巧，拍摄视频，选择部分拍摄效果比较好的视频进行后期处理，以更加突出主题，让视频更加生动、有趣，并能够更好地传达情感和思想					微课讲解		视频的拍摄与处理	
任务评价		任务中各步骤完成度/%					综合素养		
	步骤	100	99~90	89~80	79~70	69~60	59~0	A	B	C	D
	步骤一										
	步骤二										
	步骤三										
	步骤四										
	步骤五										
	步骤六										
	步骤七										
	步骤八										
	填表说明：1. 请在对应单元格打✓；2. 综合素养包括学习态度、学习能力、沟通能力、团队协作等										

📂 **总结与思考：**

第 3 篇　AI 辅助办公实践

　　人工智能（Artificial Intelligence，AI）辅助办公正迅猛地改变着人们处理日常办公任务的方式。在常用办公软件如 Word、Excel 和 PowerPoint 中应用 AI 技术，能显著提升工作效率与准确性。对于 Word 而言，AI 能够实现智能化的文档编辑与排版。例如，它能自动校对拼写和语法错误，依据上下文给出写作建议，甚至依照需求生成内容提纲或完整的文档。如此一来，既节省了时间，又提高了文档的专业性与一致性。在 Excel 里，AI 的应用更为广泛，凭借智能数据分析和可视化工具，可以轻易地从海量数据中获取有价值的信息。AI 能够自动处理表格数据、生成表格公式、识别异常数据，并给出优化建议，这让数据处理和分析变得更为直观和高效。而在 PowerPoint 中，AI 功能同样引人注目。它可以依据标题内容自动生成 PPT 大纲，再基于内容大纲自动生成 PPT，优化幻灯片布局，甚至能为演示文稿添加动画和切换效果。

　　在本篇内容中，将 AI 辅助 Word、Excel 和 PowerPoint 等软件的操作归置于一个单元，分别以三个项目各包含一个任务的形式，对上述三个内容予以讲解，借由实际办公中的 AI 应用来学习并掌握 AI 在办公领域的多种技巧。

单元 7　AI 高效办公

📖 单元导读：

在现代办公环境里，效率与准确性是成功的关键所在。本单元将深入探寻利用 AI 技术来优化日常办公任务的途径。借助 AI 在 Word、Excel、PowerPoint 软件中的辅助应用，来提高工作效率、降低错误几率、提高文档和数据处理的准确性与专业性。本单元将结合实际项目与案例，帮助读者掌握并应用 AI 技术，提升办公效率与准确性，实现办公智能化的目标。

📖 学习目标：

- 理解 AI 在办公软件中的应用
- 熟练掌握 AI 智能写作技巧
- 熟练掌握 AI 数据操作方法
- 熟练掌握 AI 自动生成 PPT 操作

📖 单元导图：

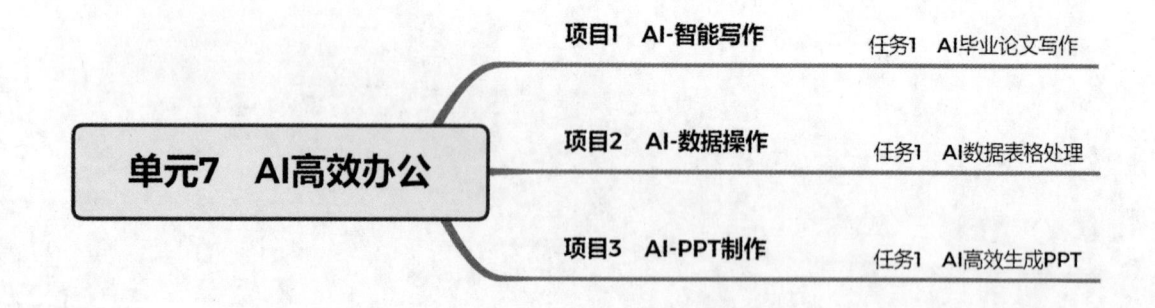

```
                         项目1  AI-智能写作 ——— 任务1  AI毕业论文写作
单元7  AI高效办公 ———— 项目2  AI-数据操作 ——— 任务1  AI数据表格处理
                         项目3  AI-PPT制作 ——— 任务1  AI高效生成PPT
```

项目 1　AI–智能写作

📂 项目介绍：

本项目旨在帮助大家利用人工智能技术提升文档写作的效率和质量。在项目中，将介绍如何使用 AI 工具进行智能化的文档编辑与润色，具体操作包括自动校对拼写和语法错误、根据上下文提供写作建议、生成内容提纲或完整文档等。这样不仅能够节省写作时间，还能提高文档的专业性和一致性。

任务 1　AI 毕业论文写作

📂 任务导语：

每到毕业季，撰写毕业论文都是一项非常重要的任务。在本任务中，将学习借助 AI 工具辅助论文写作的方法。通过利用 AI 的智能校对和写作建议功能，能够有效减少拼写和语法错误，从而提升论文质量。此外，AI 还能依据研究的主题生成内容提纲，系统地构建论文结构。

📂 任务单：

任务名称	AI 毕业论文写作	任务编号	7-1
任务描述	假如你是软件技术专业的一名学生，临近毕业，请结合专业及当前的热点话题，写一篇具有创新性、实用性及研究价值的毕业论文			
任务效果	（论文截图及 AI 生成图片截图）			
任务分析	在本任务中将使用 AI 工具帮助我们生成论文选题、构建论文大纲以及生成初始的论文内容			

📂 知识要点：

➢ 智能写作

智能写作是指利用 AI 技术，尤其是自然语言处理（Natural Language Processing，NLP）和生成式模型，辅助或自动生成文本内容的一种技术和工具。通过智能写作，可以高效地创建各类文案、新闻报道、产品介绍、论文摘要、社交媒体内容等。

➢ AIGC 简介

AIGC（AI-Generated Content），即人工智能生成内容，是指通过 AI 技术生成各类数字内容，如图像、文字、视频、音乐等。随着生成式 AI 技术的飞速发展，AIGC 已成为内容创作领域的重要部分。它可以通过机器学习、自然语言处理、计算机视觉等技术实现自动化的内容生成，极大地提升了生产效率。智能写作是 AIGC 的子领域之一，两者在技术和应用上密不可分，共同推动了内容生成领域的智能化和创新化。

📂 实施方案：

步骤一 安装 OfficeAI

（1）打开浏览器，在网址栏中输入 OfficeAI 官网地址 https:// www.office-ai.cn/进入官网，如图 7-1 所示。

图 7-1 OfficeAI 助手官网页面

（2）单击"立即下载"按钮进入下载页面→单击"官网下载"链接下载安装包，如图 7-2 所示。

（3）双击"OfficeAI.exe"安装包进入安装操作，安装时需将 Office 软件关闭，然后单击"我同意此协议"→"下一步"→"浏览"，选择安装文件夹→"下一步"，等待安装→弹出"自定义安装程序"窗口，单击"安装"按钮，选择安装 Word 助手→安装成功后单击"关闭"按钮。参照此方法继续安装 Excel 助手。OfficeAI 助手安装完毕后，单击"完成"按钮，如图 7-3 所示。

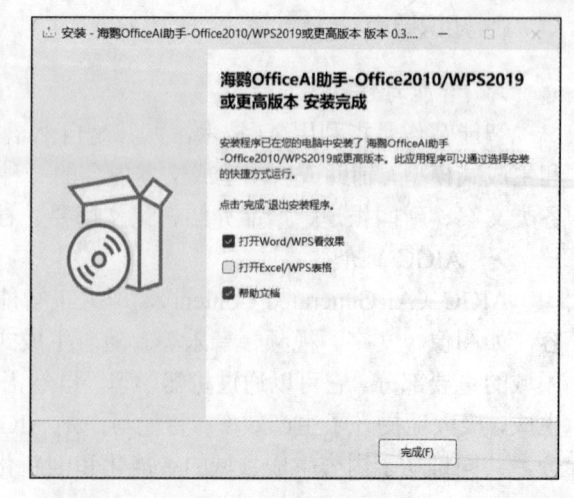

图 7-2 软件下载　　　　　　　　图 7-3 软件安装成功

单元 7　AI 高效办公

（4）新建空白 Word 文档，单击"OfficeAI"选项卡，查看 OfficeAI 具体操作面板，如图 7-4 所示。

图 7-4　OfficeAI 操作面板

步骤二　论文选题与大纲生成

（1）单击"右侧面板"按钮，打开"海鹦 OfficeAI 助手"面板，如图 7-5 所示。

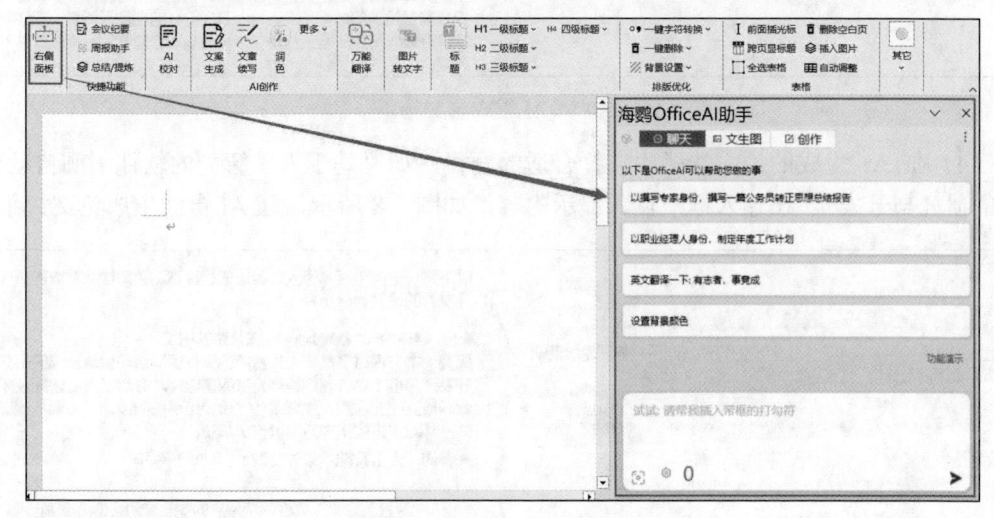

图 7-5　OfficeAI 右侧面板

（2）在"海鹦 OfficeAI 助手"面板中选择"设置"选项，进入"Settings"界面→选择"大模型设置"→修改"大模型"为"文心一言"，修改"模型名"为"ERNIE-Speed-128K"，单击"保存"按钮，如图 7-6 所示。

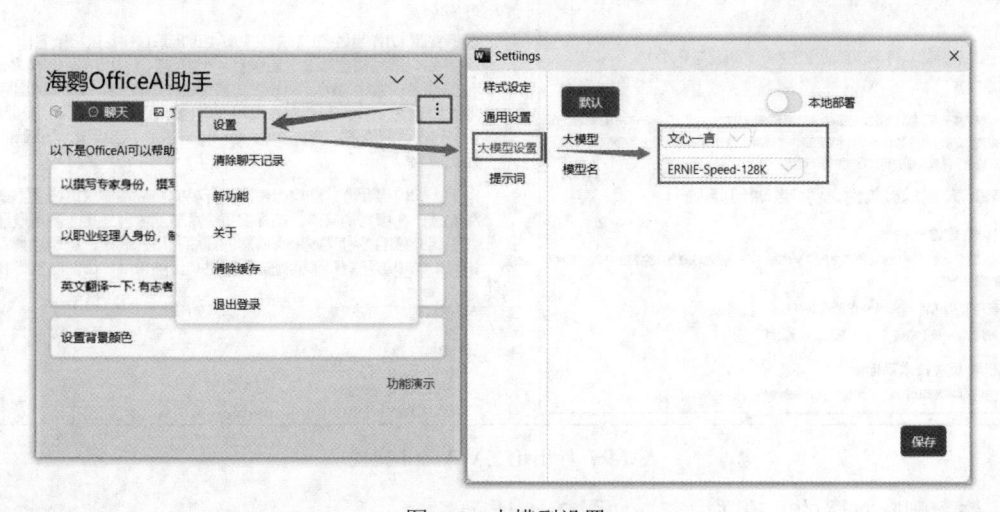

图 7-6　大模型设置

（3）在输入框中输入详细合理的提示内容（此处可根据实际情况进行调整），如图 7-7 所示，让 AI 自动生成论文选题。

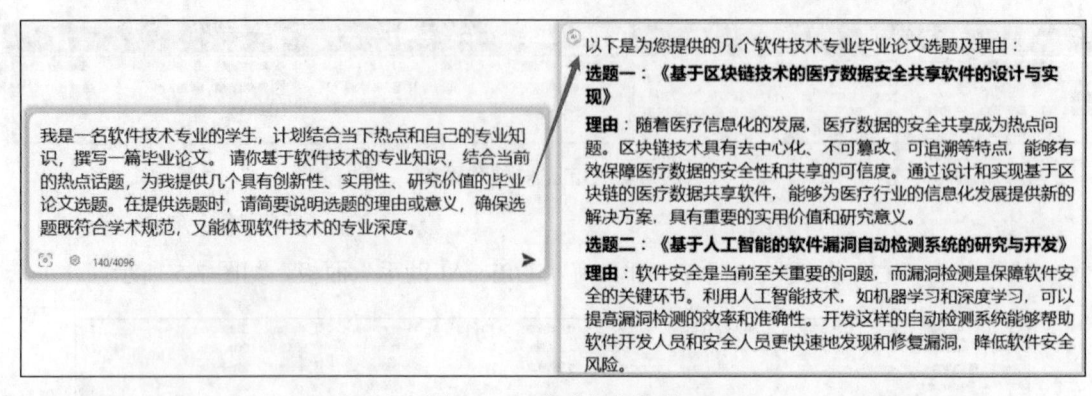

图 7-7　AI 生成论文选题

（4）在 AI 生成的论文选题中选择合适的题目，如"基于人工智能的软件漏洞自动检测系统的研究与开发"。在输入框中输入提示内容，如图 7-8 所示，让 AI 自动生成论文大纲。

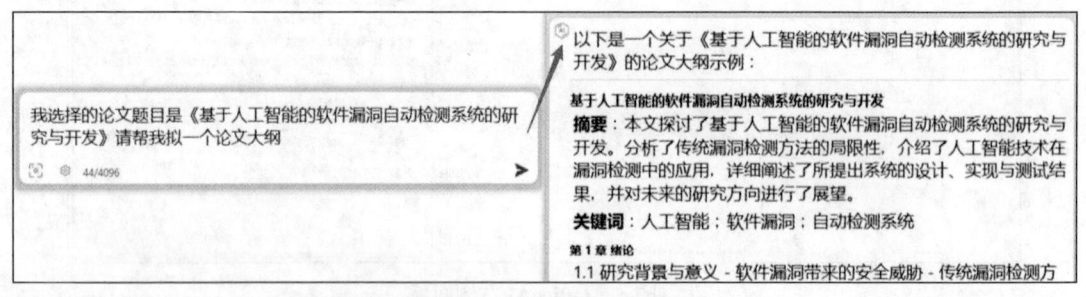

图 7-8　AI 生成论文大纲

（5）单击"导出到左侧"，将内容加载到 Word 文档中，并适当调整格式，如图 7-9 所示。

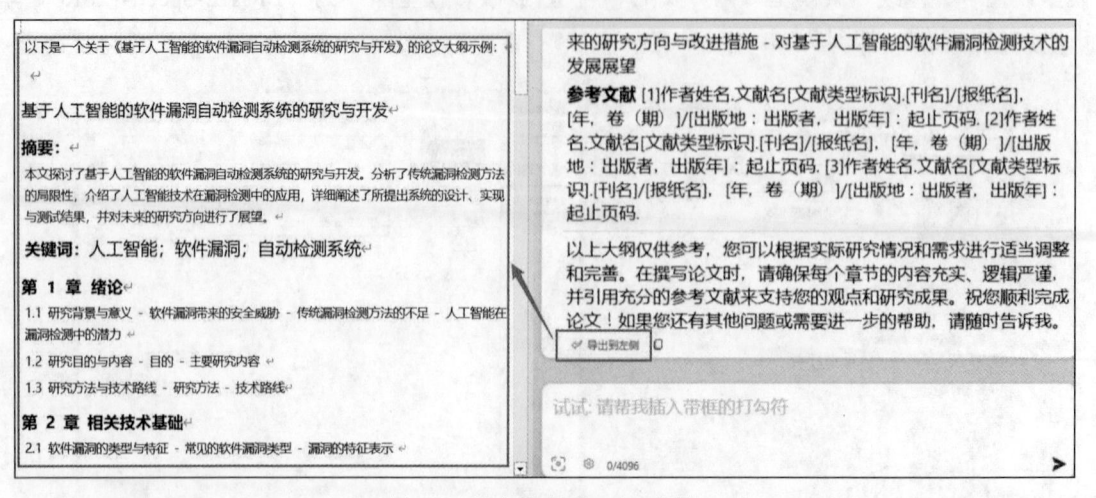

图 7-9　导出论文到 Word 文档

（6）删除首尾的非论文内容，如图 7-10 所示。

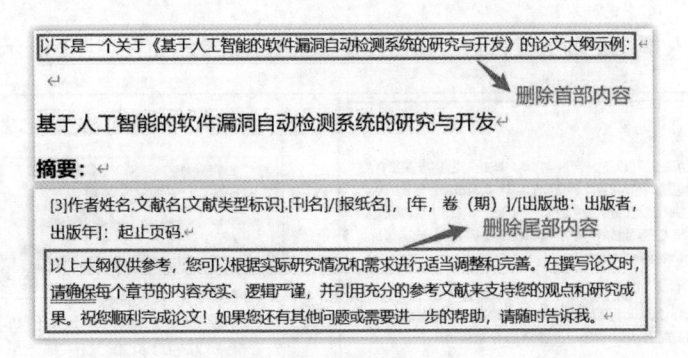

图 7-10 删除多余内容

步骤三　文案生成与文章续写

（1）选中论文中的某一个小节标题，如"研究背景与意义"，单击"文案生成"，在右侧面板中会显示"补充信息"的提示，在输入框中输入提示内容，如图 7-11 所示。等待 AI 生成内容后，将生成的内容复制到指定位置，如图 7-12 所示。

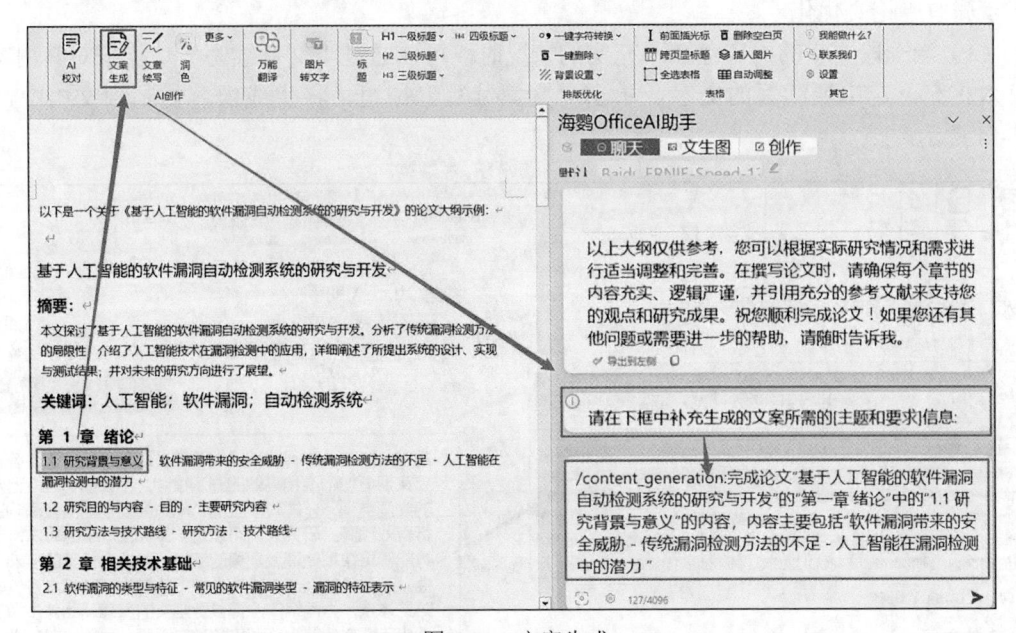

图 7-11　文案生成

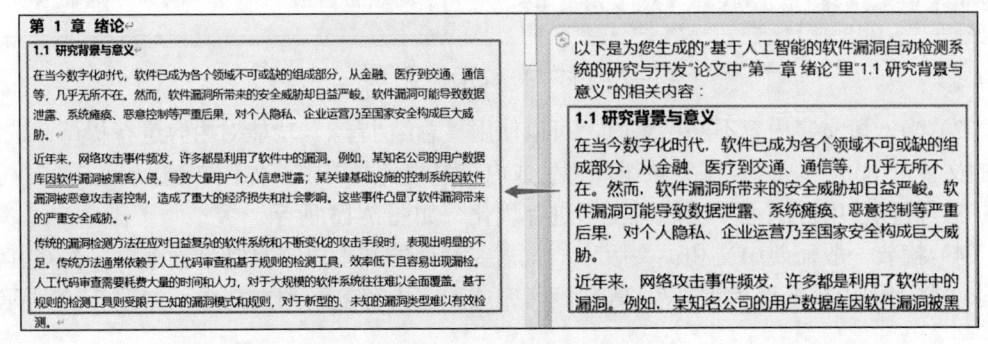

图 7-12　文案内容替换

（2）修改输入框中的提示内容，生成其他小节的内容，如图 7-13 所示。

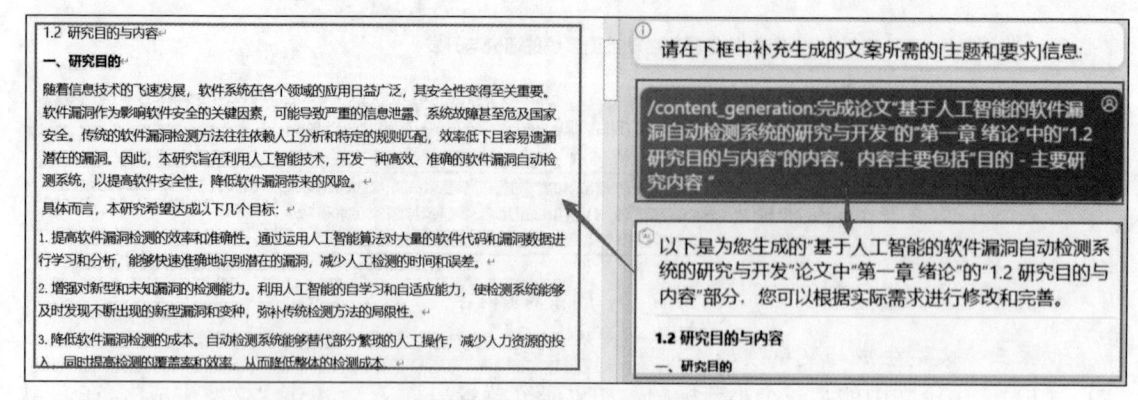

图 7-13　生成其他小节文案内容

（3）根据以上操作，依次将论文的所有内容生成。

步骤四　论文优化

（1）当一段文字的内容存在不充实的情况时，可以通过"文章续写"功能来对其内容进行有效扩充。选中要续写的文字，单击"文案续写"按钮，将生成内容复制到文档中，如图 7-14 所示。

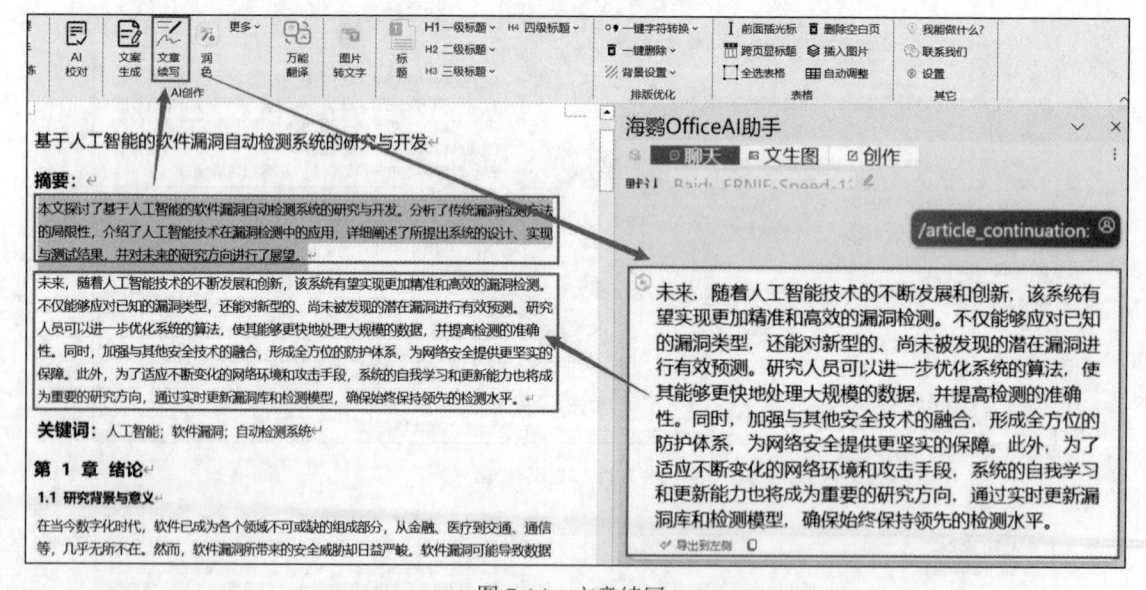

图 7-14　文章续写

（2）当一段文字内容不够精炼时，可以使用"总结/提炼"功能对内容进行提炼。选中要提炼的文字，单击"总结/提炼"按钮，将生成内容复制到文档中，如图 7-15 所示。

（3）可以使用"润色"功能对文字进行优化，如图 7-16 所示。

（4）摘要一般需要中文和英文版本，将需要翻译的文本内容复制到输入框，并在其后输入要求"将上面内容翻译为英文"，等待翻译完成后将内容复制到文档中，如图 7-17 所示。

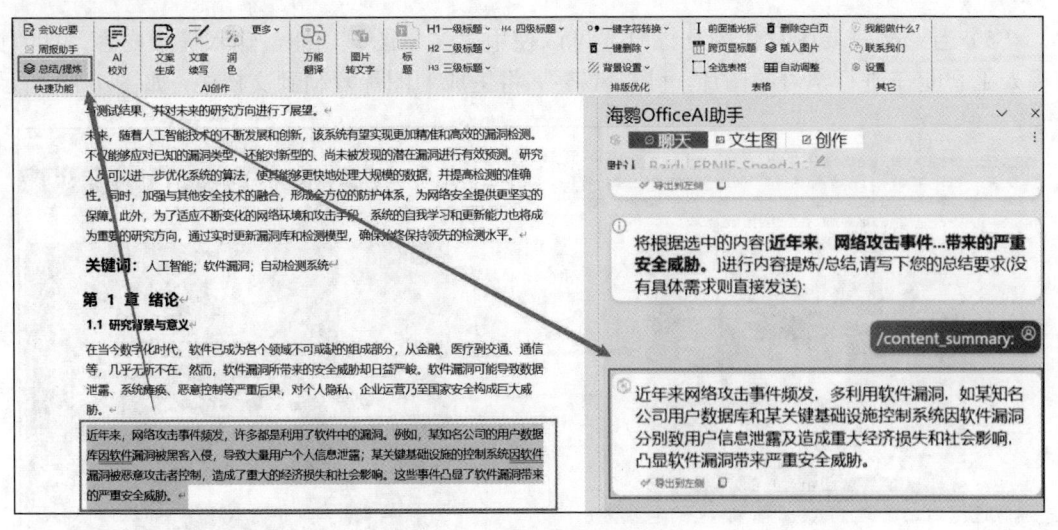

图 7-15 总结/提炼文本内容

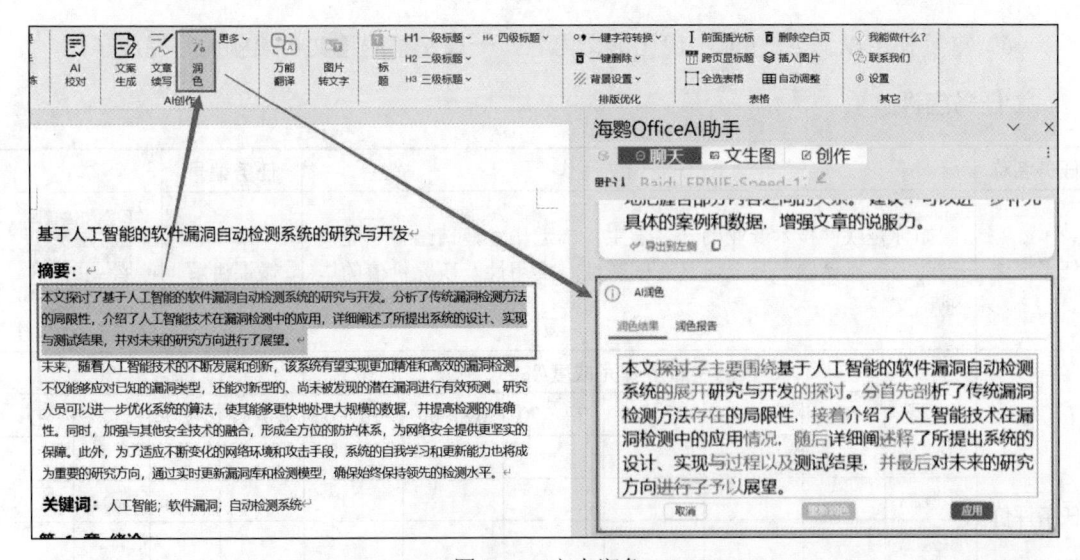

图 7-16 文本润色

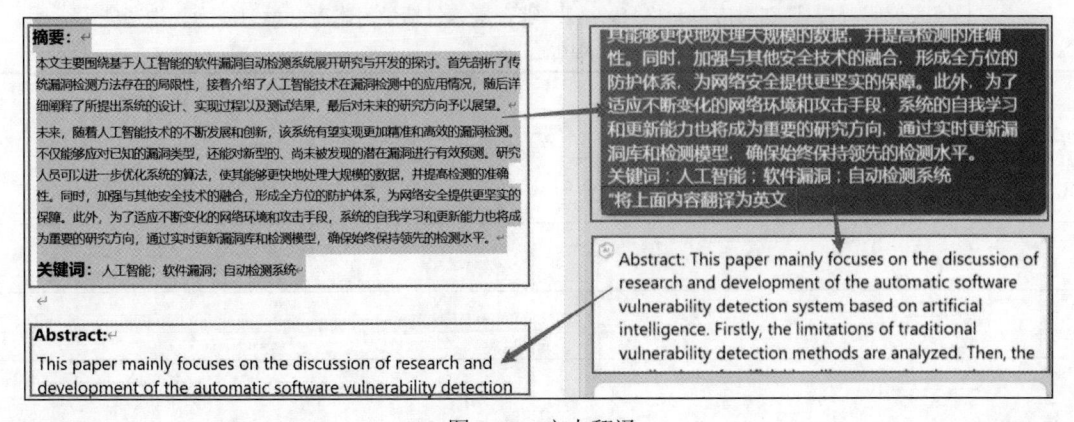

图 7-17 文本翻译

（5）当论文需要图片作为支撑时，可以使用"文生图"功能，输入提示内容，如"画一幅人工智能在进行学习的图片，科幻风格"，将生成的图片复制到文档中，如图7-18所示。

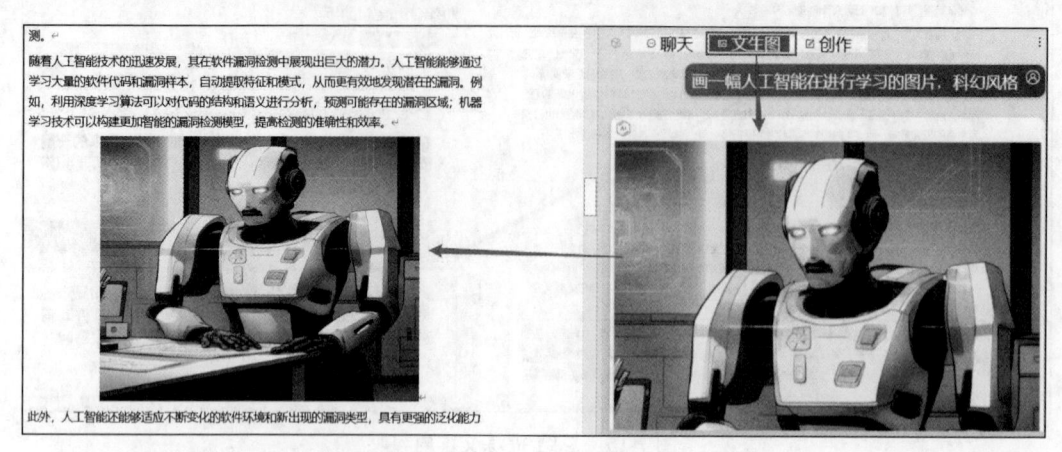

图7-18　文生图示例

（6）重复使用以上AI功能，优化论文内容，一篇完整的论文初稿就编写完成了。

任务自评：

任务名称	AI毕业论文写作					任务编号	7-1		
任务描述	假如你是软件技术专业的一名学生，临近毕业，请结合专业及当前的热点话题，写一篇具有创新性、实用性及研究价值的毕业论文					微课讲解	AI毕业论文写作		
任务评价	任务中各步骤完成度/%					综合素养			
	步骤	100	99～90	89～80	79～70	69～60	59～0	A	B	C	D
	步骤一										
	步骤二										
	步骤三										
	步骤四										
	填表说明：1. 请在对应单元格打✓；2. 综合素养包括学习态度、学习能力、沟通能力、团队协作等										

总结与思考：

项目 2 AI–数据操作

📁 **项目介绍：**

本项目聚焦于借助 AI 技术实现高效的数据分析处理，将学习在 Excel 中运用智能数据分析工具，把繁杂的 Excel 操作转化为简便的 AI 操作，使用户可以更直观、更高效地处理数据，从而由数据分析结果得出更为合理的决策。

任务 1 AI 数据表格处理

📁 **任务导语：**

本任务将针对学生信息数据进行分析管理，通过借助 AI 技术来实现 Excel 表格数据的自动化处理。

📁 **任务单：**

任务名称	AI 数据表格处理				任务编号			7-2	
任务描述	对学生信息数据表格进行自动化处理，包括公式运用、身份证数据处理、快速录入数据								
任务效果	姓名	性别	年龄	身份证	政治面貌	电话	语文	数学	英语	平均分	
	张三	男	34	513101********1015	群众	138****5678	85	90	80	83.27	√
	李四	女	35	513101********2024	共青团员	139****4321	90	85	88	82.83	√
	王五	男	36	513101********3035	党员	137****2109	75	80	70	81.22	√
	赵六	女	37	513101********4046	共青团员	136****5432	88	92	90	84.33	√
	孙七	男	38	513101********5057	共青团员	135****6789	78	82	76	78.67	×
任务分析	本任务首先需要自动计算三科成绩的平均分，然后提取身份证号码中的性别及年龄信息，并隐藏身份证号码，最后生成下拉列表并快速录入数据									

📁 **知识要点：**

➢ Excel 中的 AI 技术基础

AI能够自动推荐适宜的公式和函数，并凭借智能填充功能加快数据录入速度。数据洞察功能助力用户迅速察觉数据中的趋势与异常，进而生成分析报告。用户通过自然语言查询，以简单的提问形式就能获取数据结果和可视化反馈。此外，AI还能够自动开展时间序列预测，依据历史数据预判未来趋势。AI的融入让Excel变为更智能化的办公工具，有效减少了手动操作，大幅提升了工作效率。

📁 **实施方案：**

步骤一 自动化公式计算

（1）新建 Excel 文件，并准备一个学生信息表格（注意：身份证及电话号码均为虚拟数据，仅作为演示使用），如图 7-19 所示。

图 7-19 学生信息表格

（2）计算平均分。单击"OfficeAI"选项卡→"右侧面板"按钮→在输入框中输入提示内容，如"计算 G2:G6、H2:H6、I2:I6 的平均分并保留两位小数存放在 J2:J6 处"，等待计算公式及结果生成，如图 7-20 所示。

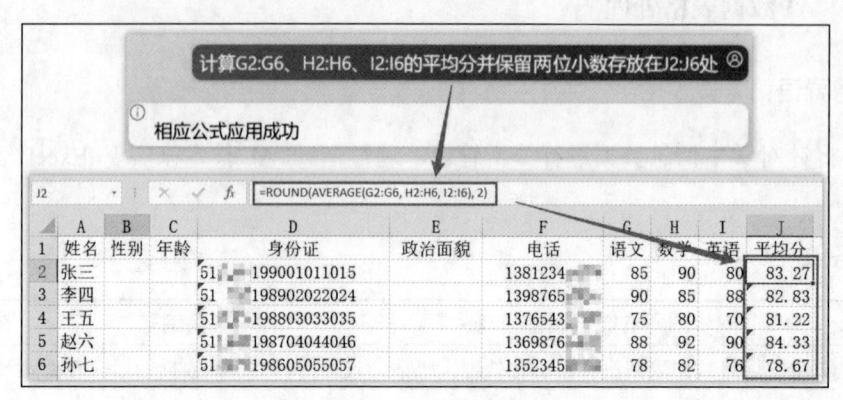

图 7-20 自动计算

步骤二 信息处理

（1）身份证号码能够被用于提取诸如性别、年龄等相关信息。单击"OfficeAI"选项卡→"信息录入"工作组→"身份证"按钮，在下拉列表中选择"提取性别"→设置"数据源区域"为"D2:D6"，"目标区域"为"B2:B6"，如图 7-21 所示，即可自动提取性别。在下拉列表中选择"获取年龄"→设置"数据源区域"为"D2:D6"，"目标区域"为"C2:C6"，如图 7-22 所示，即可自动计算年龄。

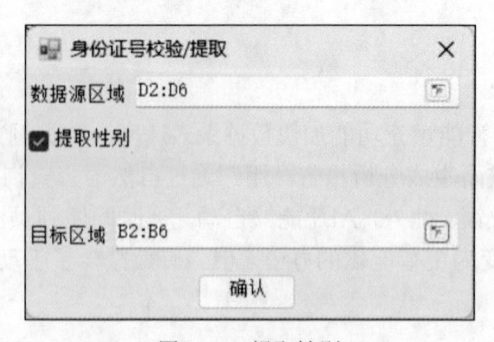

图 7-21 提取性别

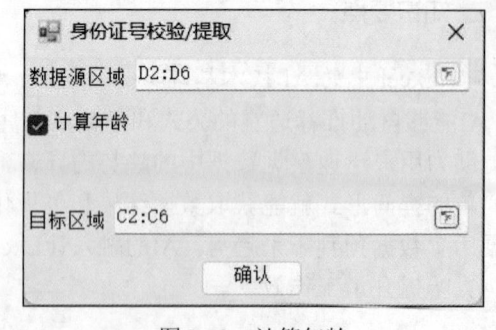

图 7-22 计算年龄

（2）身份证号码属于敏感信息，有时需要在表格中对其某些部分予以遮挡。单击"OfficeAI"选项卡→"信息录入"工作组→"身份证"按钮，在下拉列表中选择"部分变星"，设置"数据源区域"为"D2:D6"，"变星选项"选择"隐藏出生日期"，如图 7-23 所示，即可隐藏部分身份证信息。

图 7-23 隐藏身份证信息

（3）隐藏手机号。选中 F2:F6 区域→单击"OfficeAI"选项卡→"信息录入"工作组→"手机号"按钮，在下拉列表中选择"部分变星"，如图 7-24 所示，即可隐藏手机号信息。

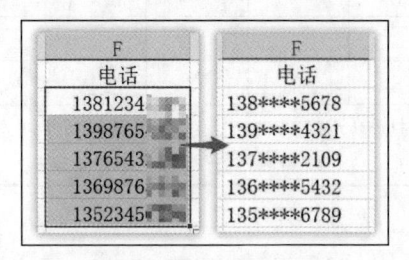

图 7-24 隐藏手机号信息

步骤三　快速录入

（1）快速生成下拉列表。单击"OfficeAI"选项卡→"快速录入"工作组→"更多"按钮，在下拉列表中选择"评级"→在文本框中录入"群众、共青团员、党员"，"应用区域"设置为"E2:E6"，如图 7-25 所示，即可在目标位置生成下拉列表。

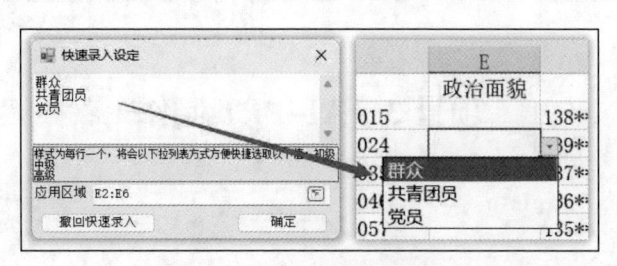

图 7-25 快速生成下拉列表

（2）快速录入数据。单击"OfficeAI"选项卡→"快速录入"工作组→"打勾"按钮→录入"1=√　2=×"，"应用区域"设置为"K2:K6"，如图 7-26 所示，即可实现输入数字"1"自动替换为"√"，输入"2"替换为"×"，实现特殊符号的便捷录入。

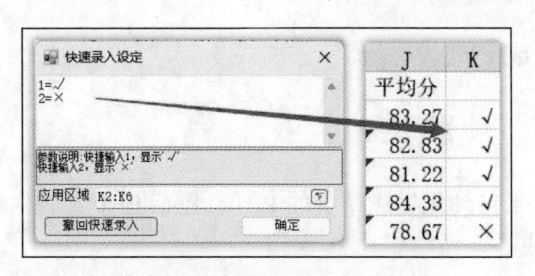

图 7-26 快速录入数据

📁 **任务自评：**

任务名称	AI 数据表格处理						任务编号	7-2		
任务描述	对学生信息数据表格进行自动化处理，包括公式运用、身份证数据处理、快速录入数据						微课讲解	AI数据表格处理		
任务评价	任务中各步骤完成度/%						综合素养			
^	步骤	100	99~90	89~80	79~70	69~60	59~0	A	B	C	D
^	步骤一										
^	步骤二										
^	步骤三										
^	填表说明：1. 请在对应单元格打√；2. 综合素养包括学习态度、学习能力、沟通能力、团队协作等											

📁 **总结与思考：**

项目 3　AI–PPT 制作

📁 **项目介绍：**

本项目将介绍如何运用 AI 技术快速打造出高品质的演示文稿，将学习运用 AI 工具自动生成 PPT 大纲，依据生成的内容大纲来自动创建 PPT，包括生成 PPT 大纲、优化大纲、挑选模板及生成动画等操作。通过 AI 加持助力，极大地提升 PPT 的制作效率，使演示文稿更具生动性和专业性。

任务 1　AI 高效生成 PPT

📁 **任务导语：**

本任务将使用 AI 技术自动化生成精美的 PPT，包括 PPT 选题生成、PPT 大纲生成、PPT 内容生成、PPT 动画生成等。

📂 任务单：

任务名称	AI 高效生成 PPT	任务编号	7-3
任务描述	假如你是软件技术专业的一名学生，此刻需要在学习小组中分享你的职业规划，请制作一份与之相配套的精美演示文稿		
任务效果			
任务分析	使用 AIGC 工具生成主题为"大学生职业规划"的 PPT		

📂 知识要点：

➢ AIGC 在 PPT 领域的应用

AIGC 技术于 PPT 领域的应用成效显著，它能够自动生成文本、设计元素、图像以及视频，既提升了内容创作的效率，又体现了个性化特色。同时 AIGC 还能辅助设计师进行创意的发散，完善视觉的设定，对编辑过程予以优化。另外 AIGC 在界面设计和数据大屏展示方面也发挥着关键作用，为演示文稿赋予了创新元素与吸引力。

📂 实施方案：

步骤一　安装 ChatPPT

（1）在浏览器中输入网址 https://chat-ppt.com/进入 ChatPPT 官网，注册登录后，单击"下载 Office 插件"并进行安装，如图 7-27 所示。

（2）打开 PowerPoint，单击"ChatPPT"选项卡→"AI 创作"工作组→"ChatPPT"按钮，打开 ChatPPT 窗格，如图 7-28 所示。

步骤二　自动生成 PPT

（1）在输入框中输入提示内容，如"我是软件技术专业的学生，帮我生成主题为大学生职业规划的 PPT"，等待 AI 生成标题，如图 7-29 所示。

若对生成的标题不满意，可以修改或选择"AI 重新生成"，如图 7-30 所示。

（2）确定好标题后，单击"确认"，本任务选择"标题 1 大学生职业规划蓝图"，在提示"请选择你想要的 PPT 内容丰富度"处选择"复杂"，如图 7-31 所示。

图 7-27 ChatPPT 官网

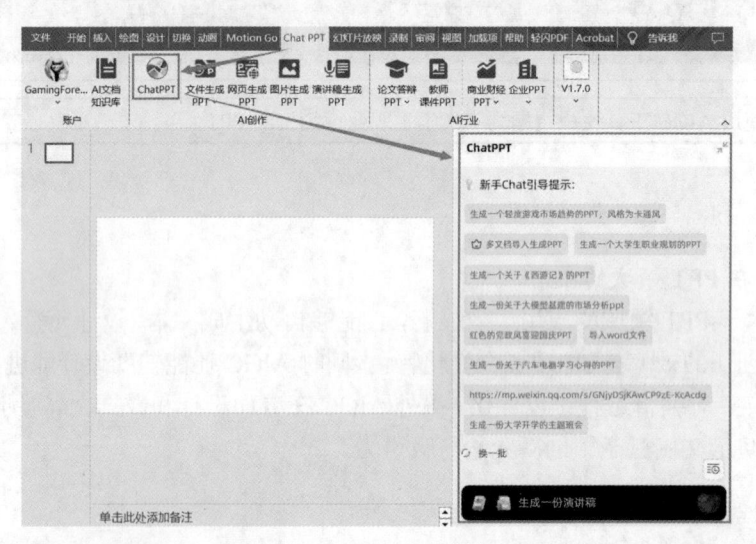

图 7-28 ChatPPT 窗格

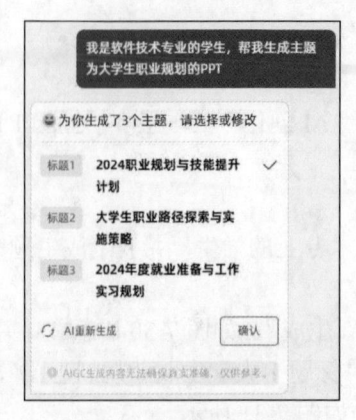

图 7-29 生成 PPT 标题

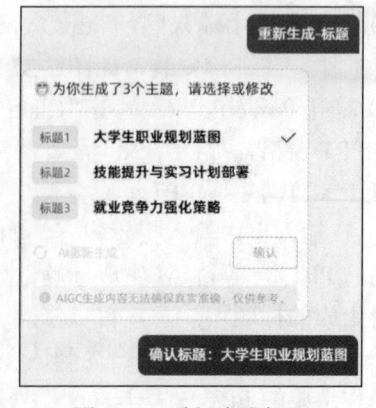

图 7-30 重新生成标题

单元 7　AI 高效办公

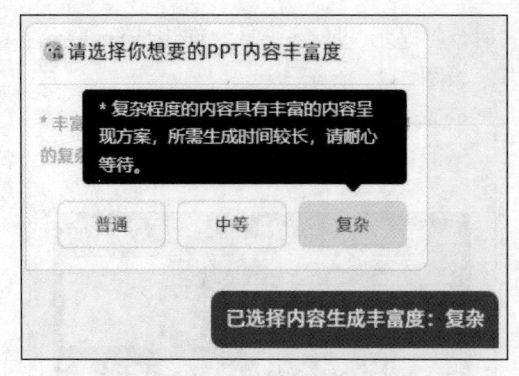

图 7-31　选择 PPT 内容丰富度

（3）选好复杂度后，AI 会自动生成 PPT 大纲，如图 7-32 所示。若对大纲内容不满意，可以手动修改 PPT 大纲内容，修改完成后单击"使用"按钮。

图 7-32　生成并修改大纲

（4）选择合适的主题效果，单击"使用"按钮，如图 7-33 所示。随后会提示"选择生成模式"，此处选择"尝鲜模式·AI 实时绘制"，等待 AI 进行内容页面设计与渲染，如图 7-34 所示。

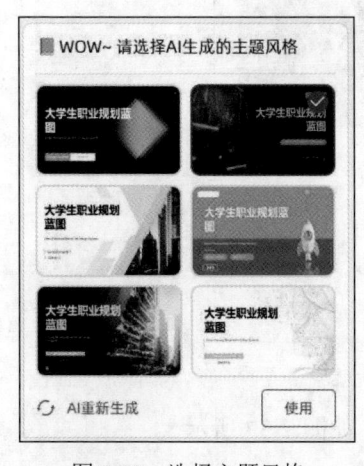

图 7-33　选择主题风格　　　　　　　　　　图 7-34　选择生成模式

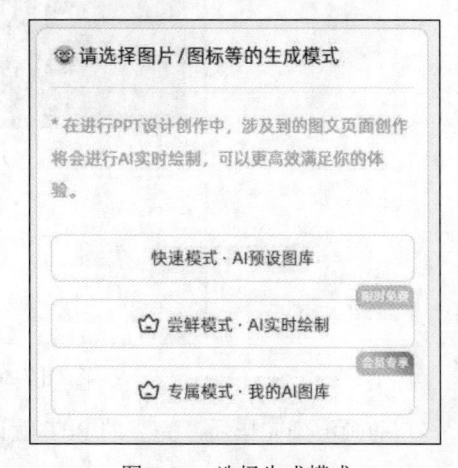

（5）在 PPT 设计完成后，会提示"是否需要为你生成演讲备注（演讲稿）"，此处选择"需要"，等待演讲稿生成完毕，如图 7-35 所示。

图 7-35　生成演讲稿

（6）备注生成完毕后，提示"是否根据您的内容为你生成演示动画"，此处选择"需要"，等待 AI 自动生成动画效果，如图 7-36 所示。

图 7-36　生成动画

（7）动画渲染完毕后，完整的 PPT 就设计好了，如图 7-37 所示。

图 7-37　完整的 PPT

📂 **任务自评：**

任务名称	AI 高效生成 PPT					任务编号		7-3	
任务描述	假如你是软件技术专业的一名学生，此刻需要在学习小组中分享你的职业规划，请制作一份与之相配套的精美演示文稿					微课讲解		AI高效生成PPT	
任务评价	任务中各步骤完成度/%					综合素养			
	步骤	100	99～90	89～80	79～70	69～60	59～0	A	B	C	D
	步骤一										
	步骤二										
	填表说明：1. 请在对应单元格打✓；2. 综合素养包括学习态度、学习能力、沟通能力、团队协作等									

📂 **总结与思考：**

参 考 文 献

[1] 夏海波. 公文写作与处理[M]. 3版. 北京：北京大学出版社，2018.
[2] 中华人民共和国国家质量监督检验检疫总局，中国国家标准化管理委员会. 党政机关公文格式：GB/T 9704—2012[S]. 北京：中国标准出版社，2012.
[3] 卢台生. 现代办公应用技术[M]. 北京：高等教育出版社，2014.
[4] 吉燕. 全国计算机等级考试二级教程：MS Office 高级应用与设计上机指导[M]. 北京：高等教育出版社，2022.
[5] 吕波，何敏. 计算机应用基础与实践：Windows 7 平台与 Office 2016 应用[M]. 北京：中国水利水电出版社，2022.
[6] 马松涛，朱森. 大学摄影基础实用教程[M]. 2版. 成都：西南交通大学出版社，2017.
[7] 林立. Photoshop+Snapseed 摄影修片 88 招[M]. 北京：人民邮电出版社，2023.
[8] 沈君. 数据可视化必修课[M]. 北京：人民邮电出版社，2021.